900여 장의 일러스트 수록

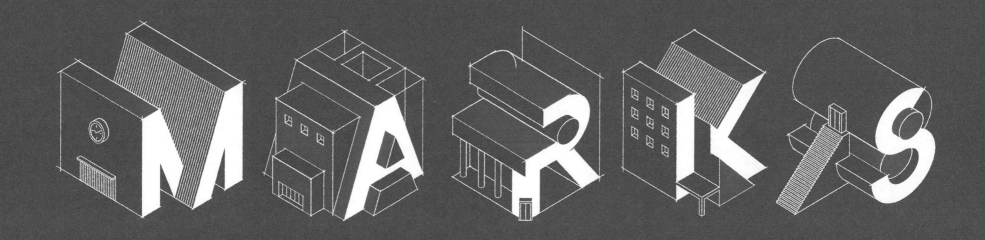

MARKS

WILL JONES

건축가의 스케치북

콘텐츠

006 서문 –
스케치의 필요성
Benedict O'Looney

010 소개 –
생쥐와 인간
Will Jones

018 **BEN ADAMS**
Ben Adams Architects
영국

024 **MANUEL AIRES MATEUS**
Aires Mateus e Associados
포르투갈

026 **WIEL ARETS**
Wiel Arets Architects
네덜란드

028 **CECIL BALMOND**
Balmond Studio
영국

032 **BEN VAN BERKEL**
UNStudio
네덜란드

036 **PETER BERTON**
+VG Architects
캐나다

038 **ADAM BRADY**
Lett Architects
캐나다

040 **JACOB BRILLHART**
Brillhart Architecture
미국

042 **WILL BURGES**
31/44 Architects
미국

050 **ALBERTO CAMPO BAEZA**
Studio Alberto Campo Baeza
스페인

056 **JO COENEN**
네덜란드

060 **JACK DIAMOND**
Diamond Schmitt
캐나다

066 **HEATHER DUBBELDAM**
Dubbeldam Architecture & Design
캐나다

072 **DUGGAN MORRIS**
Duggan Morris Architects
영국

080 **PIET HEIN EEK & IGGIE DEKKERS**
Eek en Dekkers
네덜란드

090 **RICARDO FLORES & EVA PRATS**
Flores & Prats Arquitectes
스페인

098 **ALBERT FRANCE-LANORD**
AF-LA
스웨덴

102 **MASSIMILIANO FUKSAS**
Studio Fuksas
이탈리아

110 **BENJAMIN GARCIA SAXE**
Studio Saxe
코스타리카

112 **SASHA GEBLER**
Gebler Tooth Architects
영국

120 **CARLOS GÓMEZ**
InN Arquitectura
스페인

126 **MEG GRAHAM**
Superkül
캐나다

128 **HARQUITECTES**
스페인

134 **CARL-VIGGO HØLMEBAKK**
노르웨이

138 **JOHANNA HURME,
SASA RADULOVIC & KEN BORTON**
5468796 Architecture
캐나다

142 **JUN IGARASHI**
Jun Igarashi Architects
일본

146 **ANDERSON INGE**
Cambridge Architectural Research
영국

150 **LES KLEIN & CAROLINE ROBBIE**
Quadrangle
캐나다

154 **JAMES VON KLEMPERER**
Kohn Pedersen Fox
미국

156 **BRUCE KUWABARA**
KPMB Architects
캐나다

158 **CHRISTOPHER LEE**
Serie Architects
영국

166 **UFFE LETH**
Leth & Gori
덴마크

170 **LEVITT BERNSTEIN**
영국

176 **DANIEL LIBESKIND**
Studio Libeskind
미국

184 **STEPHANIE MACDONALD & TOM EMERSON**
6a architects
영국

188 **BRIAN MACKAY-LYONS**
MacKay-Lyons Sweetapple Architects
캐나다

192 **DAVIDE MACULLO**
Davide Macullo Architects
스위스

200 **MASSIMO MARIANI**
Massimo Mariani
Architecture & Design
영국

204 **TARA MCLAUGHLIN**
+VG Architects
캐나다

206 **ROB MINERS**
Studio MMA
캐나다

212 **PETER MORRIS**
Peter Morris Architects
영국

216 **MVRDV**
네덜란드

224 **BRAD NETKIN**
Stamp Architecture
캐나다

226 **RICHARD NIGHTINGALE**
Kilburn Nightingale Architects
영국

230 **RICHARD OLCOTT**
Ennead Architects
미국

234 **BENEDICT O'LOONEY**
Benedict O'Looney Architects
영국

242 **ANTHONY ORELOWITZ**
Paragon Group
남아프리카공화국

244 **JOSEPH DI PASQUALE**
JDP Architects
이탈리아

248 **FELIPE PICH-AGUILERA**
Pich Architects
스페인

252 **PAWEL PODWOJEWSKI**
Motiv
폴란드

262 **CHRISTIAN DE PORTZAMPARC**
2Portzamparc
프랑스

266 **SANJAY PURI**
Sanjay Puri Architects
인도

268 **MATTHIJS LA ROI**
Matthijs la Roi Architects
영국

272 **MOSHE SAFDIE**
Safdie Architects
미국

280 **DEBORAH SAUNT**
DSDHA
영국

284 **JON SOULES**
Diamond Schmitt
캐나다

292 **KENTARO TAKEGUCHI & ASAKO YAMAMOTO**
Alphaville Architects
일본

300 **ANDERS TYRRESTRUP**
**AART** Architects
덴마크

306 **NIJS DE VRIES**
네덜란드

312 **KRISTEN WHITTLE**
Bates Smart
호주

316 **DIRECTORY OF ARCHITECTS**

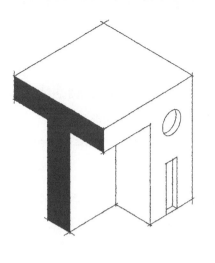

최고의 건축가는 뛰어난 창조자인 동시에 시각 예술가이다. 스케치는 건축가들의 의사소통, 건축적 발견 및 즐거움의 주요한 방식이다. 스케치는 커리어를 발전시키는 업무의 중심이며, 디자이너로서 그리고 인격체로서 자리매김하게 한다.

많은 사람이 어린아이일 때부터 그림으로 표현의 흔적을 남기곤 하지만, 나는 21살이 되어서야 열심히 스케치하기 시작했다. 뉴욕 Hunter College 재학시절, 로마 답사에 참여했는데, 고대 바로크 건축물을 마주하며 매우 흥분했었던 기억이 난다. 그림 그리기는 그 놀라운 건축물들을 효과적으로 이해하는 유일한 방법으로 보였다.

돌이켜보면 그때의 흥분이 내게 건축을 향한 욕망과 열정을 불어넣었음이 분명하다. 도시의 상징인 교회 건축을 통해서 구조적 힘과 기념비성을 느끼던 그 흥분으로부터 말이다. 그림을 그리면서, 나는 이 놀라운 구조를 설계하고 만든 사람들과 건축에 대해 배우기 시작했다.

## 한번 시작한 일은 완성할 때까지 계속해야 한다 : 건축 발견하기

부모님이 예술 사학자였던 까닭에, 스케치는 내가 발견한 도시에 대한 독서의 즐거움과 융합되었다. 뉴욕으로 돌아온 후 나는 도시에서 가장 중요한 건축물과 조각 작품들을 찾아내 스케치하기 시작했다. 맨해튼의 초기 마천루들과 불꽃 같은 현대 건축물들을 탐험했다. 대학 도서관과 공공 도서관의 선반 가득한 책들은 이러한 여행으로 나를 인도했다. 오랫동안 나와 함께 한 자전거로 건축물과 명소들을 쉽게 찾아다닐 수 있었다.

나는 젊고, 순진하고, 이상주의적이었어서 '건축은 예술의 어머니'라는 Ecole des Beaux-Arts의 선언을 믿었다. 드로잉은 회화, 건축 그리고 조각을 멋지게 이어주는 것처럼 보였다. 뉴욕은 훌륭한 미술도시 중 하나이다. 조각과 벽화로 장식된 이 낭만적이고 이상적인 건축물들은 매번 마주칠 때마다 나에게 인사를 건네는 것처럼 보였다. 다행히 30년이 지난 지금도 이 건축적 비전은 여전히 나를 이끄는 정신으로 남아있다.

## 대가(Master)로부터의 교훈

스케치는 학습 및 탐구를 위한 강력한 도구일 뿐만 아니라, 시각 예술가로서의 정체성도 확립하게 한다.
나는 사람이 무엇을 보았는지를 기반으로, 그 상호작용으로 인해 사람의 성격, 시각적 관점과 이해가
형성된다고 믿는다. 나는 뉴욕의 예술과 건축물을 탐독했으므로, 그것들이 나의 관점을 만들어준 세계이다.

대학과 대학원 재학 사이에, 나의 제도사로서의 특출난 기술 덕분에 퀼른의 예술가들을 보조하는 직업을
가질 수 있었다. 그곳에서 유럽을 탐험하기 시작하면서, 건축과 도시에 대한 새로운 지평이 열려갔다.
25세에 이르러 나는 1920년대와 30년대 맨해튼의 고층 건물에 대한 Hugh Ferriss의 엄청난 비전을
발견했다. 탐험 중에 '옛 도시들'의 유기적인 모습을 조그마한 스케치북에 그려낸 덕분이었다.
이는 Canaletto의 놀라운 원근법과 마네와 드가의 아름다운 그림들이 있는, 건축과 미술이 융합된
공간인 박물관에서 발견한 작품들을 내가 재구현해 낼 수 있게 해주었다.

나의 건축과 도시 역사에 대해 파악하고자 하는 열정은 그림과 텍스트를 병행해 스케치북의 페이지들을
채우도록 했다.  이 단계를 거쳐 맨해튼의 중심부 아르데코 양식의 고층빌딩 옥상에서 내려다본 도시풍경을
그리게 되었고, 이 그림들은 나를 예일대 건축학교로 이끌었다.

## 디자인 에너지의 발견

나는 예일대학교에서 참으로 멋진 시간을 보냈다. 아이디어가 항상 흘러나오는 훌륭한 건축물과 굉장히 넓은
지식의 보고인 도서관 덕이었다. 이를 통해 나는 다양한 설계 개요를 충족시키기 위한 배치와 재구성 방법을
배울수 있었다.

건축에 대해서는 교양 과목 수준의 배경을 가졌음에도 불구하고 나는 더 우수한 학생들과도 경쟁할 수
있다는 것을 알게 되었다. 나는 유럽과 미국에서 가장 멋진 건물과 도시 공간의 소용돌이에 스며들어
디자이너로서의 호기심과 넘치는 자신감을 가지고 있었다. 드로잉에 대한 열정은 공간과 세부사항을 쉽게
시각화 할 수 있게 했다. 즉, 활발한 스케치 기술이 건축을 재미있게 공부할 수 있도록 도와준 것이다.

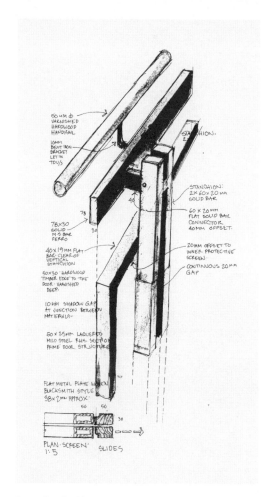

Scarpa, Benedict O'Looney

"나는 스케치북에 기록된
건축의 직접적 경험에 근거한
나 자신의 작업에 대해 훨씬 더
자신감을 느낄 수 있었다."

1992년 졸업 후 스케치는 나를 또다시 새로운 환경으로 이끌었다. 나는 런던의 Nicholas Grimshaw & Partners에 취직하여 최첨단 건물에 관한 작업을 했다. 그 스튜디오에는 전통 있는 드로잉 문화가 있었다. 구조와 외장재의 복잡한 세부 묘사를 손으로 그리는 것이었다. 때로는 1:1 스케일의 드로잉으로 만들어졌다.

젊은 건축가로서 내가 가졌던 많은 질문에 대한 답들이, 이미 내 주변의 도시 속 건물들에 존재하고 있다는 것을 느꼈다. 업무를 마친 후, 스케치북과 함께 나는 현대의 훌륭한 사례를 찾아나서 내가 찾고 있던 세부 사항을 스케치하고, 측정하고, 더 자세히 그려냈다. 새 스케치를 하고 난 다음날 아침이면 나는 스케치북에 기록된 건축의 직접적 경험에 근거한 내 자신의 작업에 대해 훨씬 더 자신감을 느낄 수 있었다.

## 스케치북을 소유하는 기쁨

스케치에 대한 마지막 이야기로 사람들과 공유할 흥미로운 것을 만드는 기쁨에 관해서 얘기하고 싶다. 나는 보통 풍경을 담을 수 있는 가로로 긴, 큰 사이즈의 스케치북을 사용한다. 나는 이 스케치북을 오랫동안 도시의 풍경을 그리는 데 사용했다. 스케치북 속 그림들의 결합은 흥미로운 이야기를 만들어 낼뿐더러, 매번 새로운 발견을 하게 한다. 모든 스케치가 성공적이진 않지만, 모두 우리가 마주한 중요하고 고무적인 것에 대한 관심을 보여주는 것이다.

나의 작품들은 연필, 펜과 잉크, 수채화, 색연필 등으로 그려졌으며 일부 그림은 이 모든 재료를 사용하기도 했다. 커다란 스케치북을 사용하면 다양한 스케치를 함께 콜라주 할 수 있고, 다양한 모티브는 다양한 재료를 사용하게 하는 재미를 준다. 스케치는 많은 것을 제공한다. 배움의 재미를 주고, 디자이너를 위한 힘과 지혜의 원천이 되기도 하며, 시각 예술의 완성이기도 하다.

이 책의 다음 페이지에서 발견할 수 있듯이, 스케치는 우리가 더욱 아름답고 세련된 세계를 추구하게 한다.

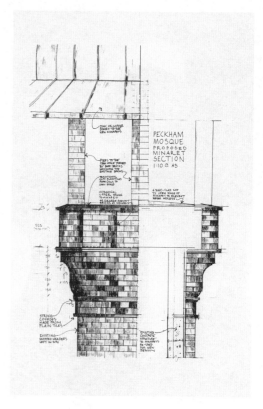

Peckham Mosque, Benedict O'Looney

# OF MICE AND MEN

**소개 · 생쥐와 인간**
WILL JONES

역주: 생쥐와 인간(Of Mice and Men)은 J.E Steinbeck이 우정과 인간성을 상실한 현실의 냉혹함을 그린 1937년 발표된 소설의 제목이다. 이 글에서는 건축가의 손을 대신해서 컴퓨터의 마우스들이 표현방법을 잠식한 상황이 안타깝다는 의미의 제목으로 쓰였다.

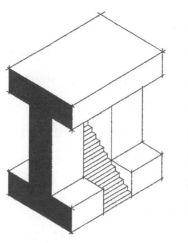

당신이 지금 이 단어들을 읽고 있다는 건, 이 책을 가지고 있다는 것이므로, 이미 물리적인 것과 디지털적인 것의 가치 차이를 이해하고 있을 것이다. 당신은 책의 페이지에 활자로 적힌 정보 이외에도 책의 무게나 종이의 질감과 두께감, 빛이 반사되는 방식, 심지어 책의 냄새까지 느낄 수 있다. 디지털 장치를 통해 경험할 수 있는 것보다 훨씬 빠르고 즉각적으로 촉감을 느낄 수 있다. 이것이 물리적 영역의 상호작용이 중요한 이유이며, 왜 우리가 디지털적인 삶에 완전히 빠지면 안 되는지에 대한 이유이다.

이제는 건축가의 역할과 디지털 혁명이 휩쓸어낸 업무의 발전에 대해 생각해보자. 펜과 연필과 슬라이드를 잘 다루는 실무자를, 컴퓨터를 잘 다루는 3D 시각화 전문가로 대체할 수 있다. 과거에는 새로운 건물을 위한 설계의 모든 선이 그것을 손으로 그리는 한 개인으로부터 쏟아져 나왔으나, 이제는 대부분의 평면, 입면 및 단면이 플라스틱 마우스 부대에 의해 만들어진다!

건축은 건축가가 만들 수 있는 한계를 따라잡으며, 앞으로 더 나아갈 필요성과 함께 변화해왔다. 우리가 그렇게 믿게 된 것일지도 모르지만, 이 변화는 디지털의 등장과 함께 자연적으로 이뤄졌다. 인간의 개입이 적거나 아예 없는 듯 보이는, 디지털 장치를 통해 탄생한 듯 보이는 복잡한 형태의 건축물들이 보여주는 풍요로움은 디지털 표현 방식이 필요하다고 믿게 만든다. 하지만 건축사무실의 디지털로 뒤덮인 책상 서랍의 이면에는 메모장, 종이 더미, 연필과 제도용 펜 등을 발견할 수 있을 것이다. 이것들은 건축가의 도구이며, 디자인의 핵심으로 돌아가기 위해 필요한 모든 것, 즉 스케치이다.

"과거에는 새로운 건물을 위한 설계의 모든 선이 그것을 손으로 그리는 한 개인으로부터 쏟아져 나왔으나, 이제는 대부분의 평면, 입면 및 단면이 플라스틱 마우스 부대에 의해 만들어진다!"

캐나다 건축가 Rob Miners(p.206)는 스케치가 직관적인 실제 형태의 아이디어를 표현할 수 있다고 믿는다. 그는 자신의 경험을 바탕으로 사람들의 아이디어를 표현하는 스케치 본능이 어디서부터 오는지를 알고 있다.

"좋은 디자인은 주의 깊은 관찰, 명상, 성찰을 통해서만 만들어진다. 스케치는 종이와 색연필을 통해 우리에게 어린 시절 어느 오후의 기억들로 향하는 문을 열어주는데, 어떻게 이것이 디자인을 향상시키지 않을 수 있는가?"

"나는 알파벳을 알기도 전부터 그림을 그려왔다. 나는 나무를 상상하여 종이에 표현했다. 해가 갈수록 스케치 능력이 향상됨에 따라 나무 그림이 더 만족스러워졌다. 스케치는 컴퓨터처럼 정밀도를 요구하지 않으며 유연성을 허용한다. 처음에 너비가 15cm라고 생각했던 그림을 20cm 너비로 쉽게 재해석할 수 있다.

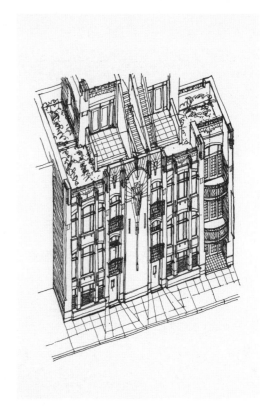

Above: Sybaris Condominiums, Rob Miners
Opposite: Composite of sketches, Eek en Dekkers

최고의 컴퓨터 프로그램이 부정확성을 위한 공간을 허용할 수도 있겠지만, 인간처럼 평생 개발된 타고난 기술을 복제할 수는 없으므로 표현과 창의성에 더 많은 장벽이 있는 셈이다." 아이디어를 즉시 표현할 수 있는 더 좋은 방법이 없기 때문에 건축가들은 여전히 스케치하고 있으며, 앞으로도 멈추지 않을 것이다. 현대적인 기술을 사용해 표현하는 것보다 훨씬 빠르며, 길에 비유하자면 멈추거나 돌아가거나 갈림길인 경우 없이 직진하는 것과 같다. 건축가가 종이 위에 자기 생각을 쏟아부을 때 펜, 연필 혹은 붓으로 그려지는 것들은 단순한 선 이상의 것이 담겨있다. 선의 두께는 그것이 사색적으로 그려진 한 획이든, 공상적으로 휘두른 선이든, 뭉개진 목탄의 선이든, 디자인의 중요한 부분을 나타낸 두꺼운 선이든 감정을 담고 있으므로 디지털로 표현할 때보다 훨씬 더 많은 것을 담아낸다. 어찌 보면 이것은 낙서 같은 그림들이다.

InN Arquitectura의 Carlos Gomez(p.120)는 손을 사용하는 디자인의 가치를 높게 사며, 스케치를 설계과정의 '가장 즐거운' 부분이라고 설명한다. 그는 스케치 된 아이디어의 끊임없는 흐름이 내면의 긴장을 풀어주고 업무에 평온함을 부여한다고 믿으며, "건축가는 기계적으로 정신없이 돌아가는 생산 리듬에 대항해야 한다."라고 지적한다. "좋은 디자인은 주의 깊은 관찰, 명상, 성찰을 통해서만 만들어진다."라고 그는 설명한다. "스케치는 종이와 색연필을 통해 우리에게 어린 시절 어느 오후의 기억들로 향하는 문을 열어주는데, 어떻게 이것이 디자인을 향상시키지 않을 수 있는가? 이제 청사진은 디지털 방식으로 제작되며, 평면도와 단면도는 전자 방식으로 저장되고 송신된다. 하지만 디지털 방식으로 본능적인 스케치의 정서를 표현하는 것을 상상해보자. 그것은 모스부호로 여자친구에게 마음을 털어놓는 것과 같을 것이다. 결국, 당신은 메시지를 보냈지만, 전달되기까지는 시간이 좀 걸릴 수밖에 없다. 모스부호 전달이 끝나갈 때쯤에는, 그녀는 지루해하다 옆자리에서 얼굴을 마주 보고 말을 건넨 다른 남자와 데이트하고 있을 것이다!"

OPLOSSING RAMEN BOVEN
WATER loop.

"건축가들은 스케치가 자신의 아이디어를 다른
사람들과 소통하는 가장 좋은 방법이라 생각하고,
아이디어를 머릿속에서 종이로 꺼내놓는
가장 직접적인 방법이라고 생각한다."

건축 전문 분야의 모든 면에서 '손으로 그리는 것'의
중요성에는 절대 과도한 것이란 없다. 특히나 고객에게
디자인을 설명할 때는 더욱더 그렇다. "고객은 스케치를
절대적으로 좋아한다."라고 인도 건축가 Sanjay Puri
(p.266)는 말한다. "고객이 내 스케치를 보내 달라고
요구하는 경우가 많다. 디지털 표현보다 그림을 더 쉽게 이해할 수 있기 때문이다. 그런 경우 스케치는
시간을 절약하는 도구가 되기도 한다. 전체 도면 세트와 3D 표현은 1∼2주가 소요되는 반면, 개념을
설명하는 스케치는 최대 몇 시간 내에 고객에게 보낼 수 있다."

그렇다. 건축가들은 스케치가 자신의 아이디어를 다른 사람들과 소통하는 가장 좋은 방법이라 생각하고,
아이디어를 머릿속에서 종이로 꺼내놓는 가장 직접적인 방법이라고 생각하기에 스케치하는 것이다.
또한, 다른 많은 이유, 그중에서도 긴장을 풀기 위해서 스케치하곤 한다.

이 책에서 건축가들은 자신의 말로 어떻게 그리고 왜 그들이 여전히 손으로 디자인하는지 설명한다.
여기서 스케치, 드로잉, 모델들이 3D 렌더링 된 조감도보다 훨씬 흥미로운 이유를 완전히 이해할 수
있도록 만들어진 작품들을 볼 수 있다. 우리는 그들의 감정을 느낄 수 있을 것이다. 왜냐하면 우리에게
공유된 스케치가 건축가의 영혼 일부분을 담고 있기 때문이다.

이 책의 멋진 디자인과 마법 같은 작품들에, 당신의 모든 감각을 동원해 탐험해보라. 친구에게 보여줄
미리보기 버전은 다운로드 할 수 있겠지만, 이것은 명심하자. 이 책의 진정한 아름다움과 그 안에 담긴
것들은 모니터를 통해서는 완전히 경험할 수 없다.

건축가는 항상 무엇인가를 완전히 이해하기 위해 몸으로 직접 경험해야 한다.

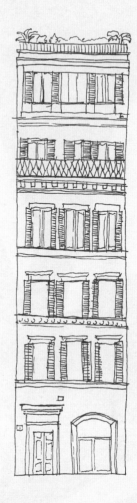

Above: Rome, InN Arquitectura
Opposite: Composite of sketches, InN Arquitectura

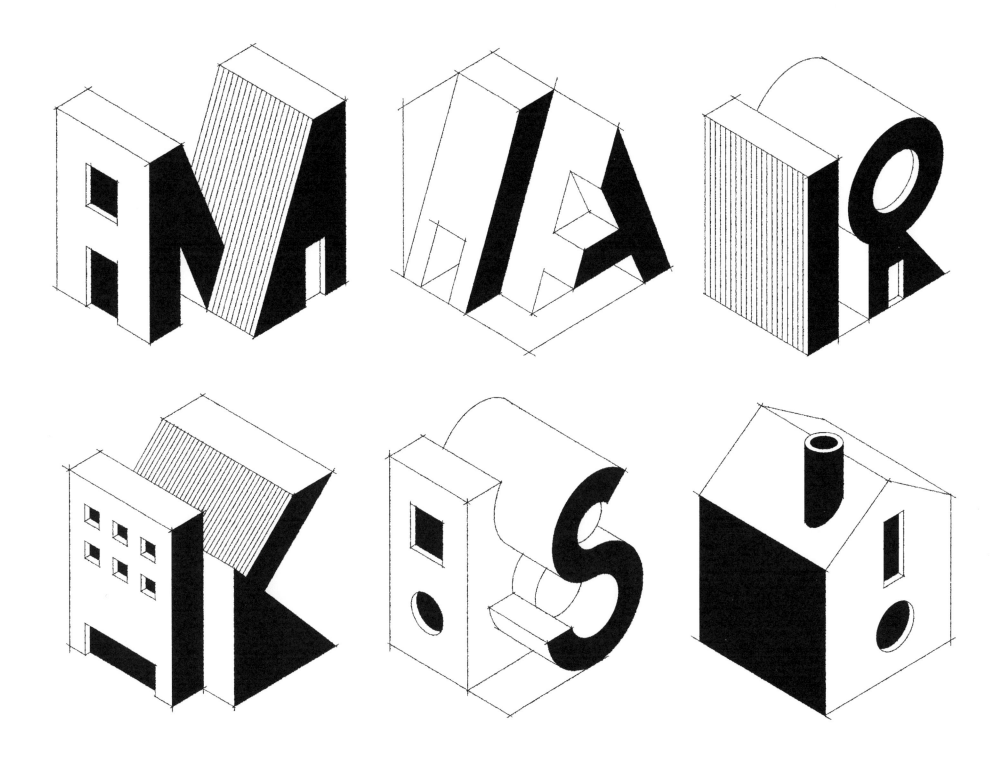

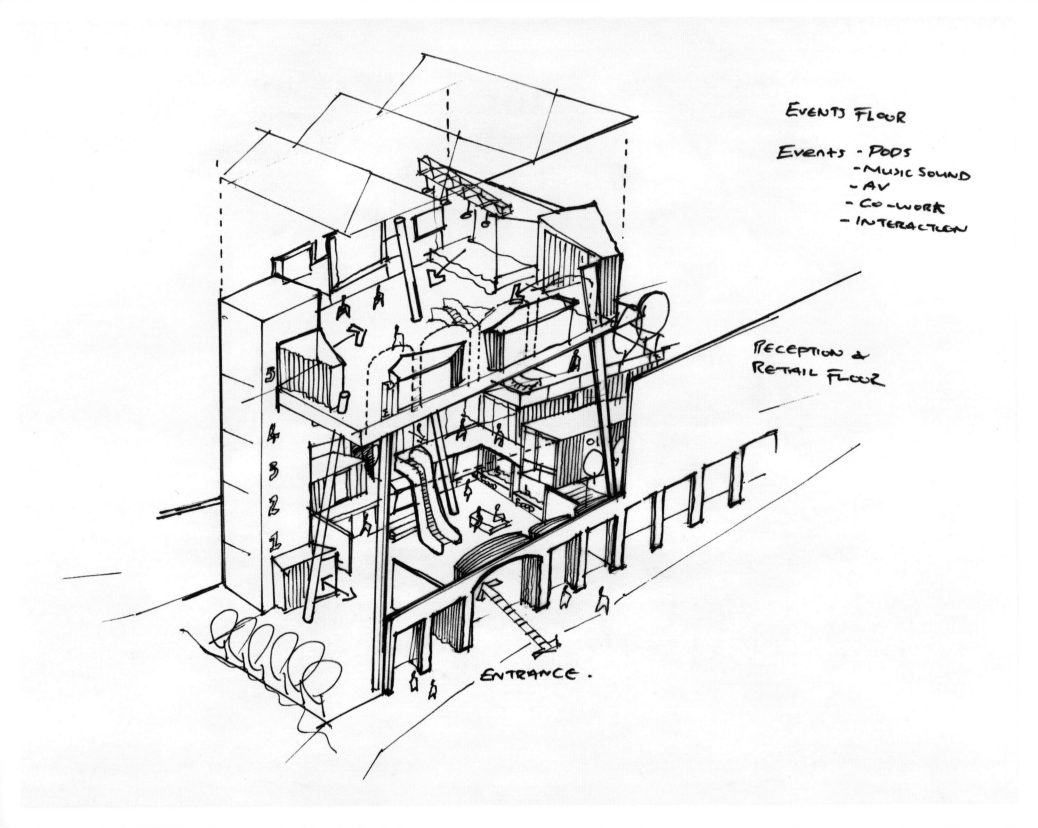

EVENTS FLOOR

EVENTS - PODS
- MUSIC SOUND
- AV
- CO-WORK
- INTERACTION

RECEPTION & RETAIL FLOOR

ENTRANCE.

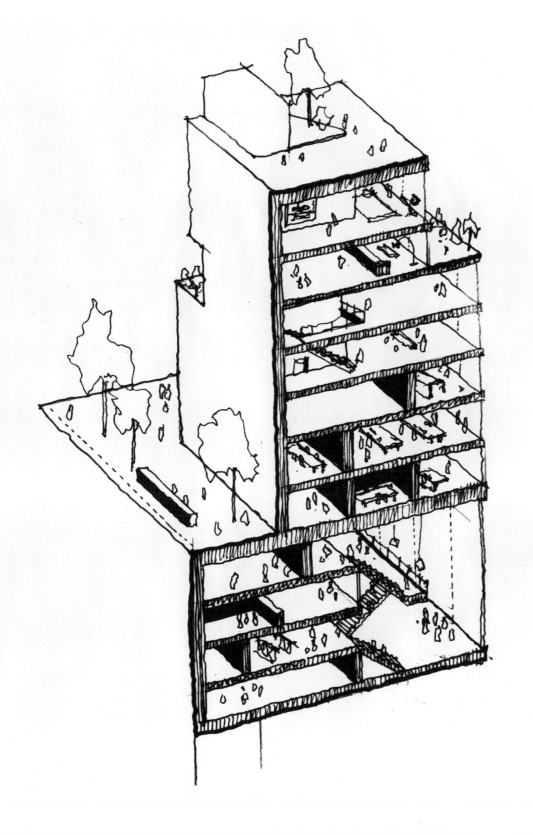

# BEN ADAMS

**Ben Adams Architects • 영국**

주요 프로젝트: Guggenheim Helsinki [p.18]
Future Workspace [p.19] • Study of Metropol
Parasol, Seville [pp.20-21] • Pointless City [pp.22-23]

"예술가인 나의 숙모는 자신이 아는 모든 건축가가 무언가를 설명하려고 할 때 펜이나 연필로 손을 뻗는다는 사실을 알고 매우 기뻤다고 한다."라고 건축가 Ben Adams는 말한다. "그 설명은 레스토랑까지의 길 안내이거나, 그림을 위한 아이디어, 쇼핑 목록 따위의 것일 수도 있지만, 건축가가 개입할 경우 멋진 스케치로 완성된다."

2010년 런던에 설립된 이 회사 성명서의 첫 번째 문장은 '우리는 손맛이 느껴지는 건물이 좋다'이다. 실제로 손으로 하는 작업을 중시하며 디자인에 반영한다. 이것이 이 회사 건축의 무기라고 할만한 장점이 되었다.

"나는 교육의 일환으로 그림 그리기를 배웠다."라고 그는 말한다. "그래서 어떤 문제에 대해 생각할 때 스케치하려는 충동이 즉각적으로 생긴다. 우리는 컴퓨터 모델링, 3D 프린팅, 가상현실 등을 통해 3차원으로 아이디어를 볼 수 있는 다양한 도구들을 가졌지만, 아직도 스케치는 건축적인 생각과 아이디어를 발전시키기 위한 다른 것과 비교할 수 없는 방법이다."

많은 건축가가 직접 느끼고 개입해 스케치하는 것의 중요성에 주목하지만, 그는 스케치가 시간을 소모해 작성해야 한다는 특성에 대해서도 장점을 가진다고 판단한다. "3차원 공간과 시간이 결합하여 4차원의 건축이 만들어진다."라고 그는 설명한다. "우리는 드로잉의 과정에서 소모되는 시간을 통해 영감을 붙잡고, 아이디어가 떠오르는 속도에 드로잉을 맞추는 방식으로 디자인을 진행한다. 다른 디자인 방법은 너무 디테일하고 정밀해야 하거나, 반대로 느슨하고 모호하다."

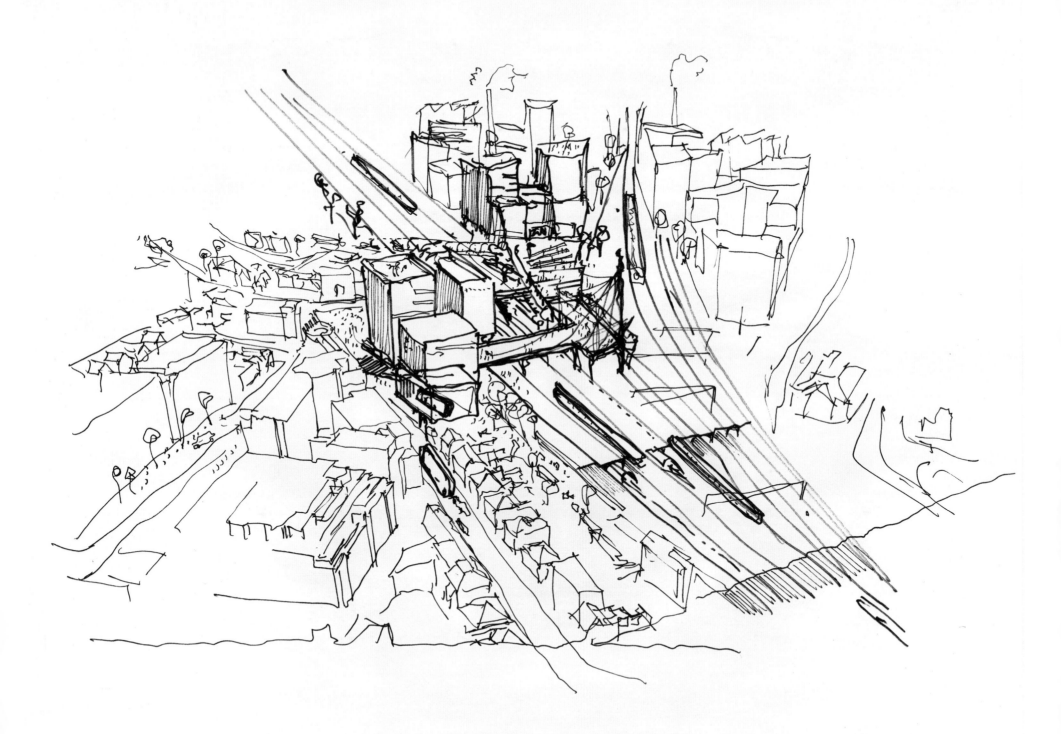

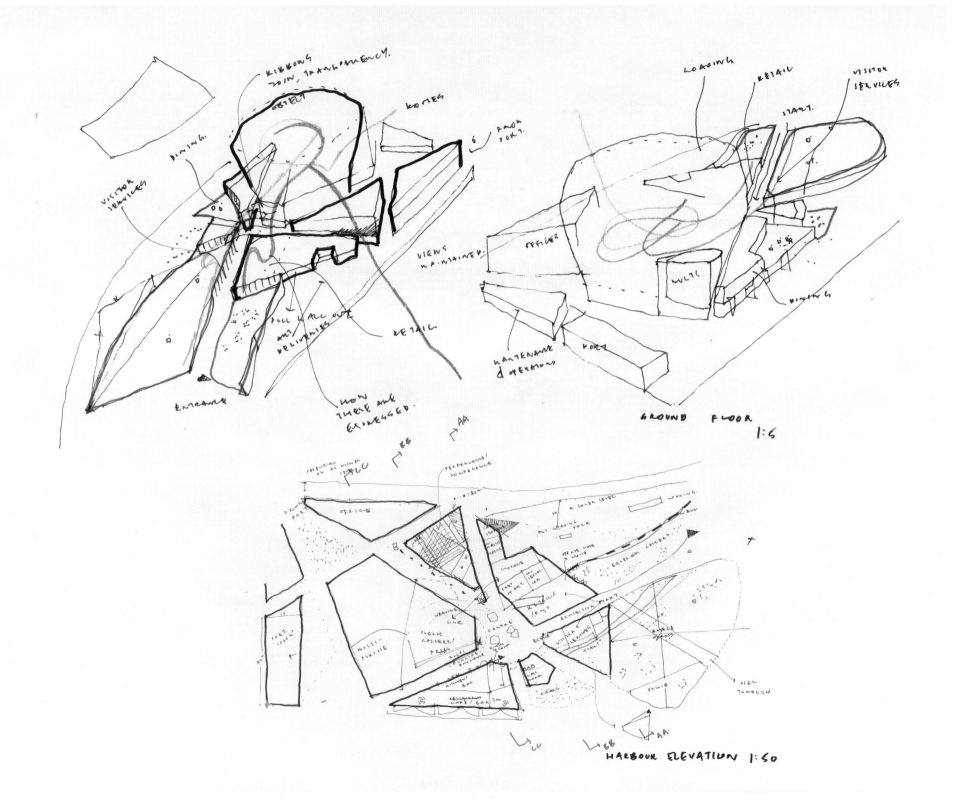

GROUND FLOOR 1:5

HARBOUR ELEVATION 1:50

# MANUEL AIRES MATEUS

**Aires Mateus e Associados · 포르투갈**

· 주요 프로젝트: Alhambra [pp.24-25]

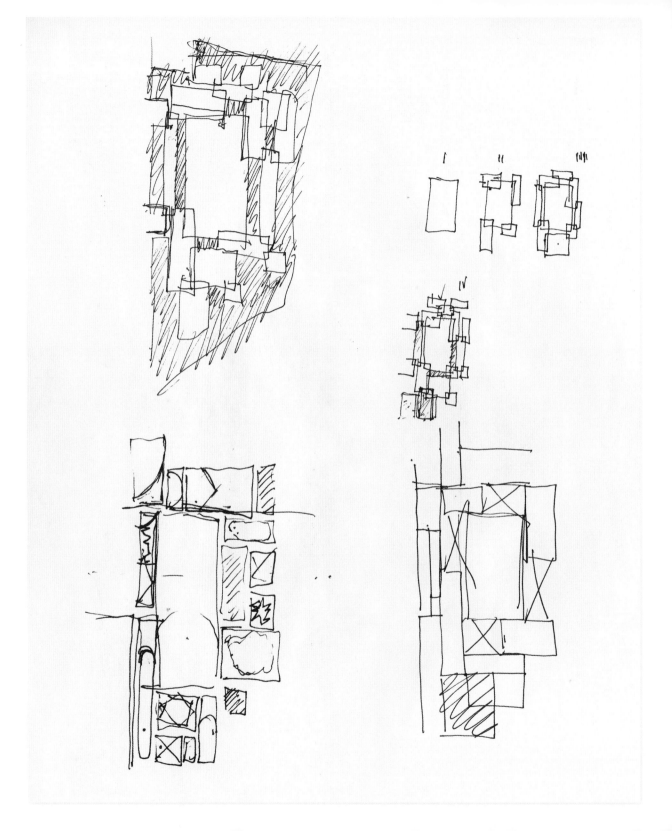

"스케치는 다른 비물리적 방법보다 표현과 우리의 생각 사이를 신속하게 연결하여, 지속적인 대화가 가능하게 해준다."라고 리스본에 본사를 둔 Aires Mateus e Associados의 대표인 Manuel Aires Mateus는 말한다. "그것은 건축에서 어떤 주제와도 협력할 수 있는 방법이 될 것이다."

Aires Mateus는 1986년 졸업한 이후로 유럽과 미국의 대학에서 교수로 재직하며 전 세계에서 강연했다. 그는 회사 내에서 스케치를 주요한 설계 도구로 사용하며, 스케치가 '불확실성의 가장자리'를 탐구하고 최종결과를 풍부하게 만들며 반복할 때마다 가치가 상승하는 아이디어를 창출하는 도구라고 믿는다.

"우리는 스케일 모형과 컴퓨터로 작성한 이해하기 쉬운 도면으로 고객과 소통한다."라고 그는 말한다. "그러나 회의 중에 명확히 해야 할 문제가 있으면 스케치를 사용한다."

Aires Mateus는 스케치를 다른 방식의 표현에 대한 비평으로 여긴다. 신속하고 촉각적으로 디자인에 의문을 던지는 이 방법은 고객보다 건축가에게 더욱더 중요하다. "스케치는 끊임없이 질문 할 수 있게 하는 빠른 기록이다."라고 그는 말한다. "손의 능력을 암시하는 기술이기도 하므로 아이디어를 명확히 하는 데 도움이 된다. 이런 점에서 스케치가 다른 표현보다 건축에 가깝다."

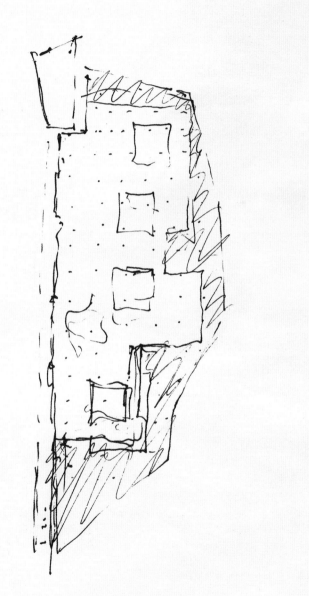

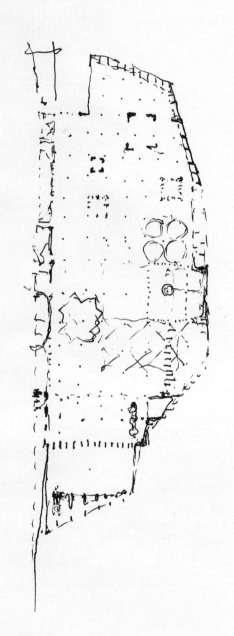

# WIEL ARETS
**Wiel Arets Architects · 네덜란드**

주요 프로젝트: A' Tower [p.26, 왼쪽] · Campus Hoogvliet [p.26, 오른쪽]
B' Tower [p.27, 왼쪽] · Beltgens Fashion Shop [오른쪽]

네덜란드 건축가 Wiel Arets는 "사물 자체보다는 사물의 배경에 있는 아이디어에 관심을 둔다."라고 말한다. "예술가의 작품과 건축가의 드로잉의 차이는, 후자의 경우 최종의 결과물이 아니라는 것이다. 사무실에서 나는 종종 내 생각을 기반으로 일하기 위해 스케치한다. 회의 중에 스케치하고선 때로는 그 스케치를 버린다. 드로잉은 보관해두고 소중히 다룰 귀중한 물건이 아니다."

Arets는 이론가, 산업 디자이너 및 도시설계자뿐 아니라 건축가로 언급되며, 폭넓은 지식과 다재다능함을 가졌다. 그의 회사는 유럽 및 미국 전역에 지사를 두고 있으며, 그는 시카고와 베를린과 로테르담에서 강의도 하고 있다.

Arets는 "왜 스케치를 하냐고?"라며 곰곰이 생각하며 말한다. "스케치는 컴퓨터의 도입으로 인해 중요성이 줄어들었지만, 프로젝트에 대한 초기 생각을 해결하는 데 매우 유용하다. 작은 숟가락을 디자인하는 것에서부터 주택이나 도시의 마스터플랜에 이르기까지, 새로운 프로젝트에 대해 개념적으로 생각할 때 매우 중요하다. 스케치 없이 이러한 것들을 디자인하는 것은 어려울 수 있지만, 디자인 프로세스에 스케치가 필수인 것은 아니다. 나는 거의 내 그림을 보관하지 않는 편이다. 고객과의 미팅 중에 스케치하는 것은, 내 아이디어를 시각화하는 데 도움이 된다. 이러한 의미에서 고객은 내 스케치와 상호작용을 하지는 않지만, 그 내면의 아이디어를 관찰한다."

Rotterdam
2009
Calypso
flagship

# CECIL BALMOND
**Balmond Studio • 영국**

주요 프로젝트: Element [p.28, 위쪽] • Broken Moon [p.29, 위쪽]
Congrexpo [p.29, 아래쪽] • Mesquita [p.30, 위쪽]
Untitled [p.28, 아래쪽; p.30, 아래쪽; p.31]

건축가 Cecil Balmond의 책상은 종이로 가득한데, 이것들은 켜켜이 쌓인 그의 '생각들'이다. '아이디어의 결론을 찾기 위한' 반복은 그의 설계 방법론의 근간이다. 이러한 작업방식은 그가 단독으로 만든 작품에서도, 동료 또는 유명 예술가와 성공적으로 협업하여 만들어낸 작품에서도 볼 수 있다.

Balmond는 획기적이고 진보된 지오메트리 유닛을 구성하는 등 구조디자인 사무소 Arup에서 뛰어난 경력을 쌓는 동안 예술과 과학의 교차점을 탐구했다. 그 결과 공간의 개념, 기하학과 형태 및 구조의 의미 변화를 재창조하는 것에 대한 가치를 믿게 됐다. 엔지니어로서의 그의 배경이 건축 과정의 예술적 차원에서 다소 벗어나리라 생각하는 사람도 있겠지만, 비평가들은 그가 다른 표현방식이 아닌 스케치를 할 수밖에 없다고 말한다.

"내 생각과 함께하는 자유로운 선 없이는 이야기할 수 없다."라고 그는 말한다. "스케치는 디지털 매체는 할 수 없는, 개념을 생생하게 유지하고 목표를 향한 실용적인 여정을 갖게 한다."

다른 많은 건축가는 모형이나 디지털 방식으로 고객과 디자인에 대해 협의하는 것을 선호하지만, Balmond는 자신이 가장 쉽게 작업할 수 있는 방법으로 가장 급진적인 아이디어를 표현한다. "내 고객들은 스케치를 좋아하며, 이 과정에서 그들은 디자인의 근원에 접근하고 참여했다고 느낀다."

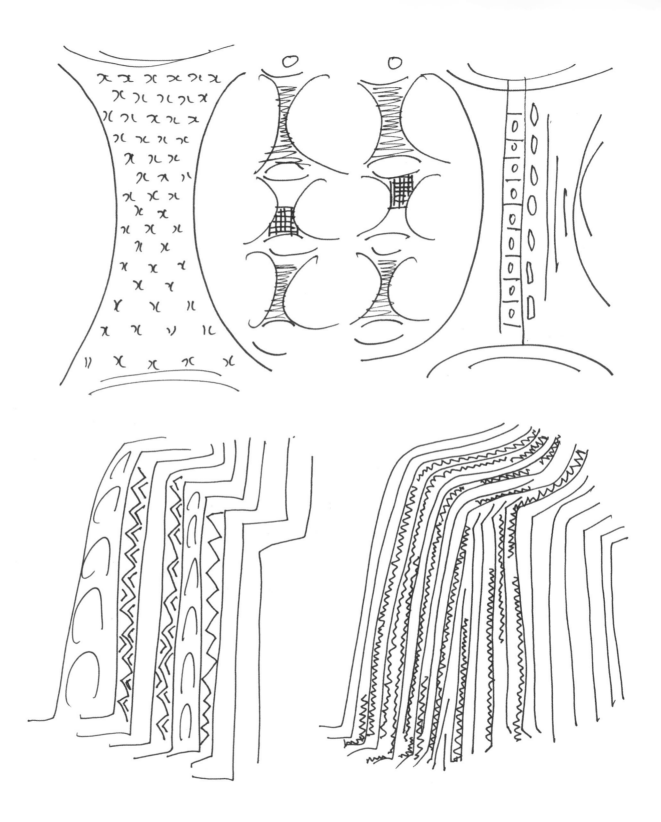

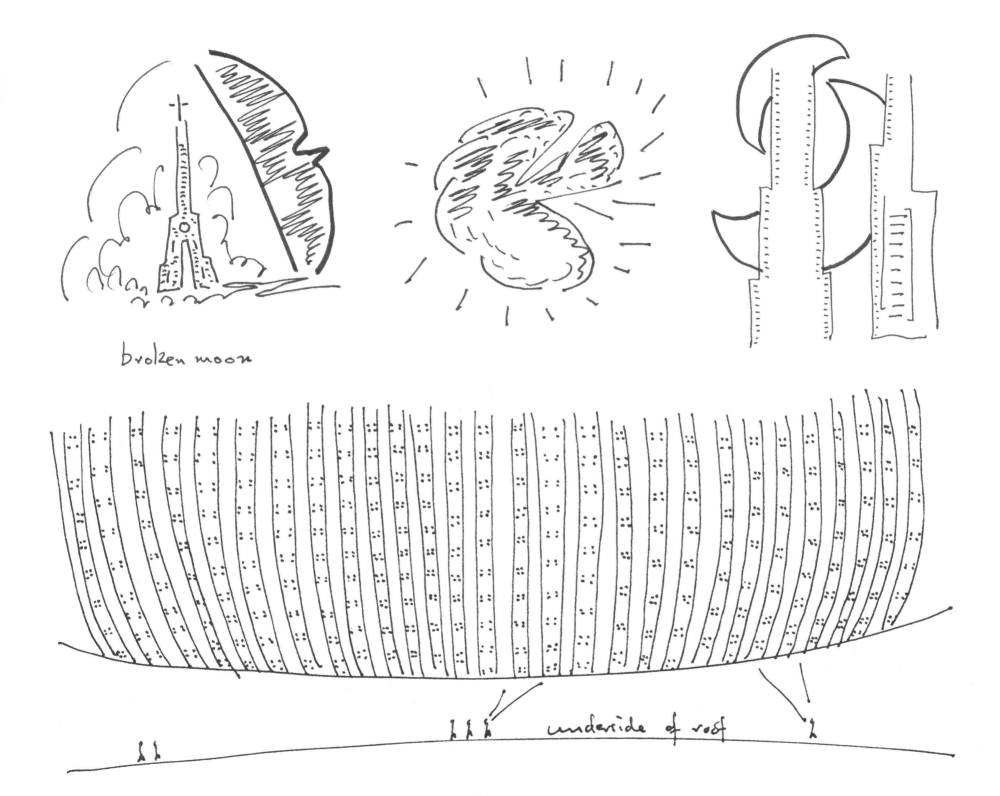

broken moon

underside of roof

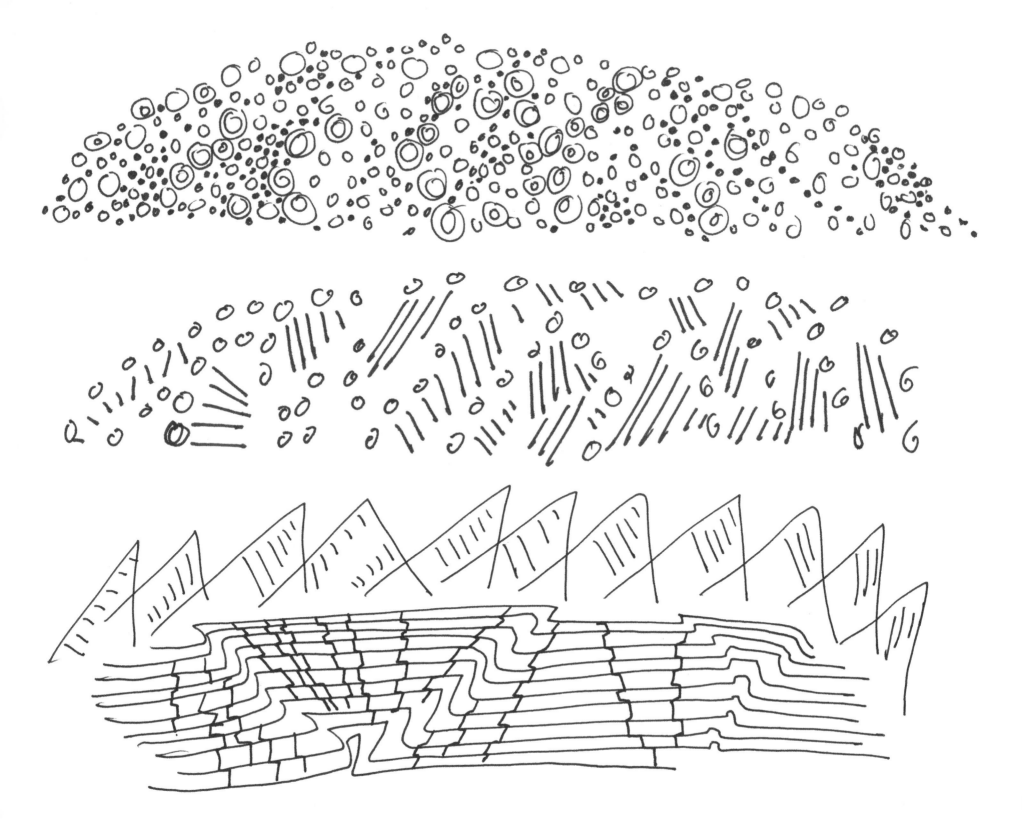

# BEN VAN BERKEL

**UNStudio · 네덜란드**

주요 프로젝트: 5 Franklin Place [p.32]
Scott's Tower [p.33] · Office research facility [p.34, 아래쪽]
Untitled abstract sketches [p.34, 위쪽; p.35]

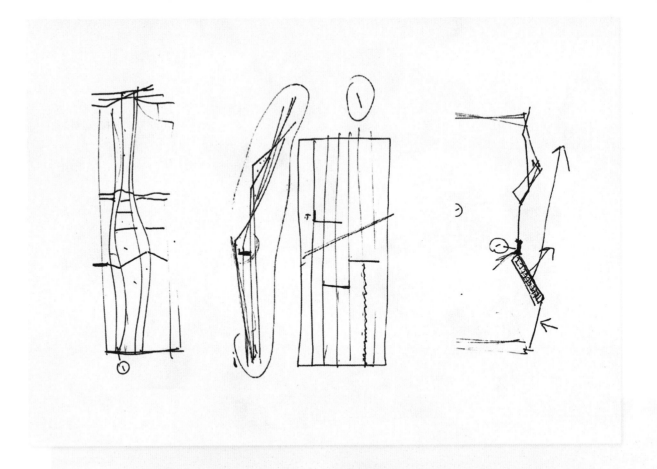

UNStudio를 Caroline Bos와 공동창업한 Ben van Berkel은 "스케치는 마음을 단련하는 또 다른 형태이다."라고 말한다. "나는 손에서 마음으로 유기적으로 배움이 전달된다고 믿는다. 당신이 스케치하는 동안, 당신은 배우는 것이다. 스케치는 단순히 그리는 것이 아니라 모형을 만들 때처럼 건축적 요소의 연결과 재질을 촉각적으로 느끼는, 자기만의 감각적 경험에 가깝다. 다양한 재료를 사용하여 적극적으로 스케치해보는 것이 꾸준한 배움을 얻기 위해 중요하다."

세계적으로 유명한 Van Berkel과 Bos 부부는 1988년 Van Berkel & Bos Architectuur–Bureau를 설립하였고, 10년 후 UNStudio로 개칭했다. Van Berkel은 전 세계 다수의 건축학교에서 강의했으며, 현재 하버드 대학 디자인 대학원에서 Kenzo Tange 석좌 교수 (일본 건축가 Kenzo Tange의 이름을 따서 만든 교수직) 로 있다.

"내 스케치 속 아이디어는 보통 추측에 가깝거나 암시적이어서, 내 디자인과는 전혀 다른 것일 수 있다."라고 그는 말한다. "나는 관찰, 생각, 아이디어와 같은 개인적인 스케치를 많이 한다. 나의 스케치는 아이디어부터 건축적 형태에 이르는 논리적이고 시각적인 단계를 만들지는 않는다. 내 스케치들은 건축의 조직적 전략에 대한 잠재적 다양성을 표현한 다이어그램에 가깝다. 우리는 디자인 과정에서 스케치를 표현 자체보다 도구로 사용한다. 형태적 표시들과 그래픽 심볼을 통해 단어와 아이디어를 관용구처럼 표현하곤 하는데, 스케치는 이것들을 실현하기 매우 좋은 도구이다. 이로부터 잠재적 건물에 대한 조직된 아이디어를 얻는다."

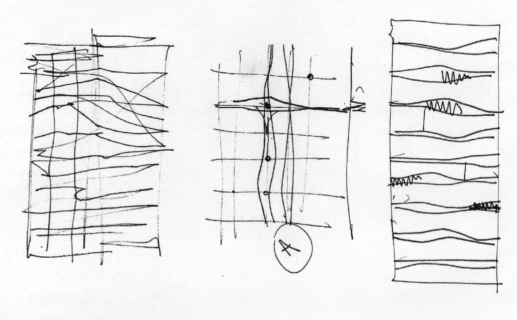

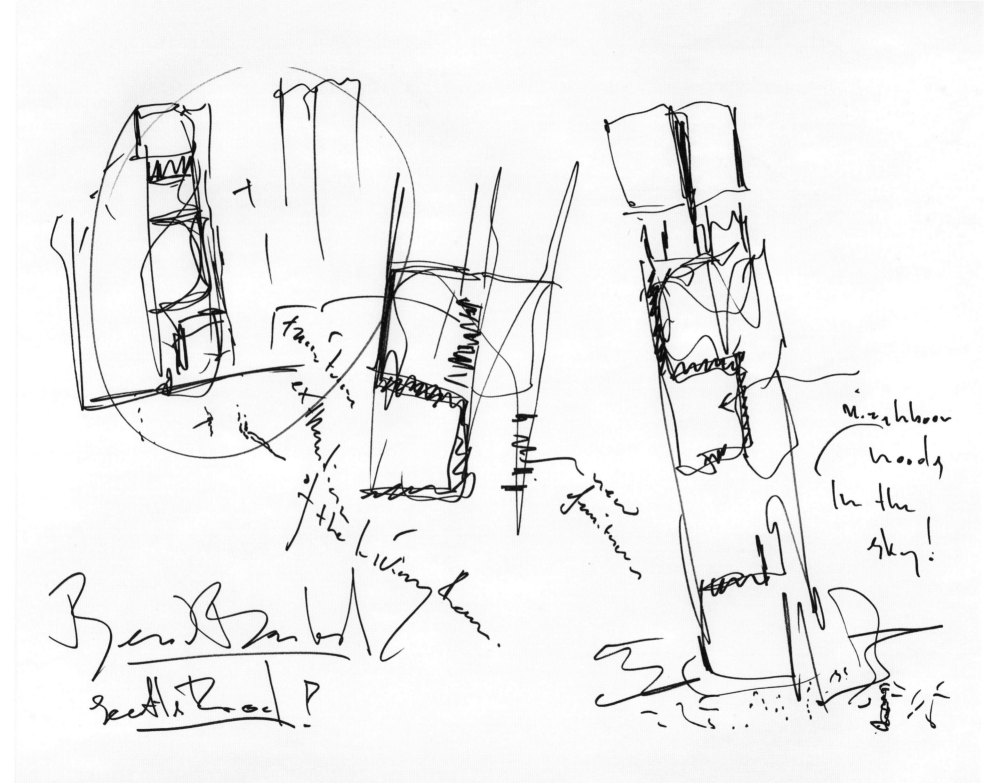

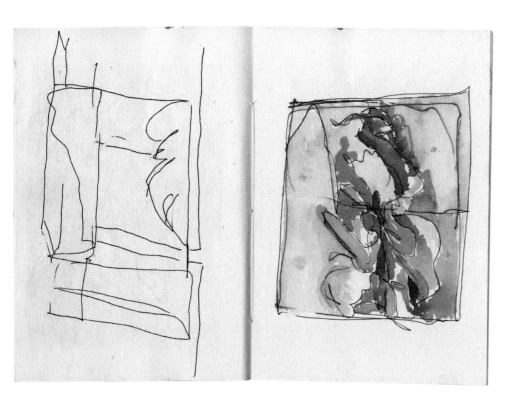

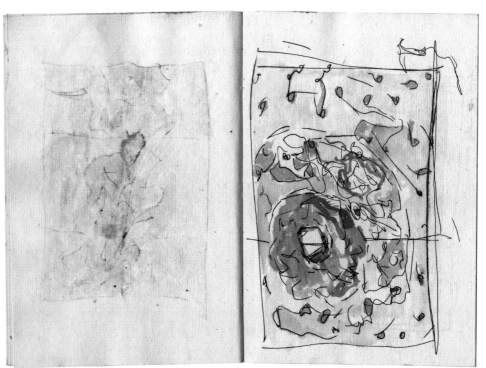

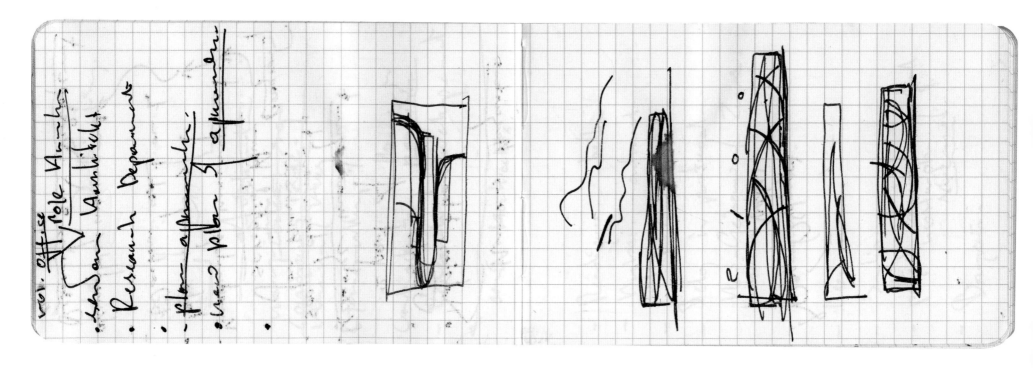

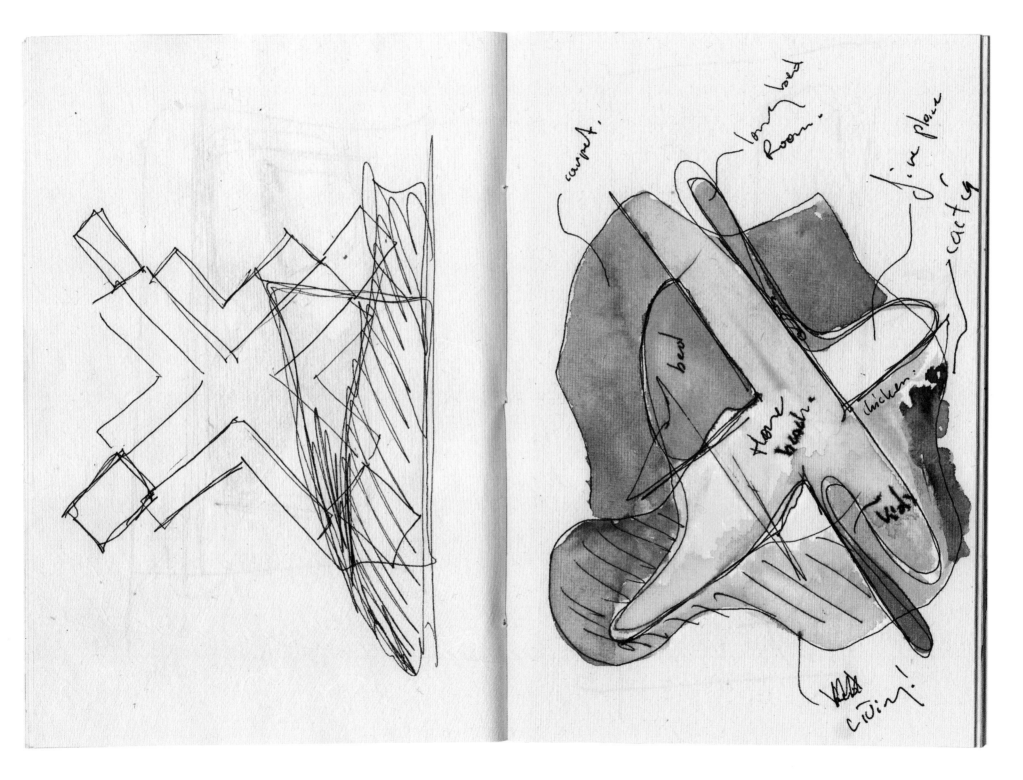

# PETER BERTON

**+VG Architects · 캐나다**

주요 프로젝트: Coffee table and end table [p.36, 위쪽 왼편]
Jewelry box with hidden compartments [p.36, 위쪽 오른편]
Dining-room credenza [p.36, 아래쪽] · Cottage in Muskoka [p.37]

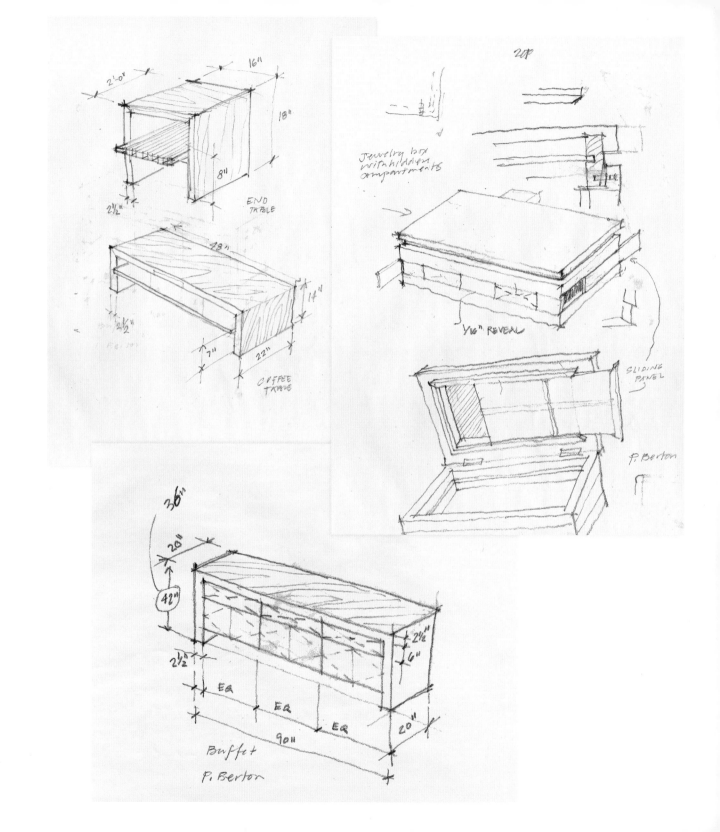

"요즘, 많은 사람이 컴퓨터가 디자인한다고 생각하지만 절대 그렇지 않다."라고 +VG Architects(p.204) 토론토 사무소의 파트너인 Peter Berton은 말한다. "디지털이 발달함에 따라 건축가가 필요 없게 될 것이라는 일반적인 인식도 있지만, 디지털로 작성된 도면은 스케치를 통한 계획을 신속히 확인하는 도구일 뿐이다. 나는 스케치가 디지털 도면보다 훨씬 더 개방적이고 딱딱하지 않은 상태라고 생각한다. 스케치는 그리는 능력이 아니라 볼 줄 아는 능력이다."

Berton은 교육 시설, 법원 및 역사적 건축물의 복원 설계 전문가이다. 그의 주거 프로젝트 중 다수에서 건물, 가구, 조명뿐만 아니라 벽난로 도구나 러그에 이르는 모든 것을 디자인했다.

"오늘날 많은 젊은 건축가들이 손으로 스케치하지 않는데, 이것은 매우 부끄러운 일이다."라고 그는 말한다. "프리핸드 스케치는 가능성을 열어주며 틀에 갇히지 않도록 해주기 때문에 매우 중요하다. 단지 보는 것을 그릴 때와는 달리 스케치할 때의 나는 종이에 그리기 전에 머릿속으로 그림을 떠올려 본다. 스케치는 자신의 마음속에 있던 것을 표현하는 것이기 때문이다. 건축주는 개념 뒤에 컴퓨터가 아닌 실제의 사람이 있다는 것에 긍정적으로 반응한다."

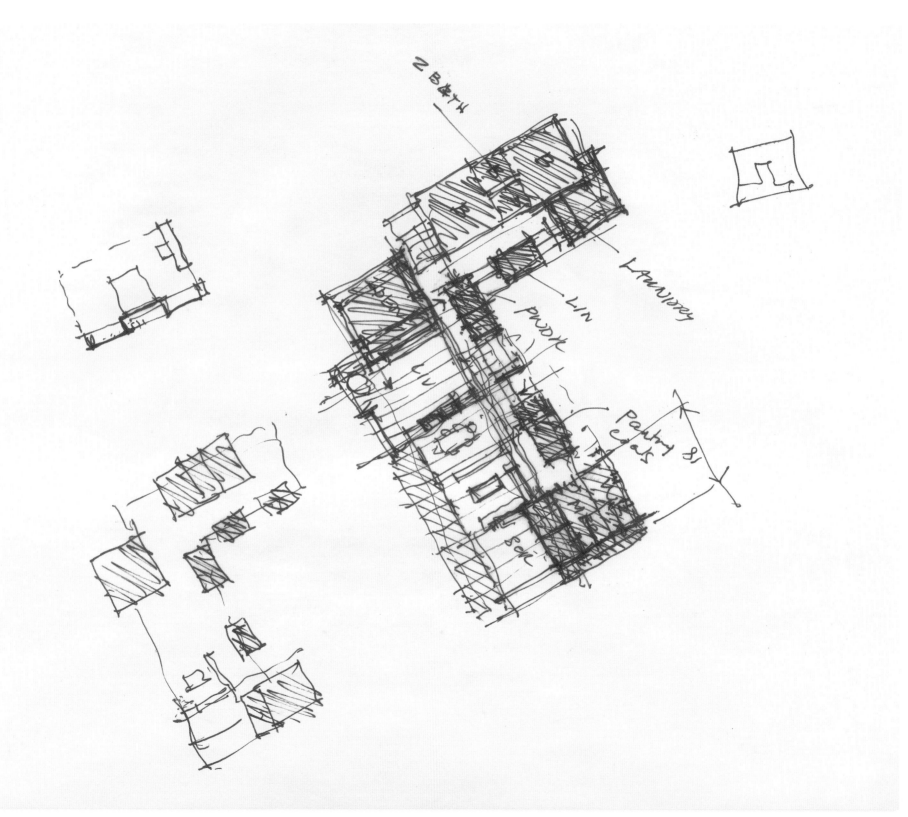

# ADAM BRADY

Lett Architects • 캐나다

주요 프로젝트: Bedoukian Barn [p.38] Dobbins House [p.39, 오른쪽]

NORTH ELEVATION

SOUTH ELEVATION

EAST ELEVATION

WEST ELEVATION

온타리오주 피터버러에 본사를 두고 있는 Lett Architects의 Adam Brady는 "스케치는 현장의 문제들에 대한 나의 아이디어를 상대방에게 신속하고 체계적으로 전달할 수 있게 한다."라고 말한다. "나는 종종 건설 현장 한가운데 서서, 잘 그려진 CAD 도면의 뒷면에 디테일한 스케치를 하여 문제를 해결하곤 한다."

Brady의 역할은 다각적이다. 그는 매일매일 새로운 프로젝트를 위한 제안을 하거나, 실제 프로젝트 현장에서 소소한 디테일을 계획하기도 한다. 그는 스케치가 머릿속에서 수영하고 있는 '진흙투성이의 생각들'을 밖으로 꺼내는 행위라고 생각한다.

그는 "디지털 영역에서만 일하는 것은 어렵고 정신적으로 피곤한 것일 수 있다."라고 설명한다. "전체적인 부지계획, 각 룸의 레이아웃 및 벽체 단면이 동일한 도면 파일 내에 존재할 수 있으며, 몇 번의 마우스 클릭으로 전체가 한 번에 인식되지만 반대로 전체를 날려버리기도 한다. 디지털 영역에서만 작업할 경우 건축가와 건축물 사이에 스케일의 차이가 발생한다. 그래서 컴퓨터로만 도면을 작성할 때의 나는 프로젝트와 연결이 끊어지는 느낌이 든다."

대다수의 건축가처럼 Brady는 노트를 소지하여 언제 어디서나 영감을 얻을 때마다 즉시 스케치한다. "나는 아이디어를 붙잡지 못하고 놓쳐버린다."라고 말하면서, "그래서 순간순간 아이디어를 종이에 옮겨두는 것이 매우 중요하다. 대부분의 일요일 밤, 나는 아비새나 청개구리의 소리가 들리는 식탁에 앉아 따뜻한 불이나 시원한 산들바람을 즐기며 호밀 위스키 한잔으로 마음과 근육의 긴장을 푼다. 그럴 때 매우 짧은 시간에 엄청난 양의 디자인 작업을 처리하곤 한다."

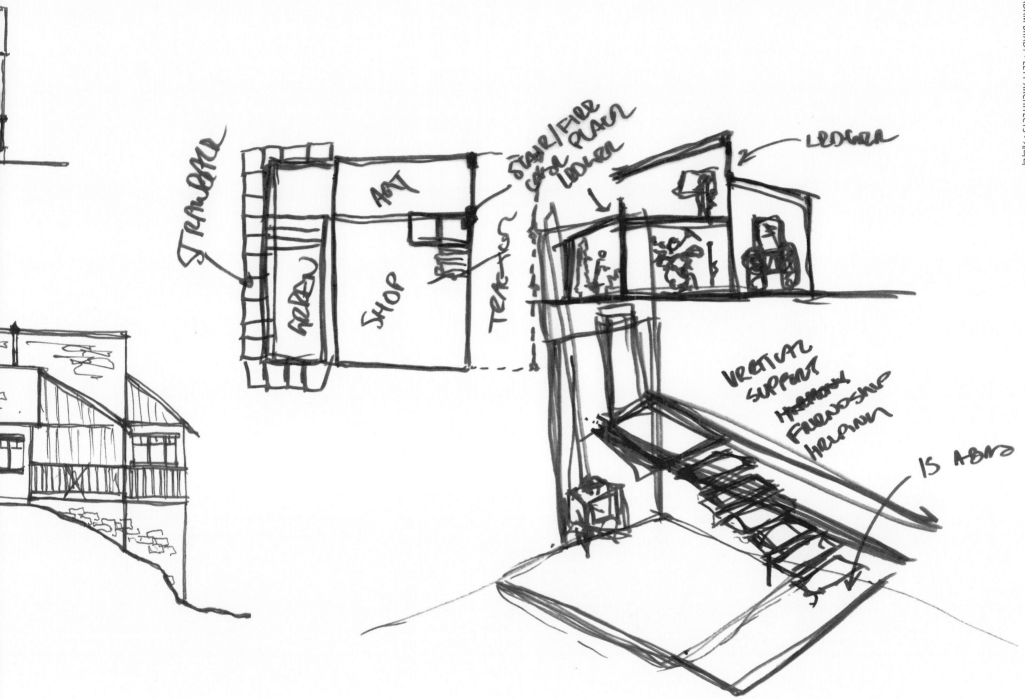

The Pantheon, 147 BC to 3.26.08.
still a working job site

3.19.08 Pza Coll. Romano.

CARMEN'S DREAM
St. Pete Beach - Bernini little Arms

PZA del Popolo 3.17.08

1919

# JACOB BRILLHART

**Brillhart Architecture • 미국**

주요 프로젝트: Parthenon • Piazza Rome • Piazza del Popolo [위편, 왼쪽부터 오른쪽으로]
Santa Marinella • Foro Italico • Hat Schip [아래편, 왼쪽부터 오른쪽으로]

화가이면서 작가이자 건축가인 Jacob Brillhart는 "그리는 방법을 아는 것이 중요하다."라고 말한다. "여행하며 그리는 그림들은 특히 젊은 건축가들에게 연구 개발의 기본 형태가 된다. 보는 것을 기록하는 경험은 우리에게 새롭게 보는 방법을 알려줄 뿐 아니라 정보가 가득 담긴 스케치북과 색상, 빛, 인간의 상태에 영향을 미치는 건축 요소들에 담긴 원리에 대한 이해를 제공한다. 우리는 그림으로 남겨진 기록을 통해 다른 문화, 역사 및 장소에 대한 이해, 그리고 그곳에서 느꼈던 감정, 기억, 소리, 냄새를 기억한다. 이것은 우리의 경험을 한 번으로 끝내지 않고 보고, 또 볼 수 있도록 한다."

Brillhart는 Le Corbusier와 근대주의 학교의 교리에 매료되어, 그의 회사에서 진행한 프로젝트도 영향을 받았다고 한다. 또, "각 프로젝트는 회화, 손으로 그리기, 모형 및 목업뿐만 아니라 CAD, 렌더링 및 3D 컴퓨터 모델 등 다양한 표현방식을 사용해 응용 및 시사점을 우선으로 고려하여 탐구한다."라고 말한다.

Brillhart는 "대부분의 설계는 스케치와 작은 모형으로 시작한다."라고 말을 이어나간다. "우리는 이 스터디로부터 컴퓨터에 입력되는 논리 또는 개념을 발전시켜 실제 차원에 적용할 수 있다. 우리는 작업 기반을 바탕으로 앞뒤로 반복해 진행하며 3D 및 평면 뷰를 인쇄하고 그 위에 대안 아이디어를 테스트하여 손과 눈을 통해 '느낄수 있도록' 스케치한다."

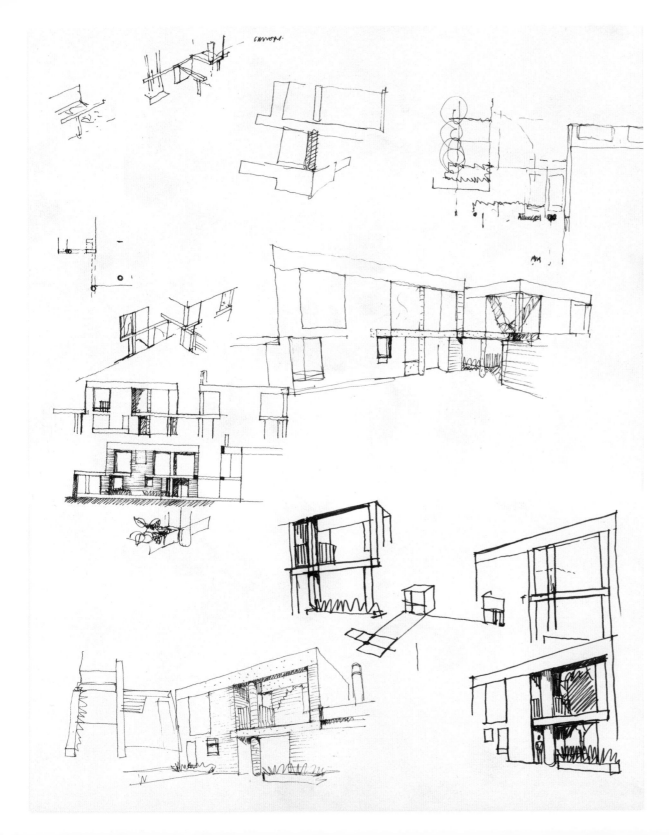

## WILL BURGES
**31/44 Architects · 영국**

주요 프로젝트: Four Column Houses [pp.42-45]
House in Oregon [pp.46-47] · Redchurch and Whitby [pp.48-49]

"손으로 스케치하는 것은 디지털보다 훨씬 더 탐험적인 일이다."라고 31/44 Architects의 Will Burges는 말한다. "디지털 방식으로 선을 그릴 때는 시작점, 방향 및 끝점을 정확하게 알 수 있다. 손으로 그리는 선은 비슷한 위치에서 시작할 수 있지만, 그 선의 여행은 느슨하고, 탐험적이고, 모험적이다. 손으로 선을 그릴 때의 속도는 당신의 두뇌가 신속하게 방향을 바꾸고 조절할 수 있게 한다. 선의 끝점에서는 당신이 기대하지 않았던 어딘가에 다다른 것을 발견하게 될 것이다."

Burges는 2001년 James Jeffries, Stephen Davies와 함께 31/44 Architects를 설립했다(숫자로 된 이름은 네덜란드와 영국 두 곳의 국제 전화 코드를 반영한 것이다). 현재 이들 3인은 모두 런던의 Kingston University에서 강의하고 있다.

Burges는 "우리의 모든 프로젝트는 일반적으로 손으로 스케치하여 발전시키며, CAD 및 모형과 컴퓨터 모델링을 활용하여 다듬어낸다."라고 말한다. "우리는 디지털 정보를 추출하여 손으로 처리하는 경향이 있다. 교수 역할에도 이 방식을 고수하지만, 학생들과 지속적으로 과정을 공유하고 그들이 자신의 일하는 방식을 찾도록 돕는다. 흥미롭게도, 두 가지 두께의 펜을 사용하는 것이 진행과정의 자율도를 높인다는 것을 발견했다. 더 두꺼운 펜은 더 빨리 움직이며 어떤 면에서는 느슨하고 덜 구속적인 느낌을 준다. 드로잉과 디자인 프로세스가 느려진다고 느낄 때 다른 두께의 펜으로 교체해 사용한다."

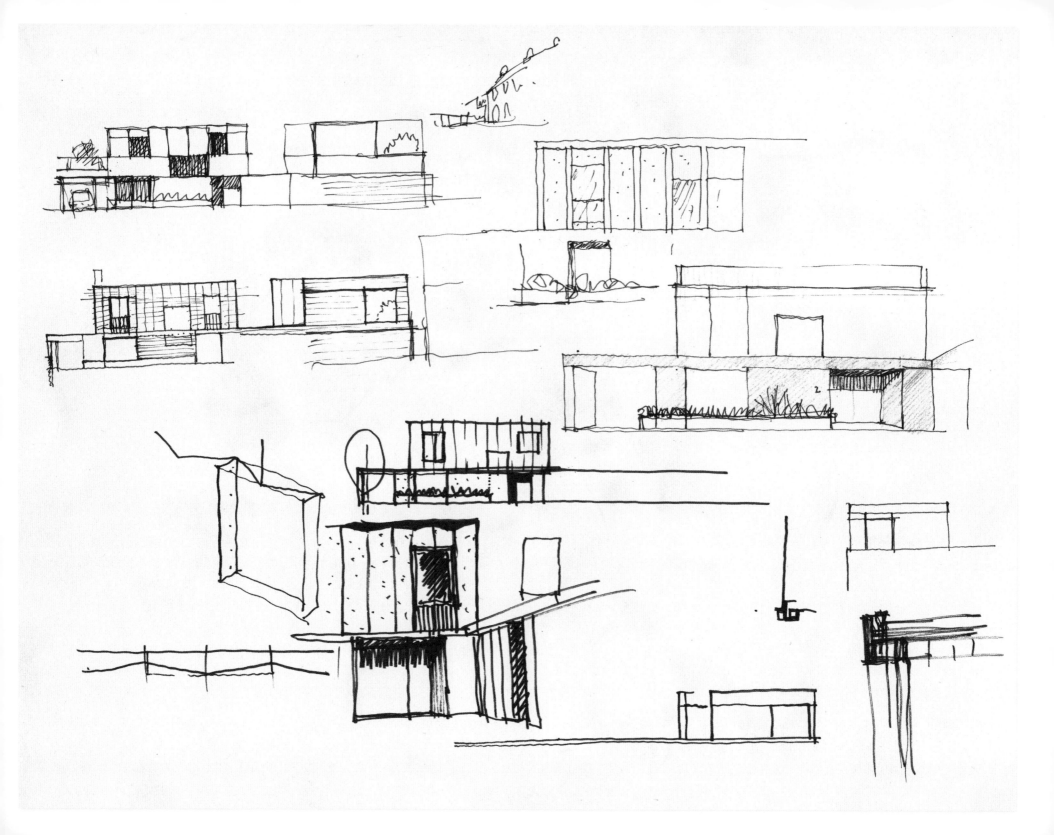

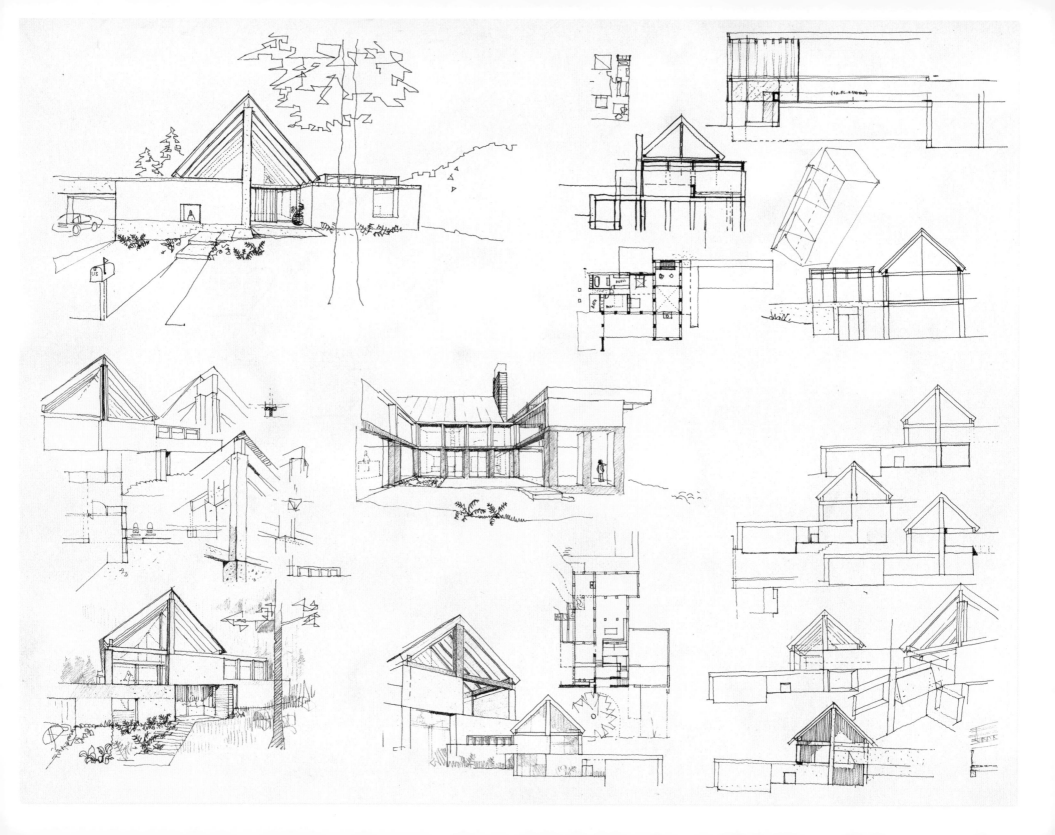

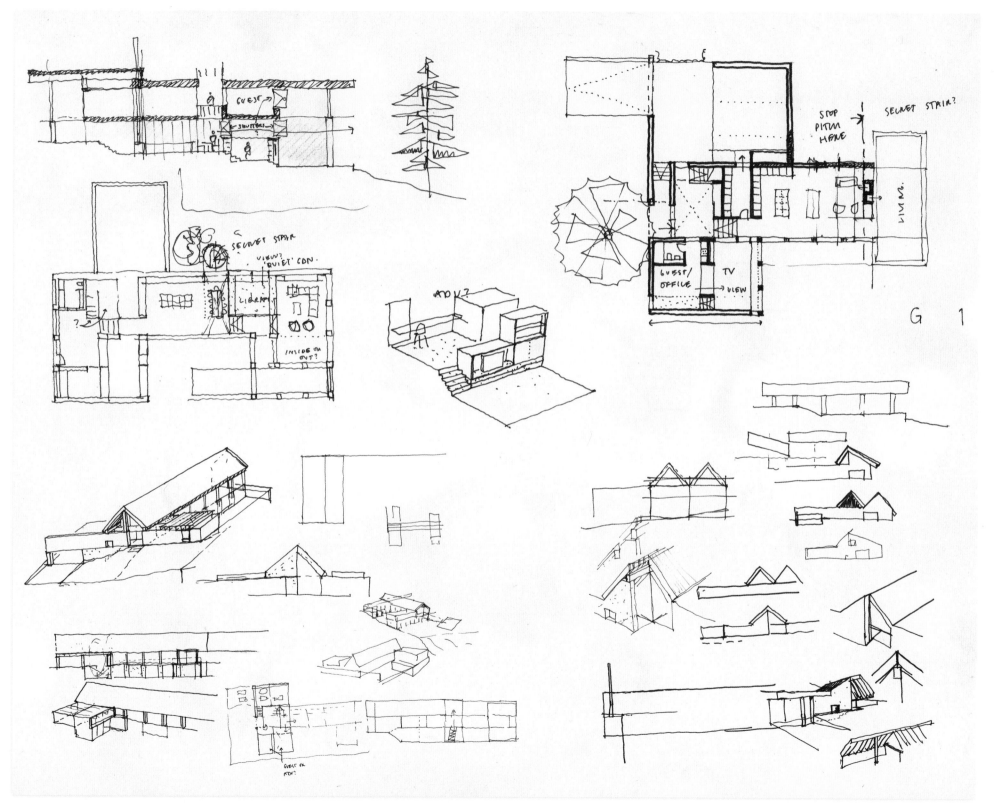

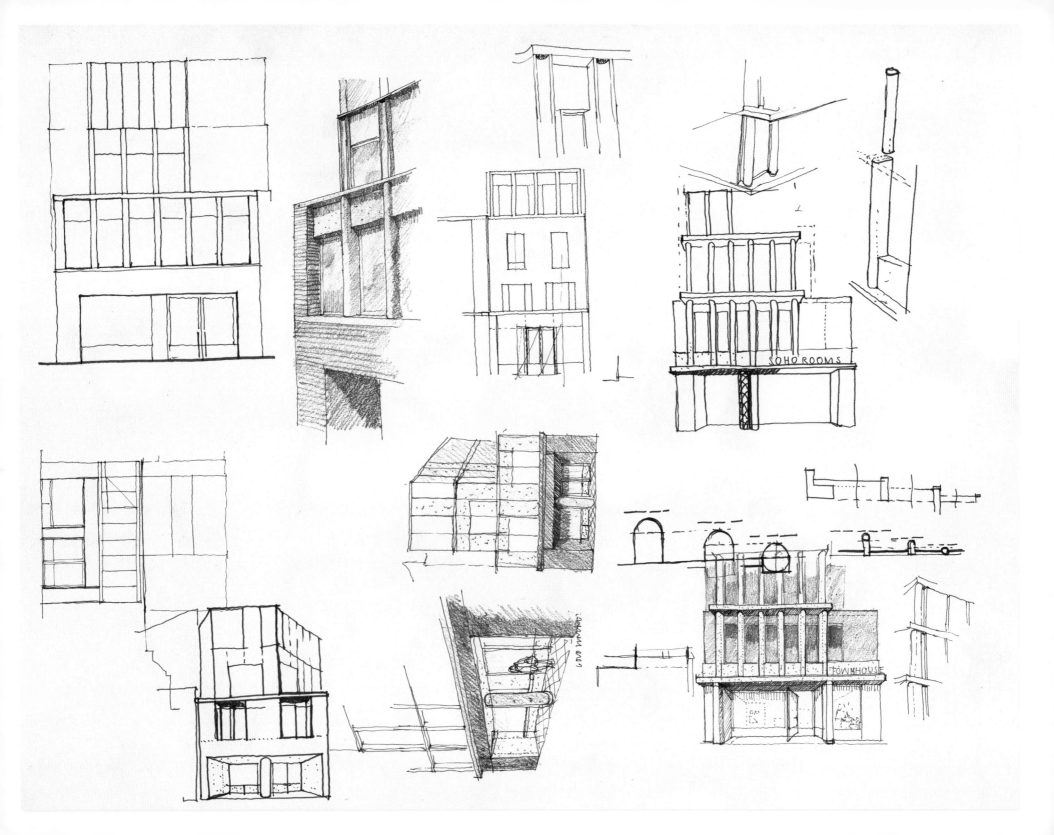

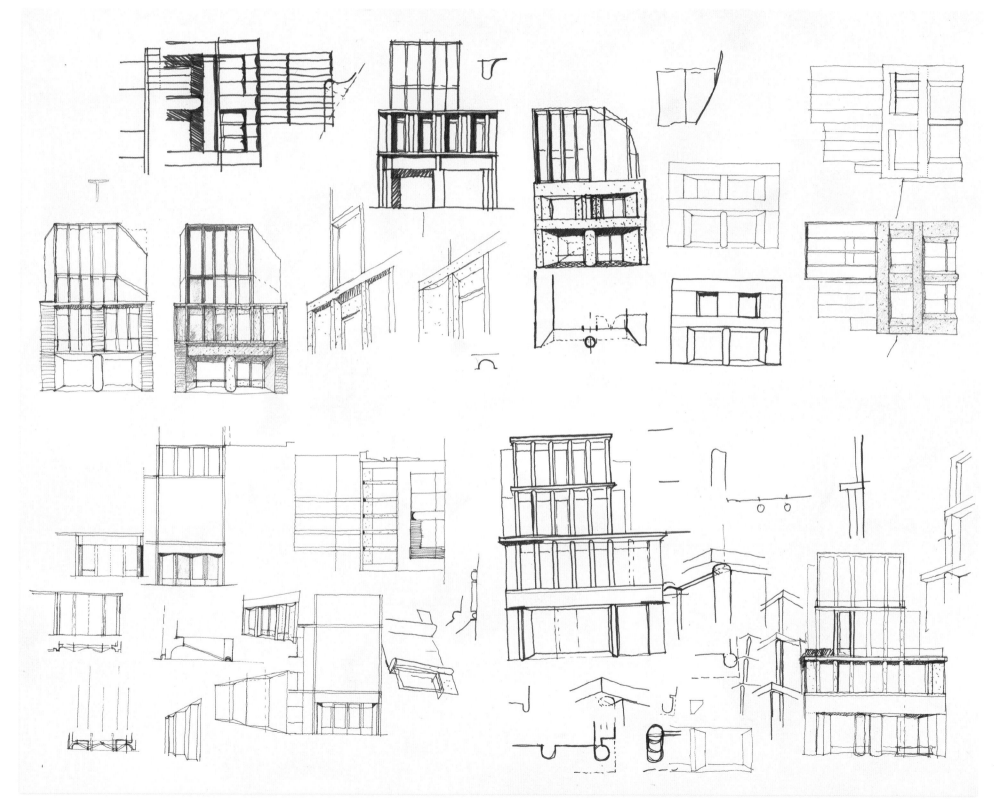

# ALBERTO CAMPO BAEZA

**Studio Alberto Campo Baeza • 스페인**

주요 프로젝트: Infinite House [pp.50-51]
Raumplan House [pp.52-55]

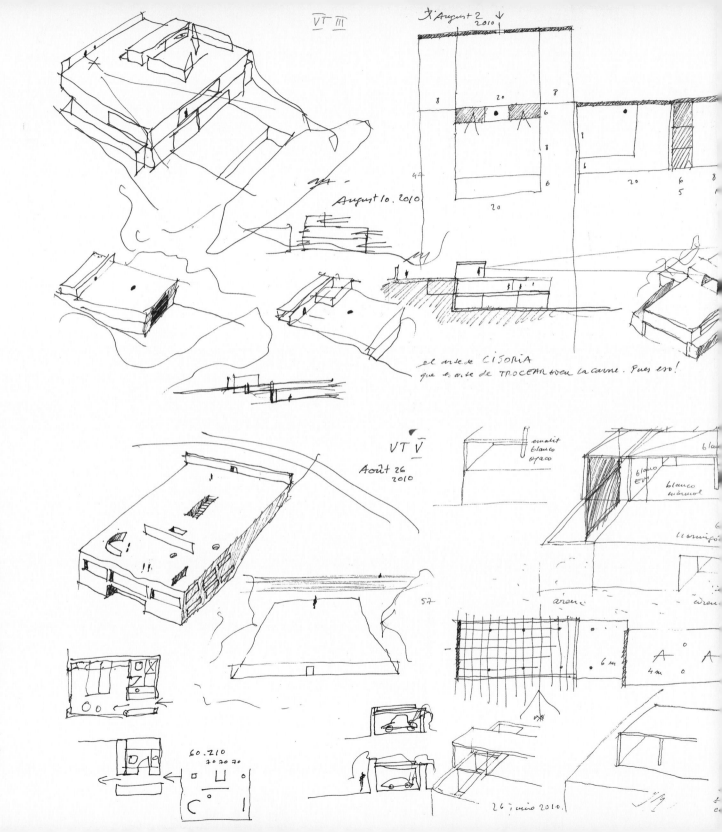

"이론적으로 생각하는 능력은 프로젝트를 위한 아이디어를 생성하는 건축가의 기본 도구이다."라고 Alberto Campo Baeza는 말한다. "우리는 이미 공간적으로 존재하는 머릿속 생각들을, 공간적 아이디어로 전달해낼 수 있는 그림으로 즉각적인 번역을 할 필요가 있다. 따라서 스케치는 필요하다. 그것은 그려진 생각이다."

건축가였던 그의 할아버지의 발자취를 따르는 Campo Baeza는 마드리드에 사무실을 두고 미국, 영국 및 유럽에서 여러 상을 받으며 세계적인 명성을 쌓았다. 그의 작품은 전 세계 각지에 전시되었으며 수많은 출판물에 실렸다.

Campo Baeza는 스케치하지 않고 디자인하는 것이 불가능하다고 믿는다. "스케치는 공동 작업자에게 아이디어를 전달하여 프로젝트를 다음 단계로 발전시키는 가장 좋은 방법이다."라고 그는 말한다. "건축가는 다른 사람들이 제안한 해결책 중에서 선택하는 사람이 아니라, 스케치를 통해 무엇을 해야 하는지를 제안하는 사람이다. 말로는 충분하지 않다. 스케치가 필요하다."

Campo Baeza는 건축이 명확하게 정의된 아이디어를, 발전시키는 과정에서 조금씩 깎아나가는 것이 아니라 그 반대라고 말한다. "아이디어는 점점 커진다 (크레센도가 된다). 최종 순간까지 형태가 갖추어지고 성숙해져서, 작품이 다 만들어지면 근사한 일이 벌어진다. 건축가는 스케치로부터 시작된 그의 꿈이 구체화되어 완성된 것을 보게 된다."

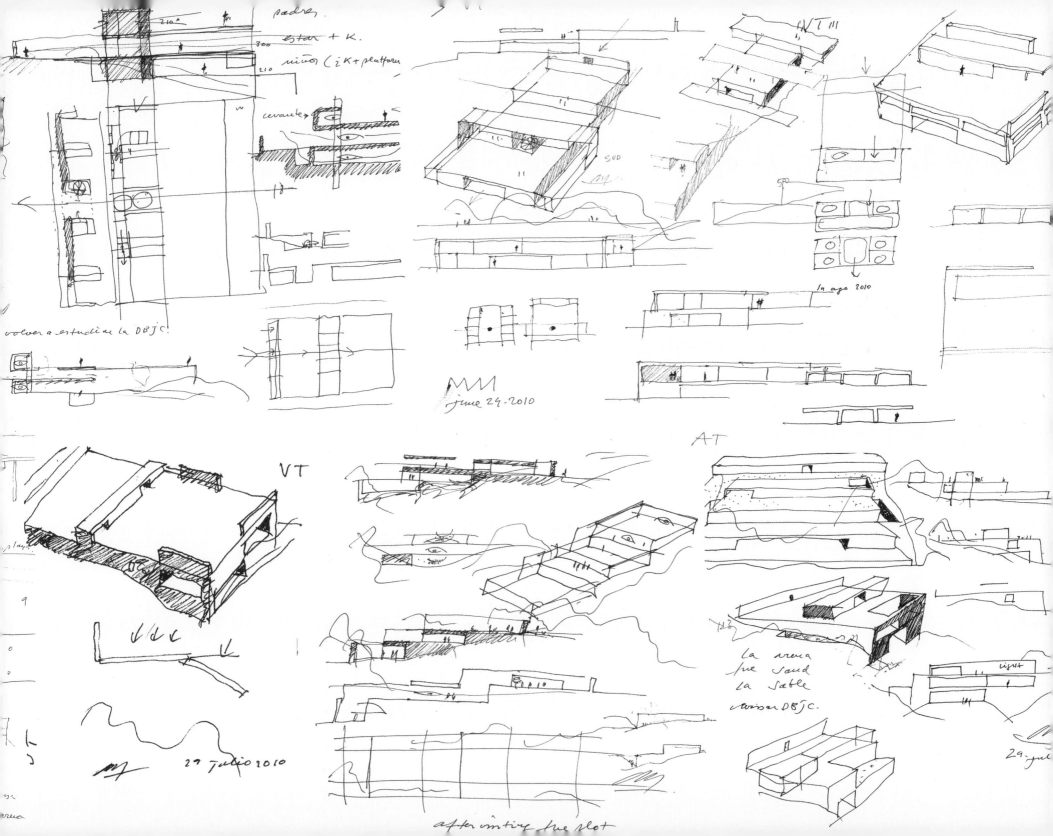

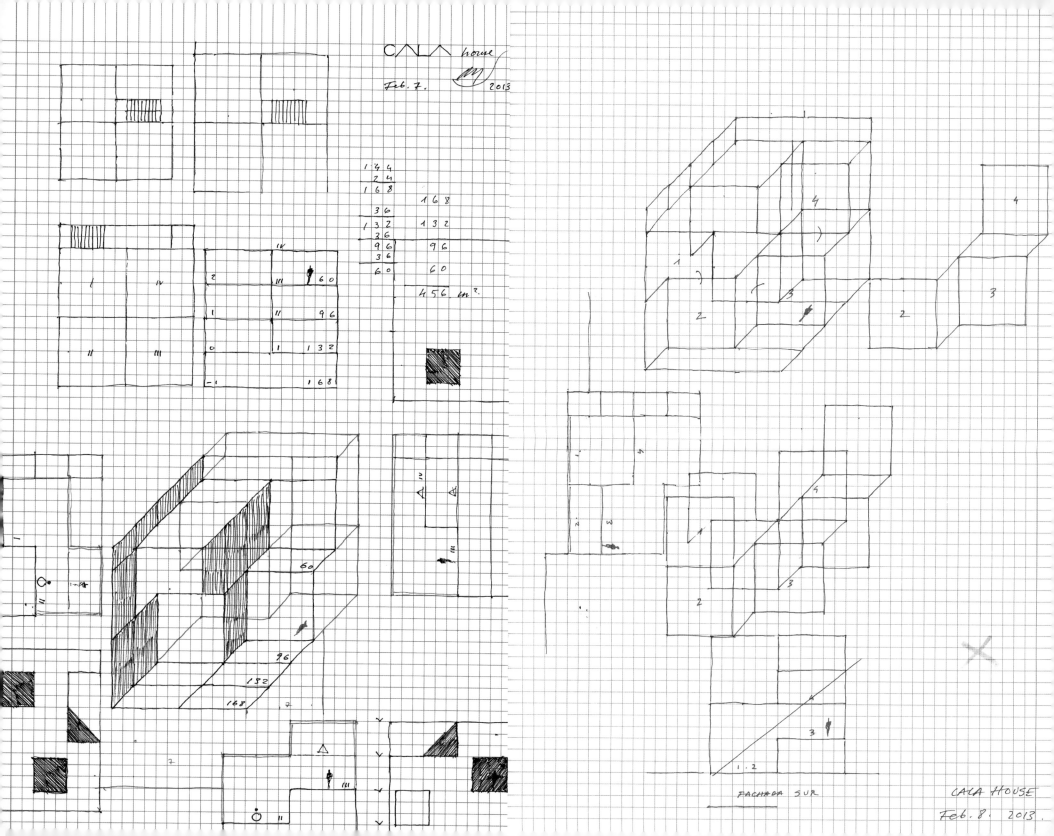

CALA house
Feb. 7. 2013

168
132
96
60

456 m².

FACHADA SUR

CALA HOUSE
Feb. 8. 2013

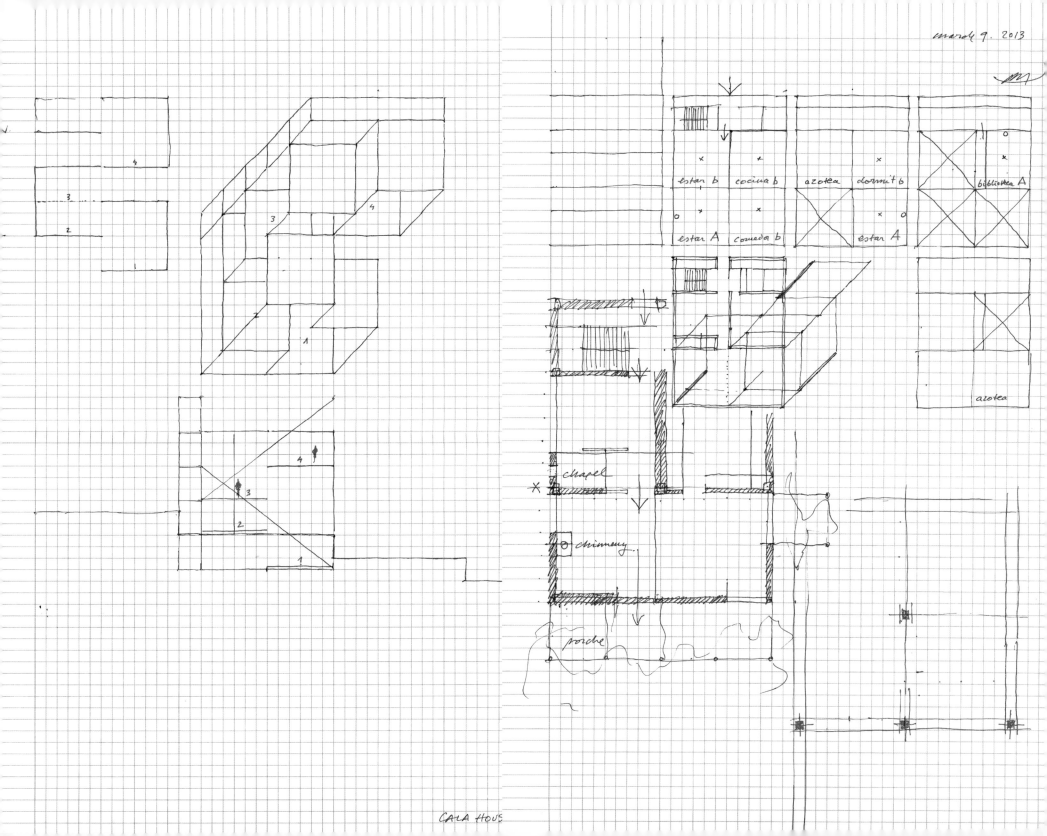

march 9. 2013

estar b · cocina b · azotea · dormit b · biblioteca A

estar A · comedor b · estar A

azotea

chapel

chimney

porche

CALA HOUS

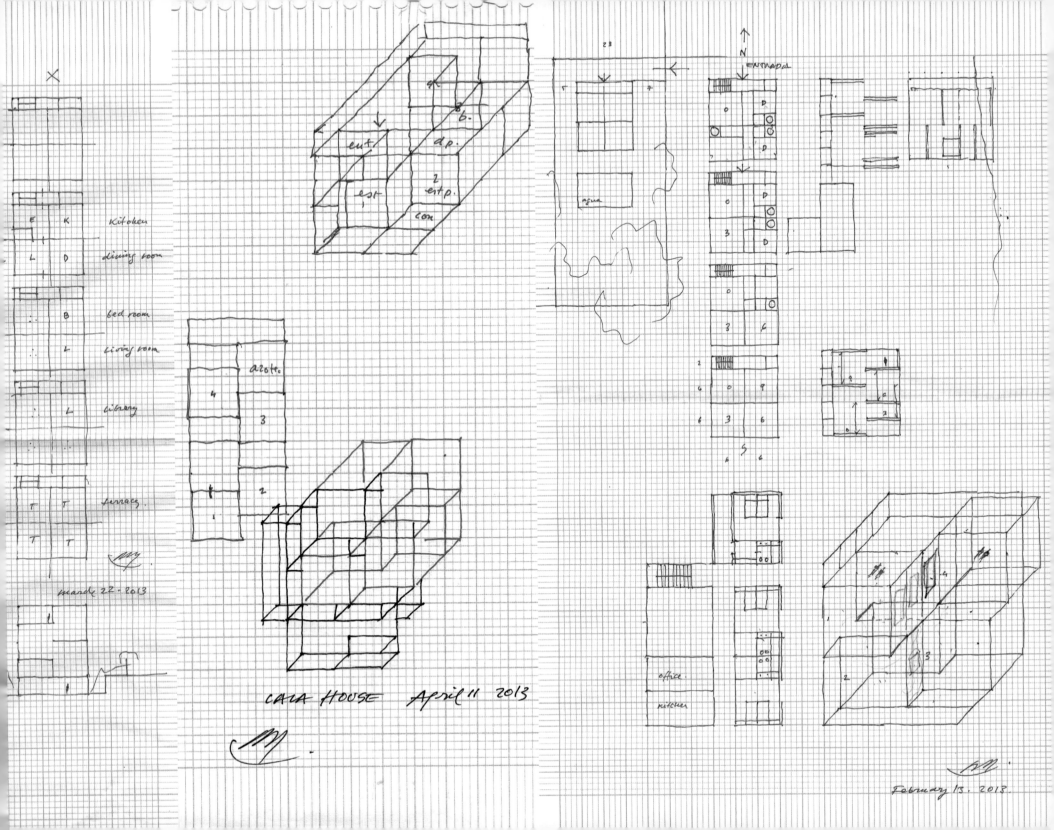

Kitchen

dining room

bed room

living room

library

terrace

march 22 - 2013

azote.

CASA HOUSE   April 11 2013

agua

office

kitchen

February 13. 2013.

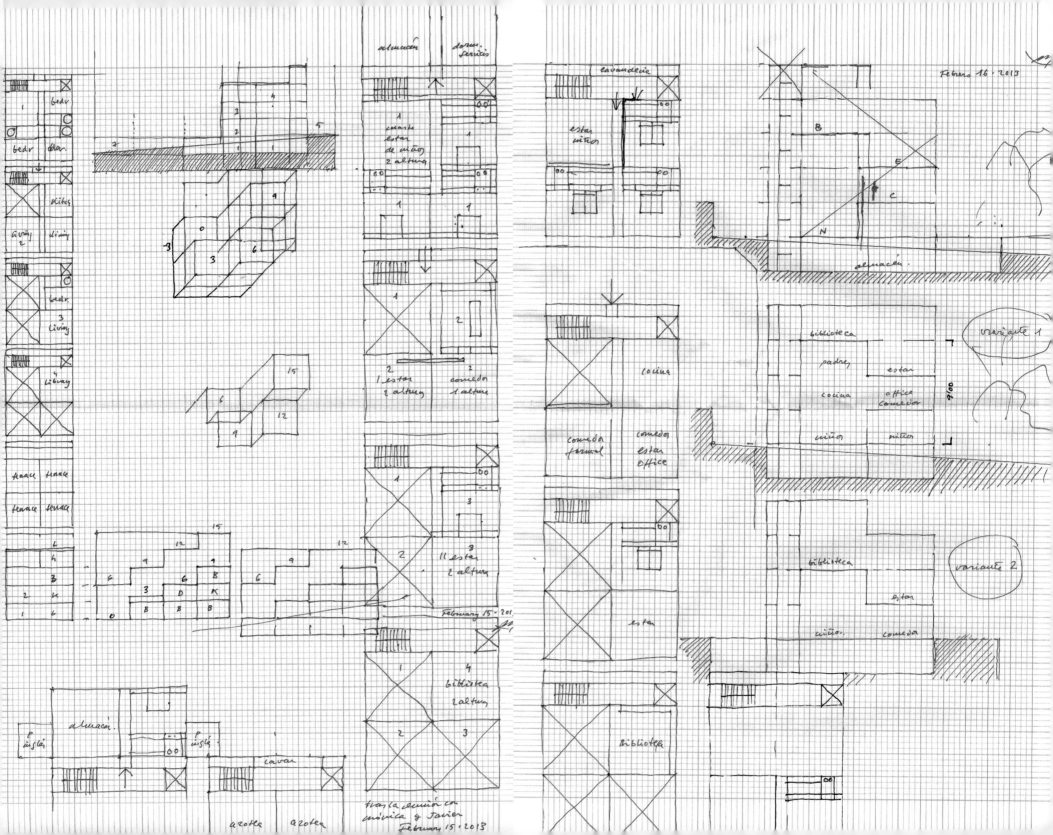

tras la reunión con
mónica y Javier
February 15 · 2013

Febrero 18 · 2013

variante 1

variante 2

# JO COENEN

네덜란드

주요 프로젝트: Tivoli Music Palace [p.56]
Amsterdam Public Library [p.57] • Stibbe Headquarters [pp.58-59]

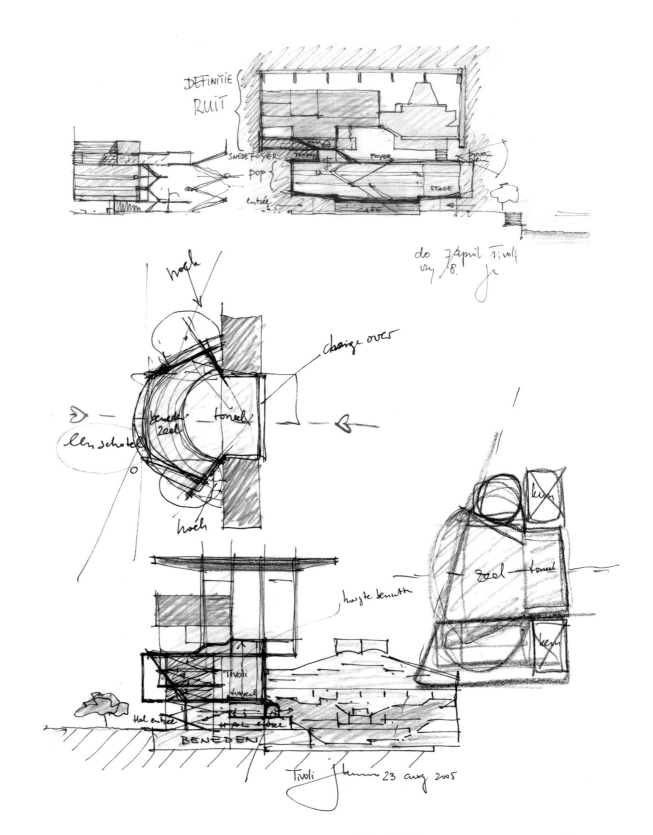

"나는 손으로 스케치할 때가 컴퓨터를 사용할 때보다 3배는 빠르다."라고 스위스, 독일, 이탈리아와 모국인 네덜란드에 사무실을 두고 있는 건축가 및 도시 설계자인 Jo Coenen은 말한다. "스케치라는 단어의 정의가 완성된 제품이 아니듯, 때로는 불필요하기도 한 다른 부분들을 고려하지 않고 본질적인 부분에만 집중할 수 있게 한다. 이런 면들이 스케치를 매우 실용적으로 만든다. 나는 스케치에 약간의 색깔을 사용함으로써 보는 이들이 주목할 부분을 강조한다."

네덜란드 전 정부의 건축가였던 Coenen은 2006년에 그가 '과거와 현대를 아우르는 예술'로서의 디자인을 강조해 가르쳤던 Delft University of Technology 에서 수정과 참여, 변화를 위한 MIT 연구센터를 설립했다.

"나는 스케치를 각기 다른 대안 중에서 어느 것이 가장 최적인지 평가할 때 한다." 라고 그는 설명한다. "스케치는 다양한 가능성을 조사하는 이상적인 매체이다. 스케치라는 과정은 내가 하는 일을 더 잘 기억하게 한다. 내 생각에 스케치라는 육체적인 업무수행 방식은 금세기에 없어질 수 없다."

Coenen은 스케치가 설계과정의 처음부터 끝까지를 지원한다고 믿는다. "나는 어느 때고 스케치를 통해 전체 건물의 디자인이나 마스터플랜에 관해 설명할 수 있다."라고 그는 설명한다. "나는 컴퓨터 도면을 출발점으로 삼아 그 위에 스케치 용지를 올려놓고 그리기도 한다. 이러한 방식은 컴퓨터가 스케치하는 행동에 적당한 만큼의 통제력을 유지하기에 선호하는 것이다. 나는 기존 상황에서 자율도를 높여 계획할 수 있도록 기술적 구속에서 벗어나려고 노력한다."

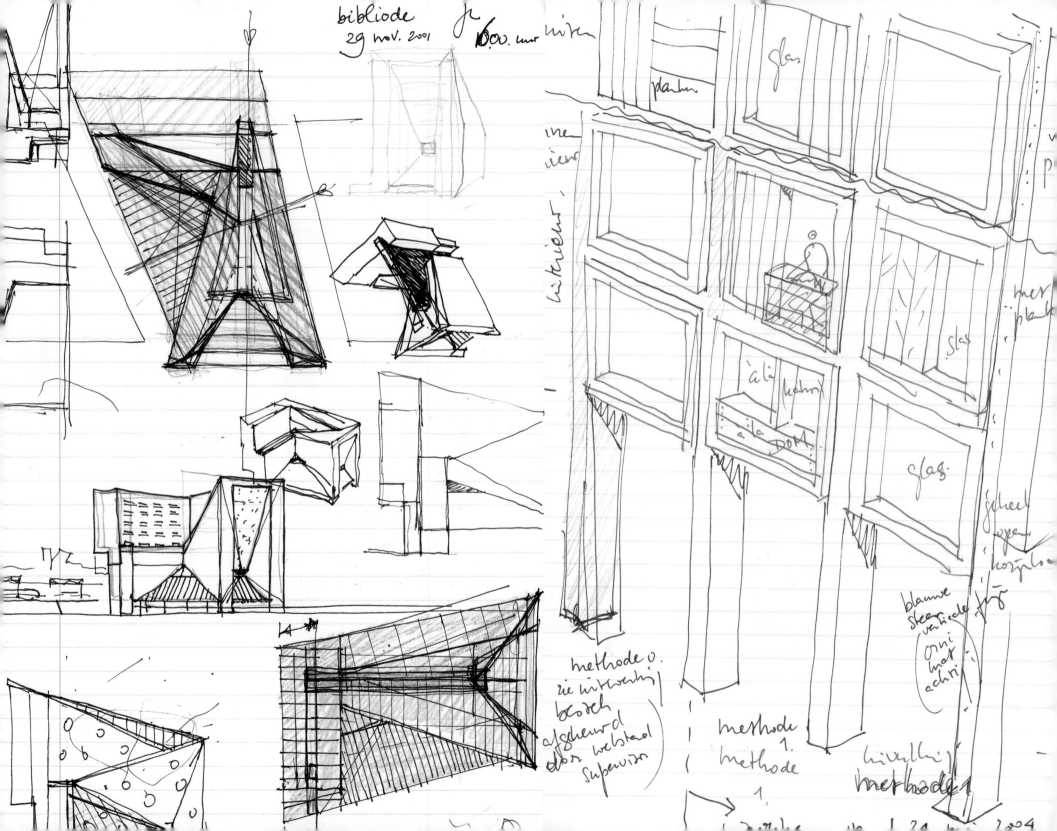

"BIJ STIBBE VOOR"     24 11 2011

# JACK DIAMOND

**Diamond Schmitt · 캐나다**

주요 프로젝트: Hearn Generating Station [pp.60-65]

"스케치보다 설계에 개념적 접근 방식을 더 빠르고 잘 전달하는 방법은 없다."라고 토론토에 본사를 둔 Diamond Schmitt(p.284)의 수석 파트너인 Jack Diamond는 말한다. "스케치는 그래픽적으로 가장 빠르게 표현 가능한 방법이다. 컴퓨터는 그 속도의 근처에도 올 수 없다."

캐나다 왕립 건축가협회에서 골드메달을 받기도 한 Diamond는 50년 가까이 건축설계를 하고 있으며, 미국 건축가협회의 명예 회원이자 온타리오 주의 구성원이며, 캐나다 교단의 장교이다. 1975년 설립된 세계적으로 유명한 Diamond Schmitt는 몬트리올의 맥길 대학교의 The Life Sciences Complex와 세인트 피터즈버그의 The New Mariinsky Theatre, 스위스의 개인 주택까지 다양한 건물을 설계했다.

Diamond는 디지털 방식이 스케치 형태의 디자인을 테스트하는 데 이상적이라고 생각한다. "컴퓨터를 통한 디자인 훈련은 정확성을 위한 최선의 방법이다."라고 그는 설명한다. "컴퓨터를 통해서는 비율이나 차원을 정확히 표현할 수밖에 없다. 하지만 스케치는 때로 계시의 발견이라고 할 수 있을 만큼 탐색적인 과정이다. 스케치는 원래 묘사된 아이디어가 아닌 또 다른 아이디어를 제안한다."

Diamond는 펜이나 부드러운 연필을 사용한 스케치를 활용하여 고객과 소통한다. "그들은 문제와 해결책에 대해 더 큰 이해와 반응을 보여준다." 라고 그는 말한다. "실제로 스케치는 서로에 대해 알아 가는데 효과적이고 신속한 수단이 될 수 있다. 그리고 디지털 표현과 그래픽에는 또 다른 단점이 있는데, 이것이든 저것이든 선택할 수 없는 이미 결정된 디자인으로 보이는 매체라는 것이다."

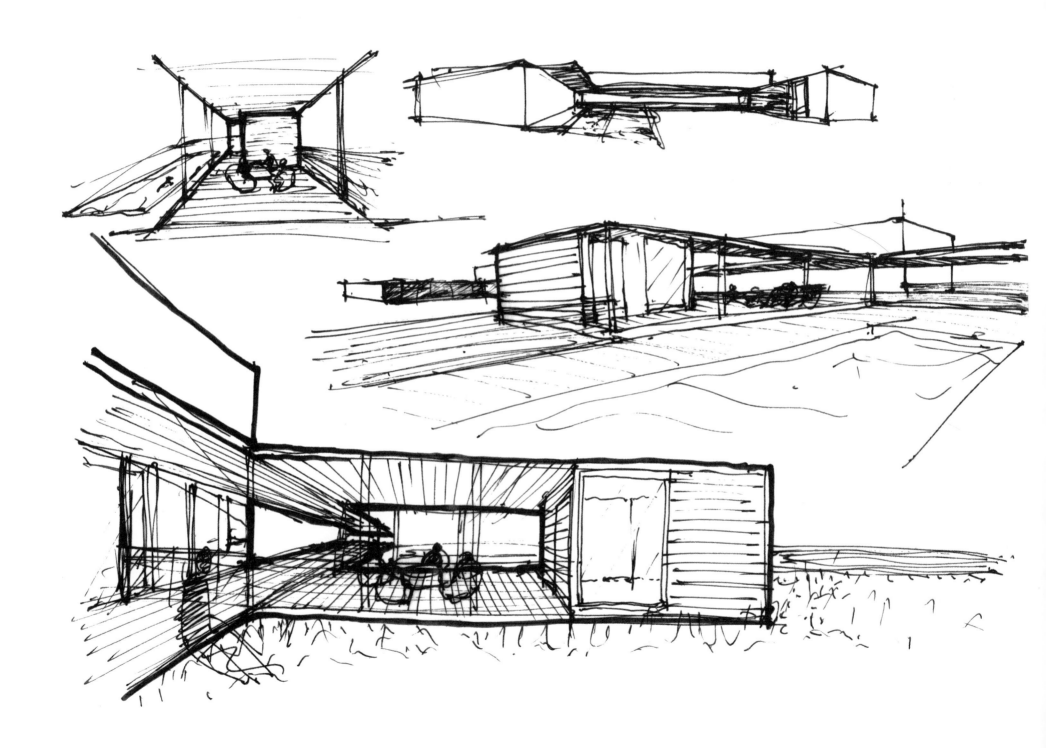

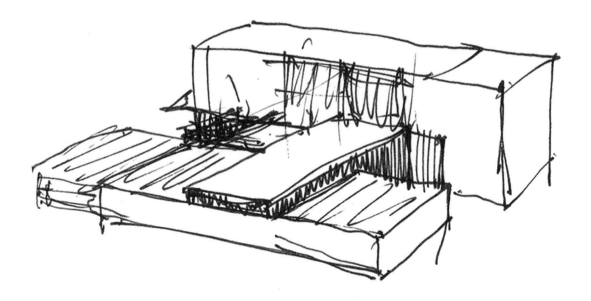

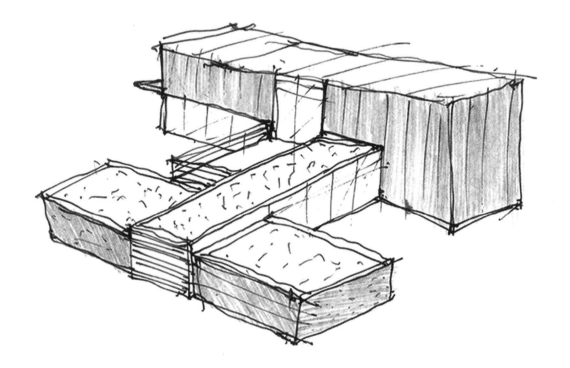

"공간적 아이디어를 표현하기 위해 다양한 도구를 이용할 수 있지만, 손으로 그리는 것이야말로 공간을 시각적으로 설명하는 가장 시적인 방법이다."라고 Dubbeldam Architecture & Design의 설립자인 Heather Dubbeldam은 말한다. "그림 그리기는 대부분의 사람들이 어린 시절부터 익혀나가는 기술이기 때문에, 어떤 디지털 수단과 달리 자연스럽고 편안함이 느껴지는 방법이다."

토론토에 본사를 둔 10인 규모의 이 회사는 2017년에 Professional Prix de Rome Award를 수상했으며, Dubbeldam은 최근에 디자인 저널 Azure에 의해 '꼭 알아야 할 30인의 여성 건축가'로 선정되었다.

"아이디어는 정확히 표현될 수 없다. 그것이 스케치가 아름다운 이유이다."라고 그녀는 말한다. "그림으로 표현하다 보면 그것이 당신을 어디로 이끌어, 어떠한 아이디어를 발견하게 만들지 모른다. 스케치는 발견의 과정이기 때문에, 당신을 계속해서 새로운 방향으로 이끌어줄 것이다."

Dubbeldam과 그녀의 팀은 스케치를 아이디어를 얻는 방법으로 사용한다. 그들은 종종 회의 도중 함께 그리기도 하고, 자신의 책상에서 스케치하기도 한다. "스케치는 공동 작업이다."라고 그녀는 설명한다. "팀원들은 스스로 아이디어를 스케치하거나, 테이블에 가져다 놓거나, 다른 그림과 결합하거나 완전히 새로운 아이디어를 제안 할 수 있다. 스케치는 아이디어를 보다 선명하고 실체처럼 보이게 하며, 당신이 한 번에 여러 디자인을 볼 수 있게 한다. 또한 우리가 묘사하고 싶은 것을 생각해야 하기 때문에, 이러한 초기 생각들을 발전시키도록 한다."

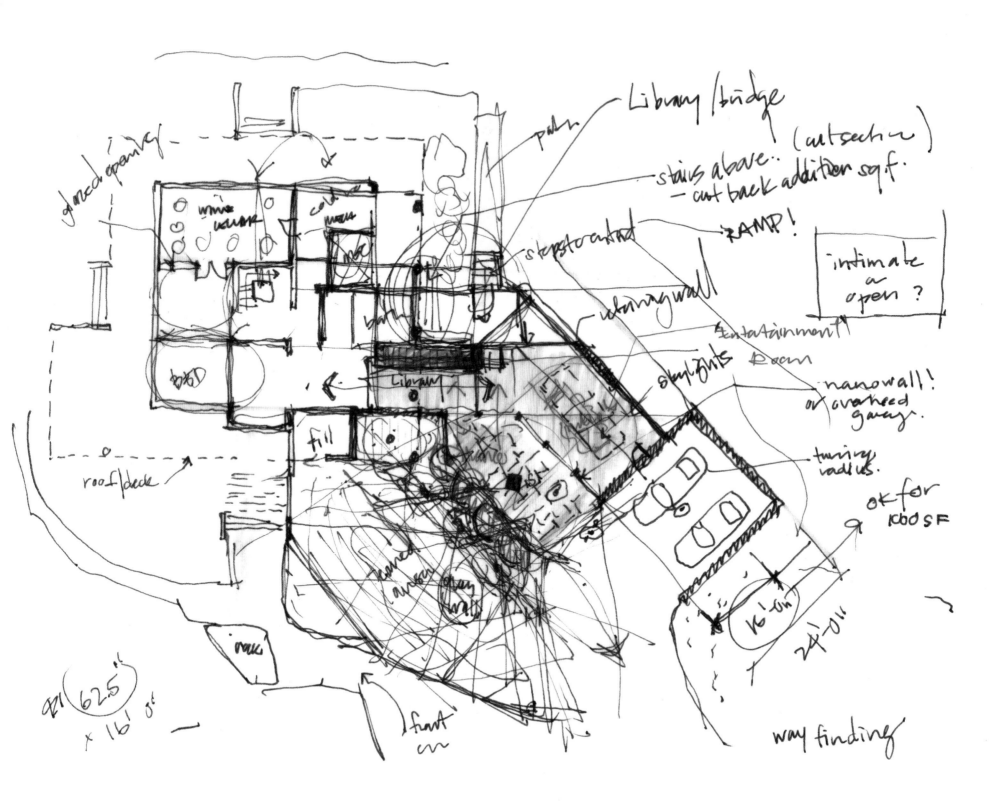

glazed opening

wine cellar

cold room

bed

bath

bed

roof/deck

fill

Library

Library/bridge

path

(cut section)

stairs above...
— cut back addition sq.f.

stepstoarhed

retaining wall

RAMP!

intimate
or
open?

entertainment
room

skylights

nanowall!
or overhead
garage.

turning
radius.

ok for
1000 SF

16'-0"

24'-0"

62.5
x 16' 0'

front
on

way finding

HEATHER DUBBELDAM • DUBBELDAM ARCHITECTURE & DESIGN • 캐나다

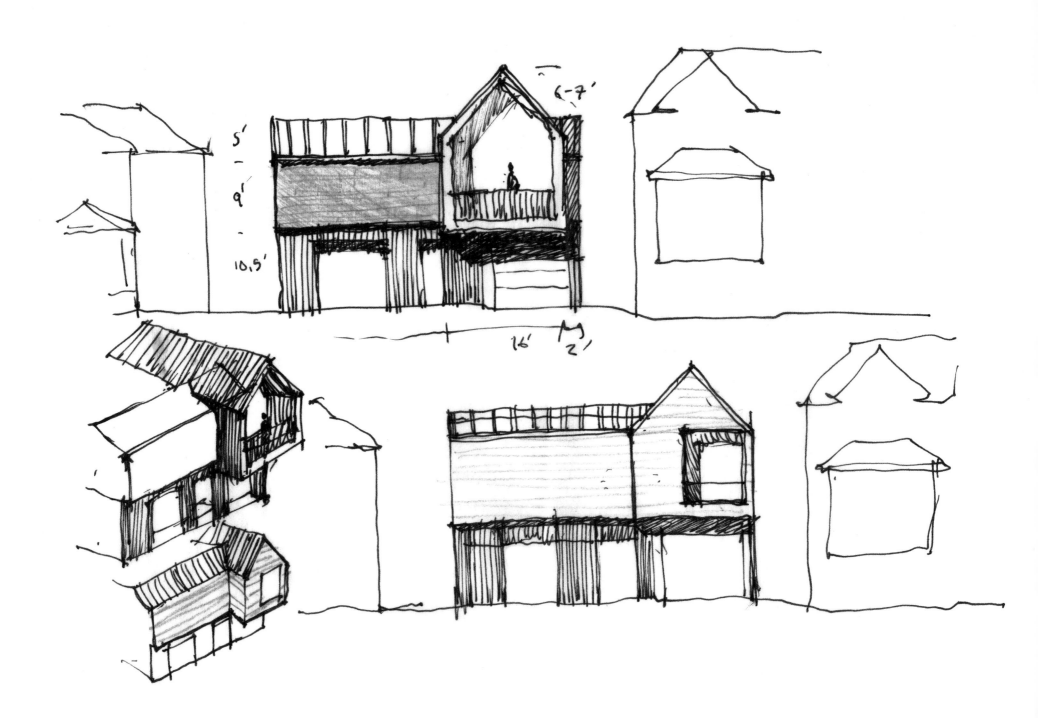

5'

9'

10.5'

6-7'

16'  2'

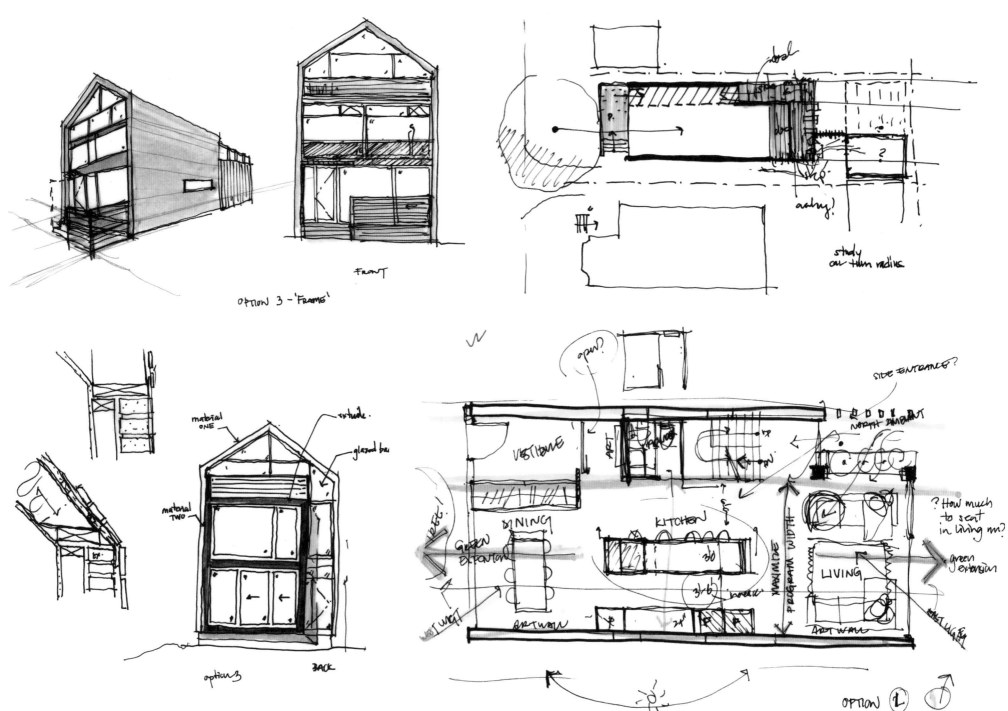

OPTION 3 - 'FRAME'

FRONT

study
on thin radius

material ONE

extrude.

glazed bar

material TWO

option 3          BACK

open?

SIDE ENTRANCE?

NORTH PAVILION

VESTIBULE

DINING

KITCHEN

LIVING

? How much
to seat
in living rm?

GREEN EXTENSION

green extension

ARTWALL

ARTWALL

OPTION ①

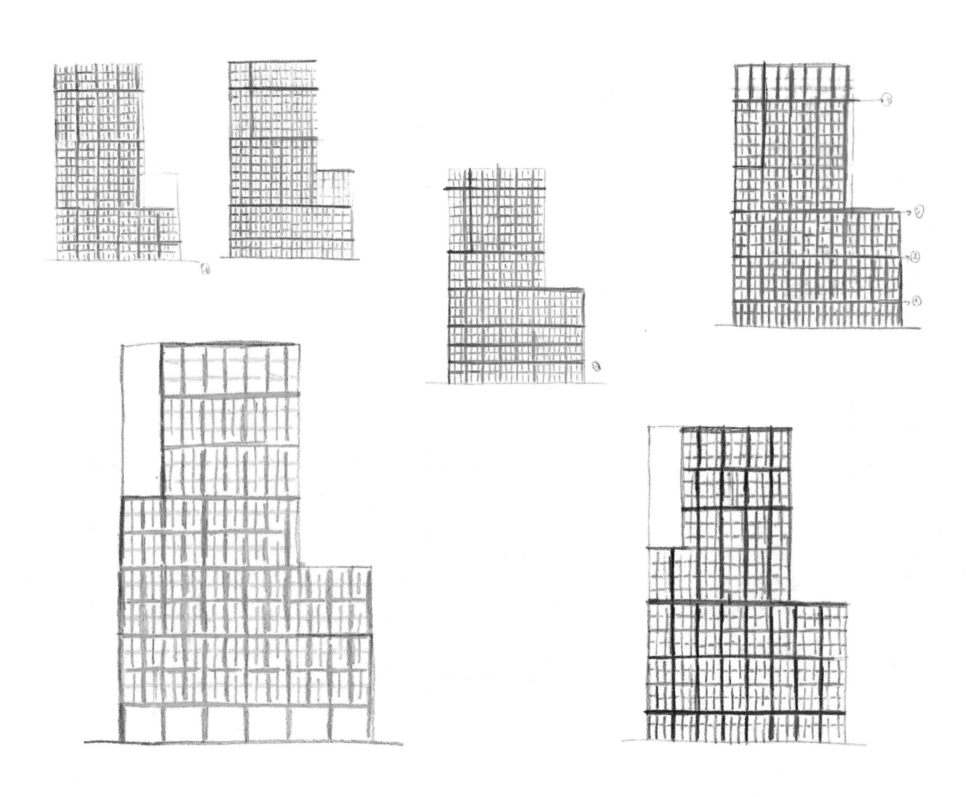

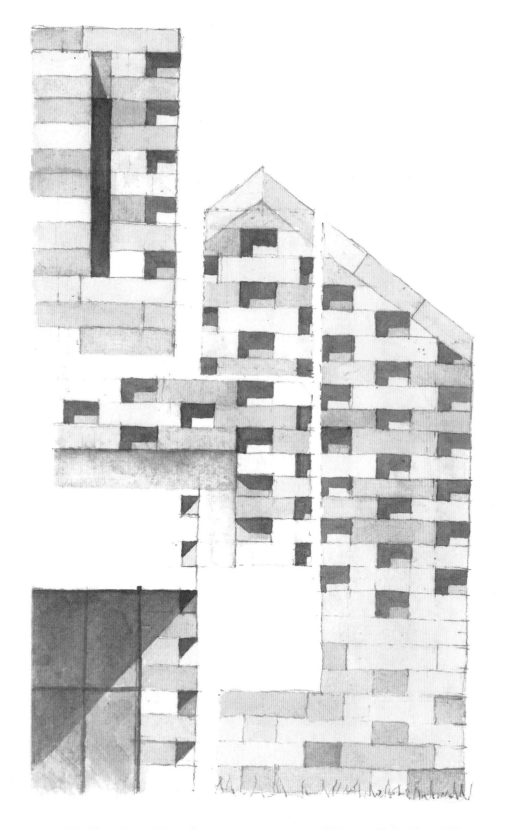

# DUGGAN MORRIS ARCHITECTS

영국

주요 프로젝트: Sylvan Heritage [pp.73, 74-75]
Bartrams [p.75, 오른쪽] · Strand East [p.76] · Bohemia [p.78] · Models [p.79]

Duggan Morris Architects의 설계팀은 말한다. "우리 사무소에서 설계 프로세스의 기본은 스케치와 모형 제작이다. 스케치와 모형을 활용함으로써 우리는 아이디어를 신속하고 간결하게 전달할 수 있고, 사무실 내에서 활발한 토론을 이어나갈 수 있다. 디지털 설계 수단이 끊임없이 진화하는 업계에서도 스케치와 모형은 반복적이고 논리적인 설계 프로세스를 촉진하고 창의적인 사고를 촉진하는 데 중요하다."

Joe Morris와 Mary Duggan이 2004년에 창립한 Duggan Morris는 (이 창립자들은 나중에 이 회사를 떠났다) RIBA 8회, Civic Trust Awards 3회, Manser Medal 및 Stephen Lawrence Prize를 수상하는 영예를 안았다.

Morris와 그의 동료들은 말한다. "우리는 스케치와 모형 제작이 통상의 디지털 설계 작업과 겹치면서, 디지털을 보완하는 효과가 있다고 생각한다. 우리는 종종 초기 단계에서 스케치와 모델을 생산한다. 물론 설계는 여전히 유동적이지만, 그렇게 다양한 아이디어를 탐색해서 보다 정리되고 디지털화된 결과를 얻으려고 한다. 이 과정은 개념을 발전시키는 것에서부터, 시공 디테일 작업에 이르기까지 모든 단계에서 채택된다. 심지어 시공 단계에서도 실물 모형을 만들어 시공사와 공급업체에 아이디어와 디테일을 이해시킨다."

이 설계사무소는 다양한 매체를 활용해 디자인하며, 아이디어를 설계로 발전시키는 능력이 뛰어나다. 이들은 기본이 되는 기술을 스케치와 모형 제작이라고 하며 필수적이라고까지 말한다. "스케치는 별다른 매체가 필요 없는 신체적인 작업이라서 논의 중인 디자인을 그때그때 발전시킬 수 있게 해줄 뿐만 아니라, 설계팀의 워크숍에서 의사소통을 돕고 고객 및 시공사와의 회의를 진행하게 해준다."

# ENTRANCE

PROPORTIONAL CONTINUITY

FULL OPENING

DIFFERENT MATERIAL?

PARTIAL OPENING

CORNER OPENING

ARCH AND SEATING

ARTICULATION OF OPENING AND THRESHOLD ENTRANCE

THE GKC THRESHOLD

STANDARD

SCULPTED CONCRETE/STONE

BRICK IMITATION CONCRETE

GRUNTVIG CONCEPT

COMPRESSION

STEPPED

ARCH WITH CONCEALED LIGHT

COMPRESSION (BETTER)

(see below)

# PIET HEIN EEK & IGGIE DEKKERS

**Eek en Dekkers · 네덜란드**

주요 프로젝트: Beach Pavilion Noord [p.80]
TD Building [p.81] · Drie Hanngen [p.82]
RF Building [p.83] · Le Moulin [pp.84-85]
Greenhouse [pp.86-87] · Woudsend [pp.88-89]

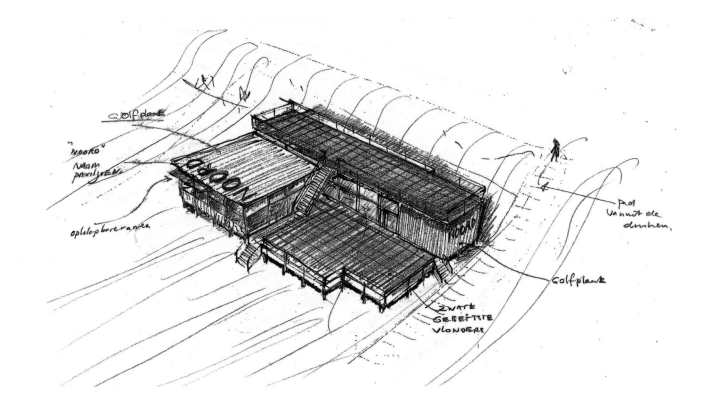

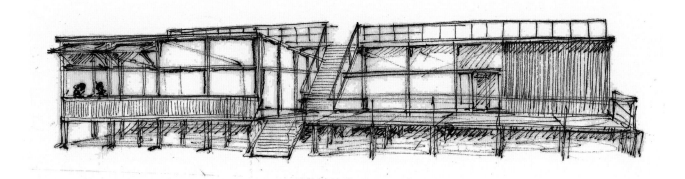

Eek en Dekkers라는 이름으로 협업하는 디자이너 Piet Hein Eek와 건축가 Iggie Dekkers는 말한다. "컴퓨터 도면은 많은 정보를 제공해주지만, 스케치는 선 하나하나를 종이 위에 직접 그려야 한다. 컴퓨터 도면과 프로그램 및 프로세스는 기존의 디테일과 솔루션을 담은 표준 라이브러리를 활용한다. 만약 이 차이를 모른다면 창의적인 작업을 할 수가 없고, 잘못된 선택과 디테일을 반복하기 쉽다."

이 2명의 협업자는 건축, 제품 및 가구 디자인, 식당 및 상점을 포괄하는 디자인에 대한 이중 접근법으로 유명하다. "각각의 디자인은 스케치로 시작한다."라고 그들은 말한다. "일단 개념에 만족하면 컴퓨터에서 2차원 및 3차원 계획을 만들기 시작한다. 이 과정에서 거의 늘 문제가 발생하기 때문에, 우리는 다시 스케치로 돌아가 문제 해결법을 모색한다. 그런 다음 스케치를 디지털 도면으로 변환한다. 컴퓨터 도면의 문제점은 그것이 현실감 있게 표현되는 경향이 있음에도 실제 스케치가 더 정확할 때가 많다는 점이다."

Eek와 Dekkers 모두에게 스케치는 반복의 과정이자, 비율과 부피, 불가능할 수 있는 요인들을 확인하고 모든 것을 하나의 드로잉으로 종합할 수 있는 즉각적인 방법이다. "개념을 탐색하고 결정하는 스케치는 전체론적 관점에서 작업하는 유일한 방법이라고 할 수 있다."라고 그들은 말한다. "이것이 지극히 중요한 이유는 건축 과정이 조각조각 나뉘어 매우 전문화되기 때문이다. 이런 특성은 창작자와 고객 모두에게 중요하다."

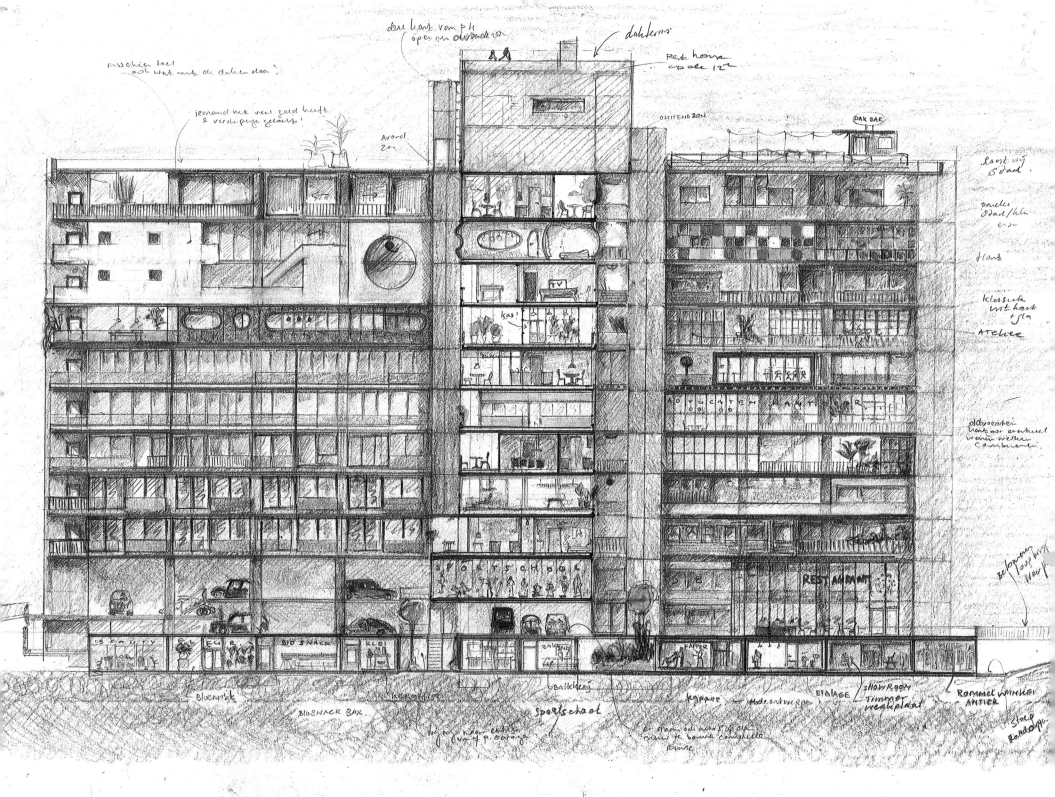

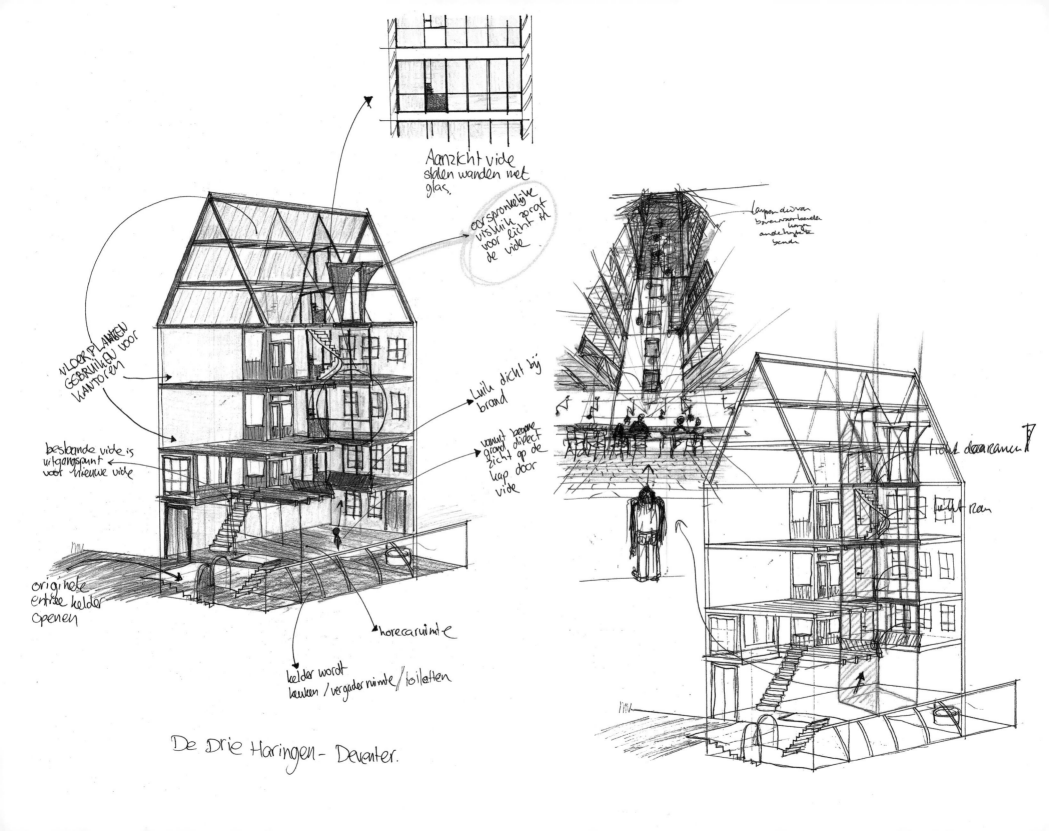

Aanzicht vide
stalen wanden met
glas.

oorspronkelijke
visluik zorgt
voor licht in
de vide

VLOERPLANNEN
GEBRUIKEN voor
KANTOREN

bestaande vide is
uitgangspunt
voor nieuwe vide

originele
entree kelder
openen

Luik dicht bij
brand

vanuit bovenste
grond direct
zicht op de
kap door
vide

horecaruimte

kelder wordt
keuken / vergaderruimte / toiletten

lampen die van
boven naar beneden
hangen
andere hoogte
beneden

licht door ramen

licht ramen

De Drie Haringen - Deventer.

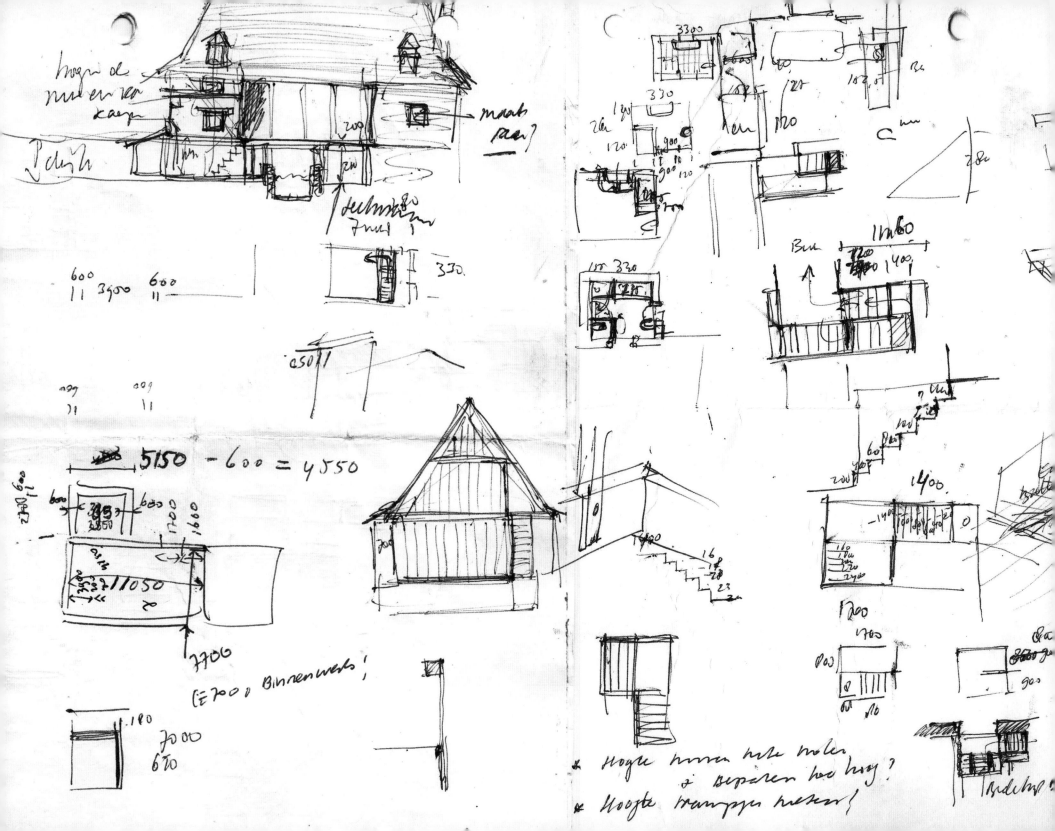

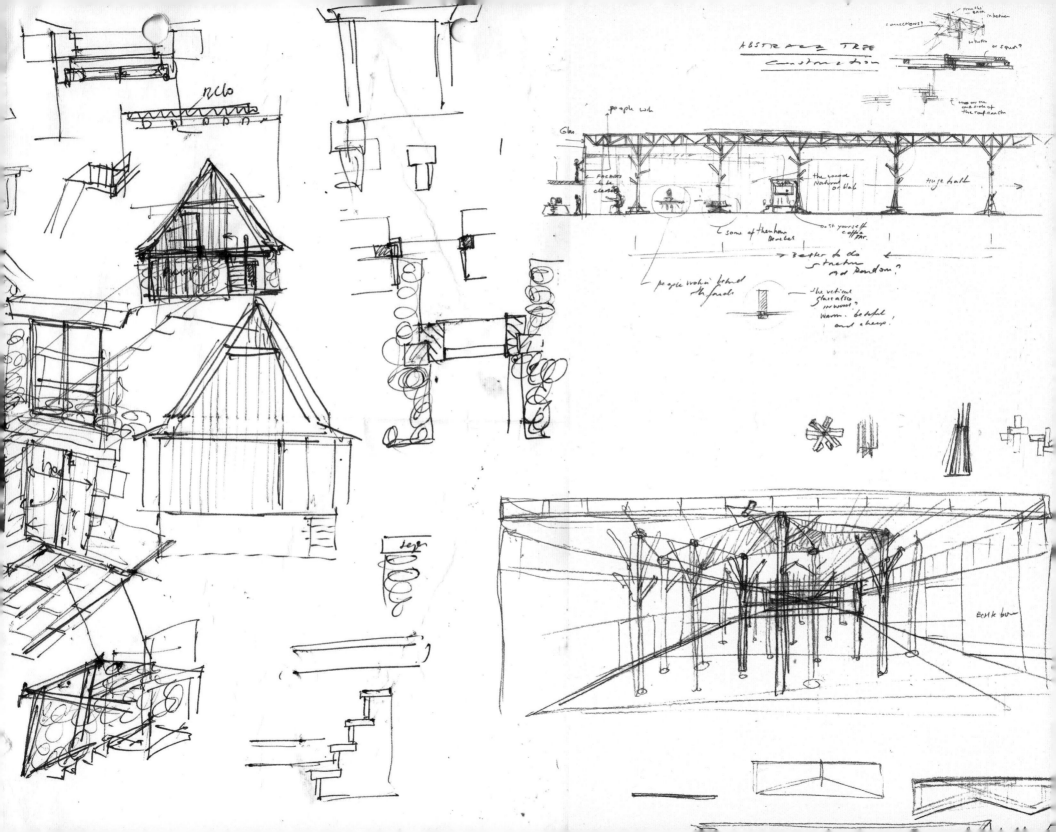

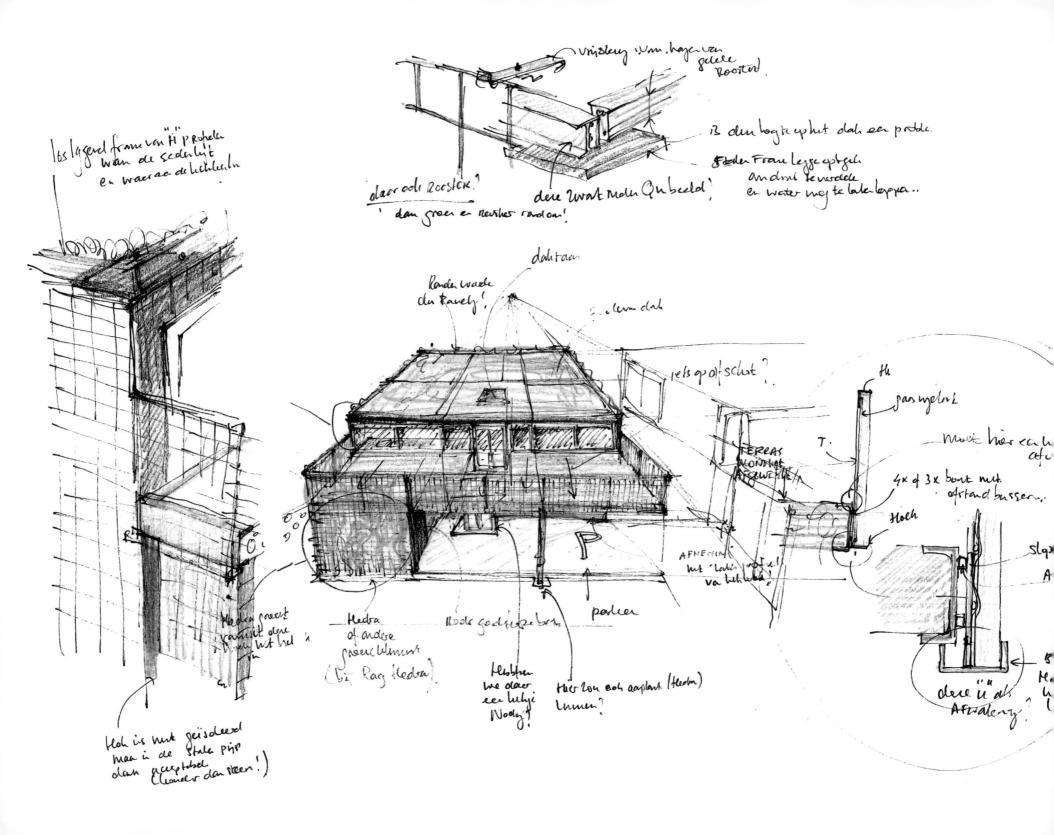

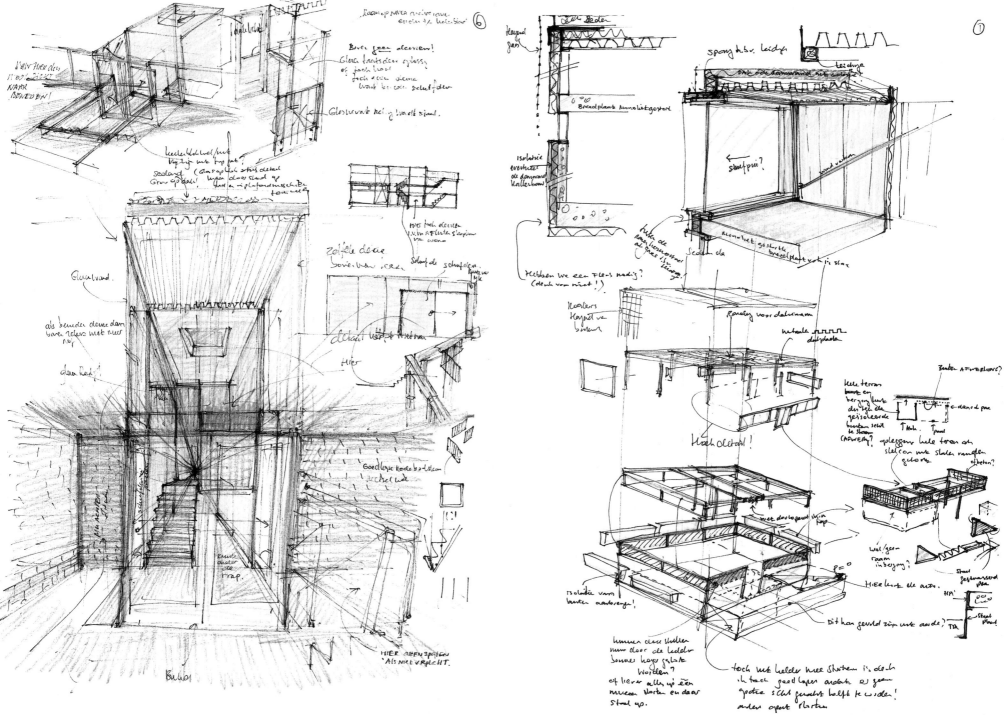

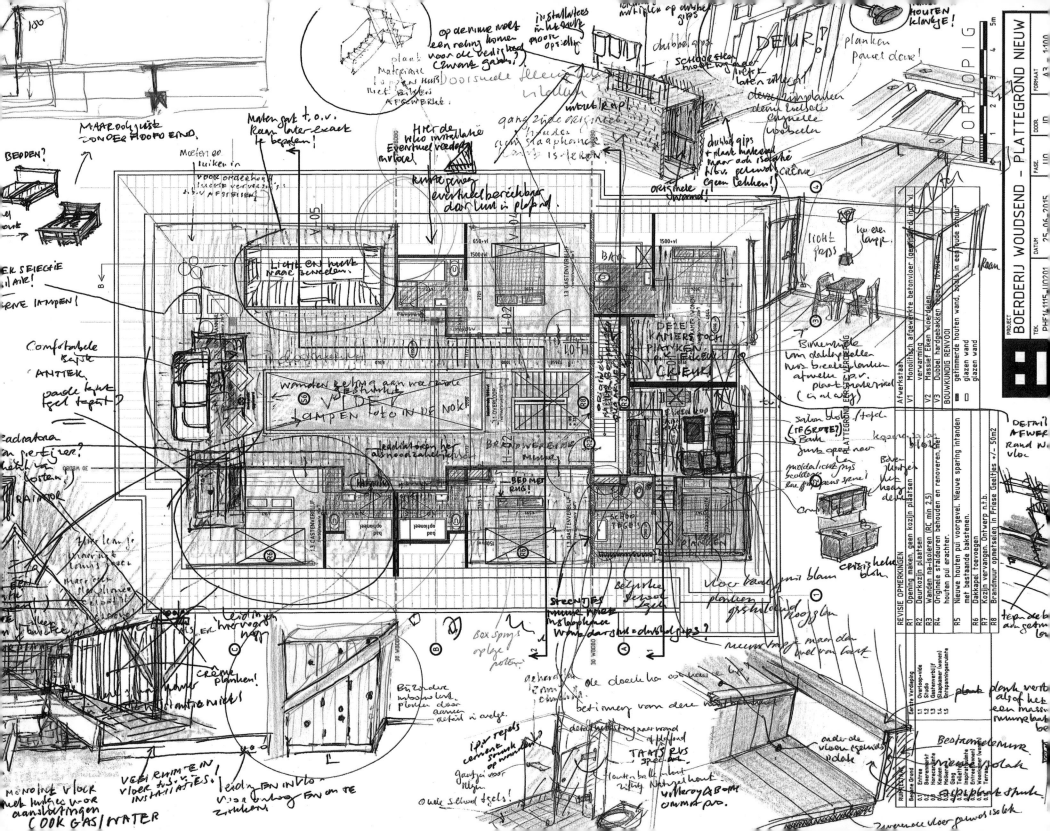

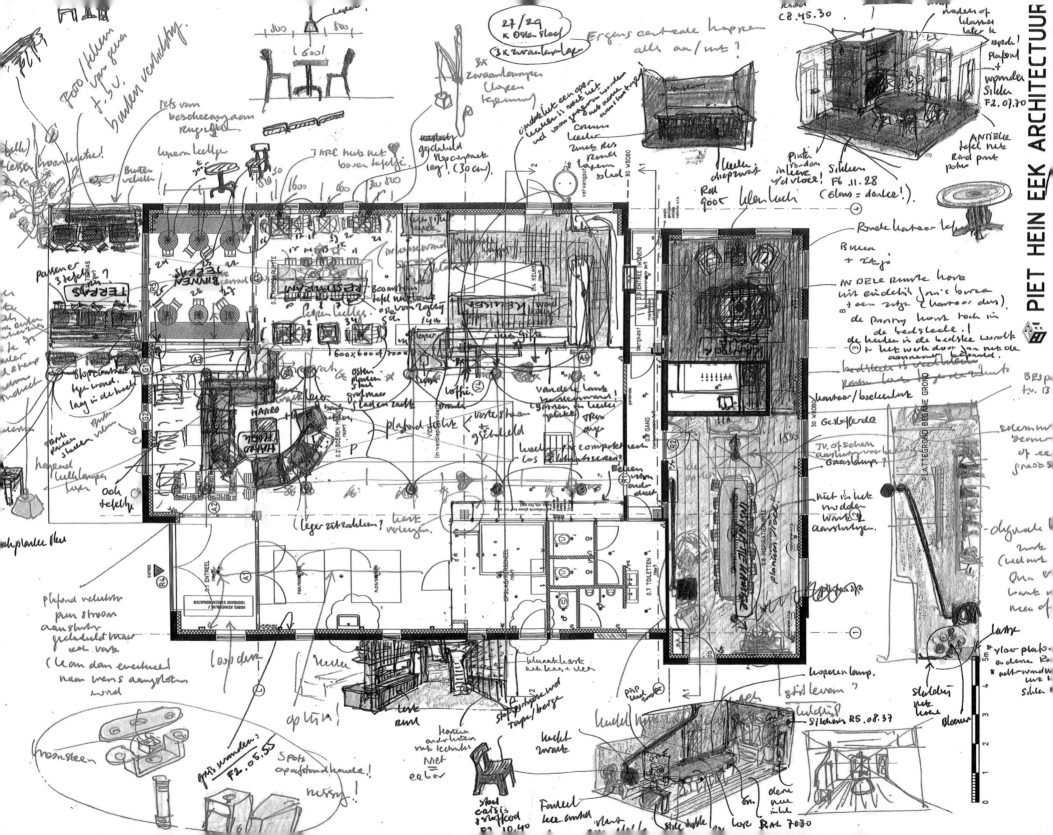

PIET HEIN EEK ARCHITECTUUR

# RICARDO FLORES & EVA PRATS

**Flores & Prats Arquitectes • 스페인**

주요 프로젝트: Casal Balaguer [pp.90-97]

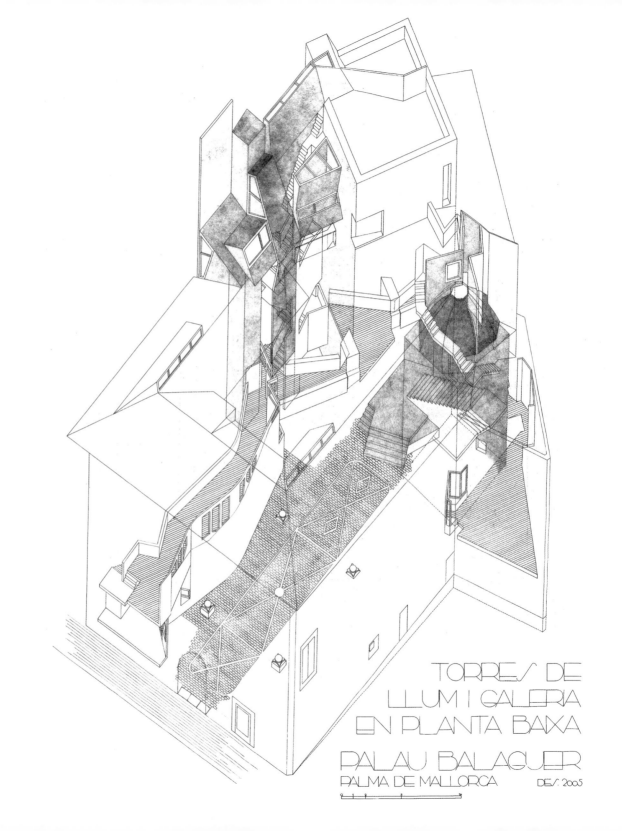

스페인 회사인 Flores & Prats Arquitectes의 Ricardo Flores와 Eva Prats
는 이렇게 말한다. "우리는 관찰하는 행위가 디자인과 비슷하다고 생각한다.
건축가에게 보면서 그리는 행위란 현실에 질문을 던지는 강력한 실천 방법이다.
그것은 현실이 어떻게 유기적으로 엮여있는지를 이해하는 방법이다. 우리는
스케치하면서 연구를 하고, 하나의 사고방식이자 생각을 가시화하는 방법으로서
드로잉을 활용한다. 이런 생각들은 비평을 거쳐 설계를 진행하는 데 활용된다.
드로잉은 나중에 착공하는 과정에서도 활용되고, 완공된 건물을 등록할 때도
활용된다."

이 2명의 건축가는 Vilanova i la Geltrù의 유서 깊은 구역을 개조하는
마스터플랜의 설계 공모전에서 우승한 후 1998년에 스튜디오를 설립했다.
그들은 스페인, 아르헨티나, 이탈리아, 덴마크, 노르웨이, 미국, 영국 및 호주의
대학교에서 객원 교수를 역임했으며, 현재 바르셀로나 건축학교의 디자인 교수로
재직하고 있다.

"젊은 건축가 지망생들을 교육할 때, 우리의 관심은 드로잉을 하나의 사고방식
으로 여기도록 자신감을 불어넣는 데 있다."라고 Flores and Prats는 말한다.
"우리는 학생들과 함께 오래된 지형적 구조와 거리의 현실을 관찰하기 위해,
또한 정보를 기록하고 교환하기 위해 드로잉을 한다. 손으로 그리는 드로잉은
우리가 설계 과정 내내 사용하는 언어다. 드로잉은 의사소통할 때 유용하게 쓰일
뿐만 아니라, 무엇이 일어나고 있는지를 분명하게 이해시키는 교육 방법이기도
하다. 커다란 종이는 컴퓨터 화면보다 친근하다. 학생들은 종이 위에서 연필로
생각하기를 선호한다. 우리는 학생들과 함께 각자만의 리듬과 태도로 생각하고,
반영하고, 제안하는 과정을 진행한다."

TORRES DE
LLUM I GALERIA
EN PLANTA BAIXA
PALAU BALAGUER
PALMA DE MALLORCA    DES: 2005

AULAS DE
DIBUJO Y
PINTURA
ALREDEDOR
DE LA
CÚPULA, EN EL
NIVEL DE BAJO CUBIERTA.

PALAU
BALAGUER

PALMA DE MALLORCA
OCTUBRE 2005

ESCALA GRAFICA

CONEXIÓN DE
AULAS Y TERRAZA
A TRAVÉS
DE LA CÚPULA

PALAU BALAGUER

PALMA DE MALLORCA
OCTUBRE 2005

ESCALA GRAFICA

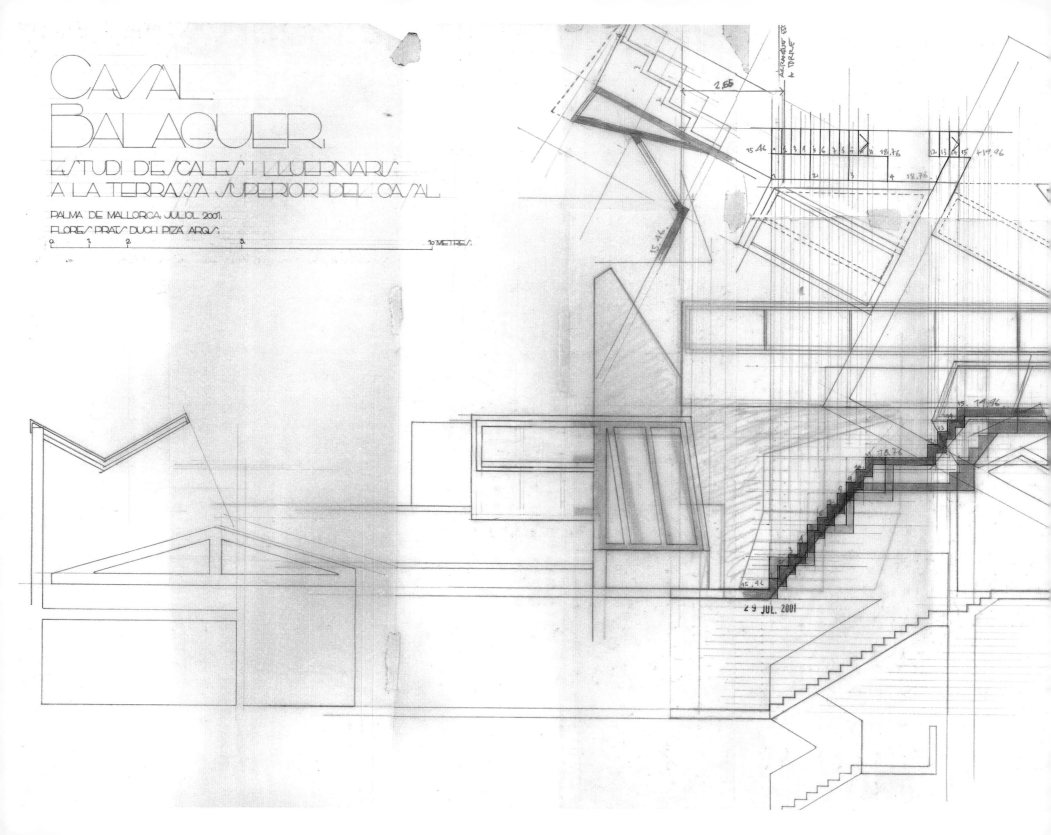

# CASAL BALAGUER.

ESTUDI D'ESCALES I LLUERNARIS
A LA TERRASSA SUPERIOR DEL CASAL

PALMA DE MALLORCA JULIOL 2001.
FLORES PRATS DUCH PIZÀ ARQS.

0   1   2        5                           10 METRES.

29 JUL. 2001

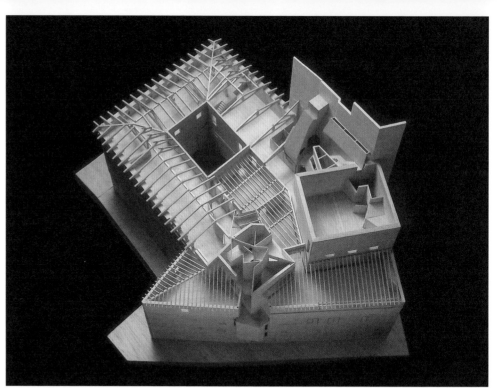

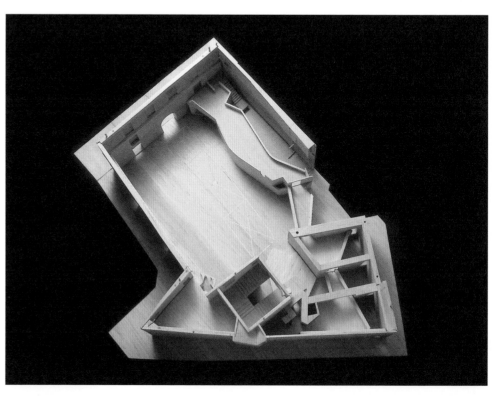

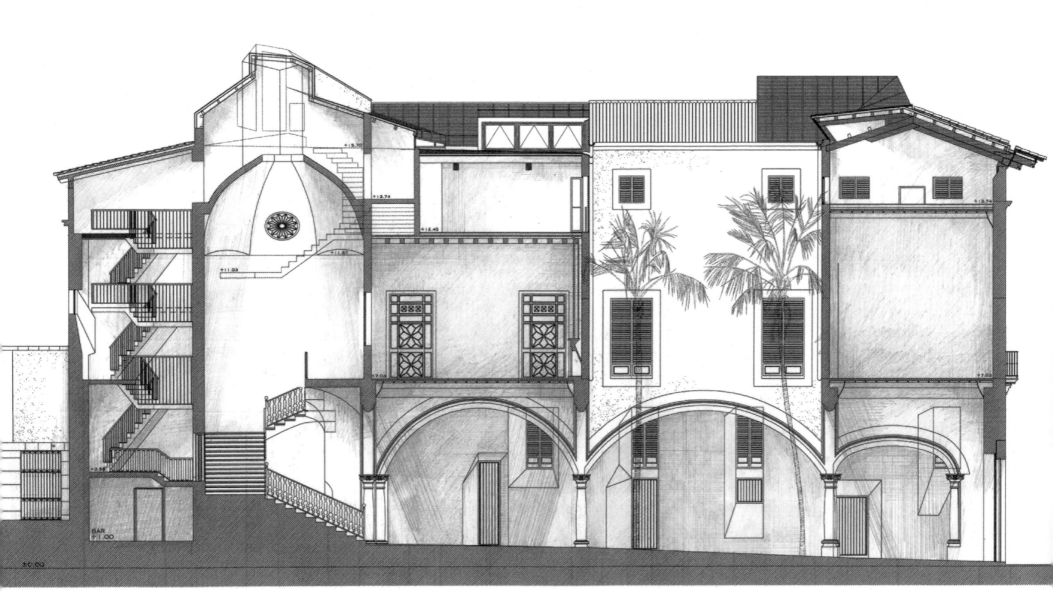

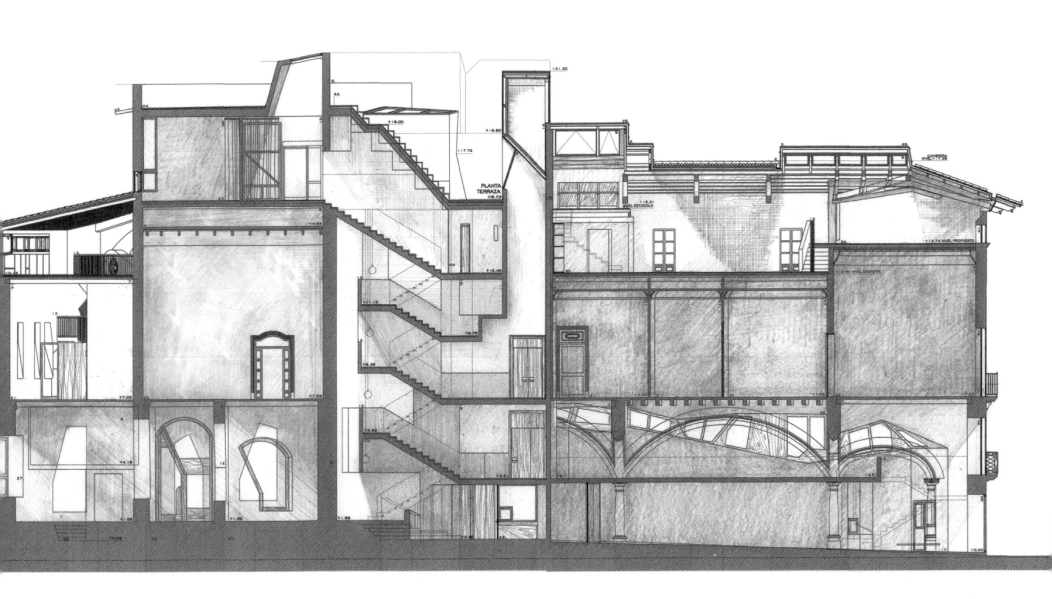

PLANTA
TERRAZA

# ALBERT FRANCE-LANORD

**AF-LA · 스웨덴**

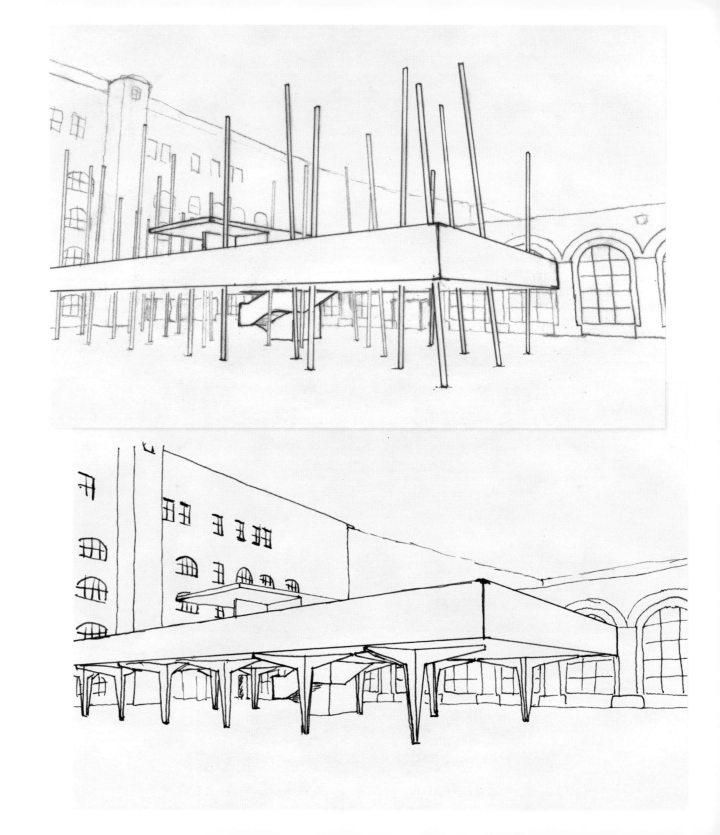

스웨덴의 건축가 Albert France-Lanord는 이렇게 말한다. "스케치 과정은 늘 모양과 각도, 개구부를 정의하는 제약 조건, 프로그램 및 사이트를 통합하는 다이어그램으로 시작한다. 내가 스톡홀름의 건축학교에서 강의할 때, 우리는 학생들에게 내부에서 외부로 (프로그램에서 볼륨으로) 나아가는 방향뿐만 아니라 그 반대 방향으로도 (건물 외피에서 내부 조직으로) 스케치하라고 권장하곤 했다. 스케치의 본질인 다층적인 면을 활용하여 트레이싱 페이퍼를 활용해 대여섯 줄의 선을 겹쳐서 볼 수 있다."

France-Lanord는 자신의 팀과 함께 하이엔드 패션 숍 인테리어부터 모던한 빌라와 주택, 심지어 방공호 안에 있는 인터넷 사업체를 위한 지하 시설까지 다양한 유형의 프로젝트를 설계했다.

"컴퓨터가 그리는 선은 직선이나 곡선으로 나뉜다. 하지만 스케치의 선은 직선이면서도 곡선일 수가 있다."라고 그는 설명한다. "설계 과정 초기에는 유연성이 필요하다. CAD에서 3차원 입체를 시도하는 것이 매우 효과적일 수 있지만, 나라면 투시도 위에서 손으로 직접 스케치할 것이다. 우리는 어떤 아이디어에 동의하자마자 그것을 컴퓨터로 시도해보고 종종 실제 모형을 만들곤 한다. CAD는 그 과정을 확실히 책임지지만, 중요한 변화의 시도는 늘 먼저 스케치를 함으로써 이뤄진다. 그것이 머릿속의 아이디어를 종이 위로 옮기는 가장 빠른 방법이기 때문이다. 그렇게 함으로써 하나의 형태나 미학에 갇히지 않고 다양한 규모의 다양한 아이디어를 시도해볼 수 있다."

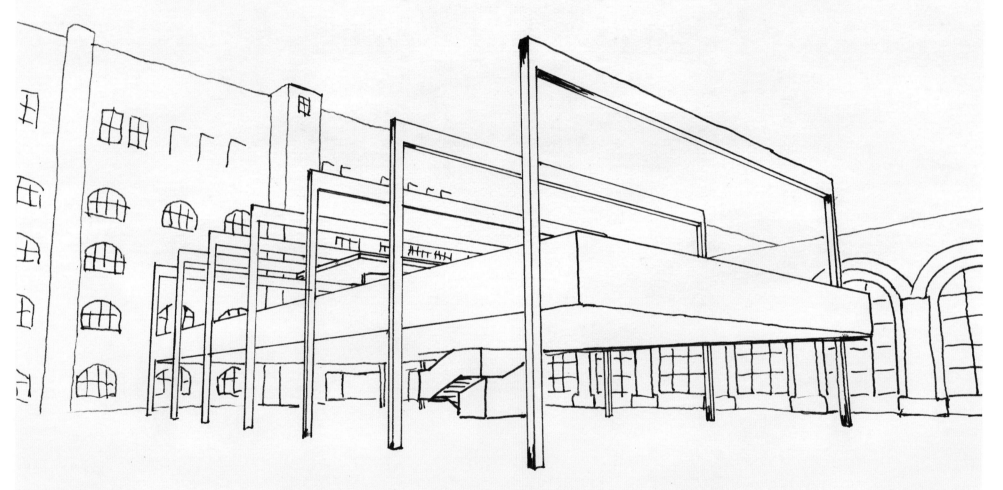

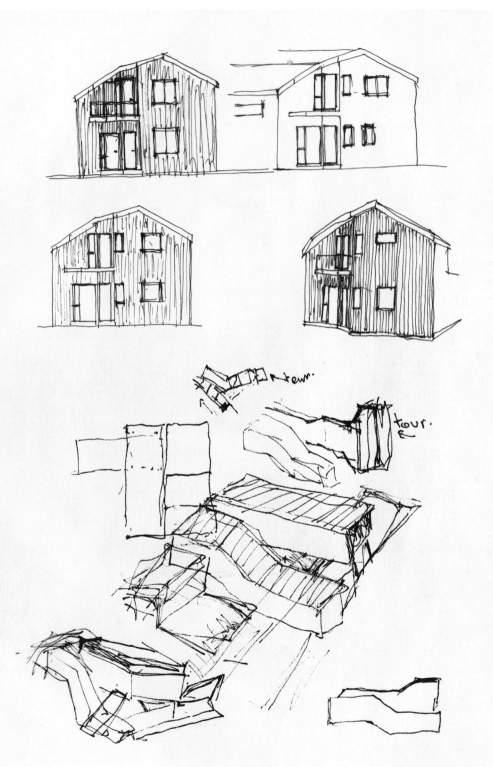

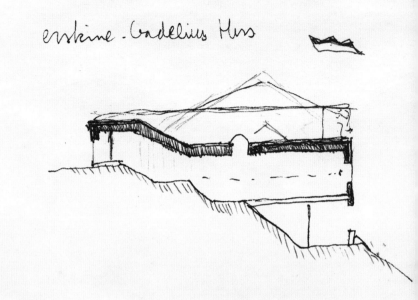

erskine - Gadelius Hus

Koh Samui

05.08.01

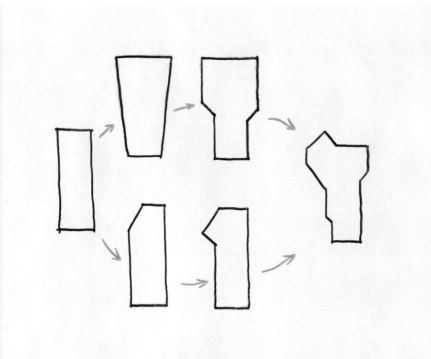

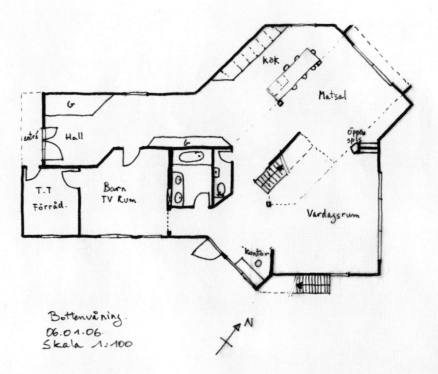

Bottenvåning.
06.01.06.
Skala 1:100

N

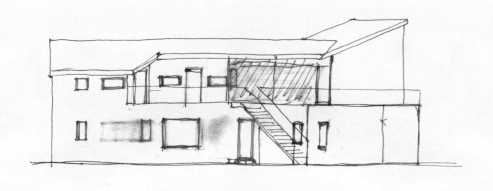

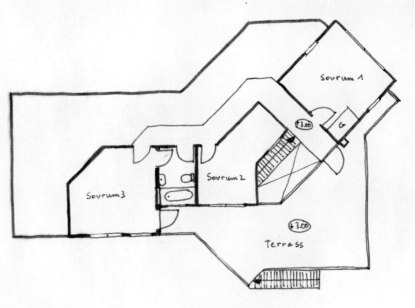

1:a Våningen.
06.01.06.
Skala 1:100

# MASSIMILIANO FUKSAS
**Studio Fuksas • 이탈리아**
주요 프로젝트: The Cloud [pp.102-109]

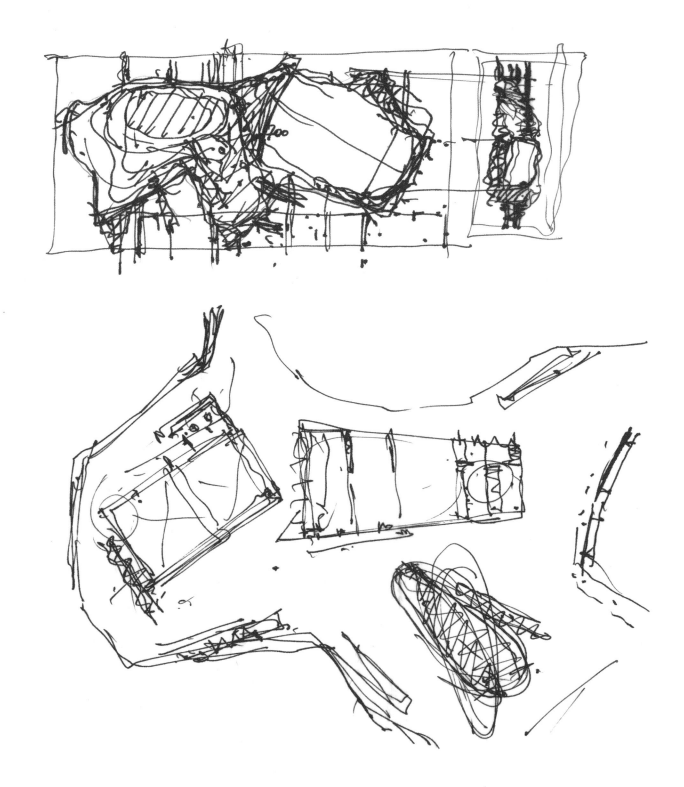

"내가 보기에 하나의 프로젝트는 드로잉과 회화에서부터, 그다음엔 모형에서 비롯된다."라고 건축가 Massimiliano Fuksas는 말한다. "이것들은 긴장감을 높여주는 도구이며, 그런 도구가 없다면 결코 건축이 계획되는 순간의 그 감정에 도달하지 못한다. 회화는 건축을 달성하기 위한 일종의 자극요인이다. 건축은 예술의 세계에 속하고, 반대로 예술 역시 건축에 속한다."

Fuksas와 그의 아내 Doriana가 이끄는 Studio Fuksas는 로마와 파리, 선전에 지사를 두었다. 탁월한 국제적 명성을 지닌 그들은 그 명성에 걸맞게 600개가 넘는 프로젝트를 진행해왔다. 이 사무소는 모든 규모의 프로젝트에서 전체론적 접근 방식을 취해 완전히 통합된 디자인 솔루션을 고안할 수 있었다. Fuksas는 이런 솔루션의 핵심이 연구와 올바른 문제 설정에 있다고 믿는다.

"나는 드로잉을 통해, 그 뒤로는 모형을 통해 내가 설계하는 것을 제어할 수 있다."라고 그는 말한다. "초기 스케치 덕분에 처음부터 그 과정을 따라갈 수 있다. 스케치가 없다면 내 마음속의 생각을 분명히 표현할 수 없을 것이다. 내 설계방법의 한계는 설계의 창조적 과정을 다른 누군가가 대신할 수 없고, 대신하는 것을 내가 원치도 않는다는 점이다.

Fuksas는 계속 말한다. "보통 나의 작업은 드로잉에서 실제 모형을 향해 나아간다. 1:200이나 1:50 등의 대규모 모델을 만들기 좋아하는데, 일례로 The Cloud를 위해 했던 작업이 그렇다. 그때 길이 7m의 목제 모형을 만들었는데, 현재 나의 스튜디오에서 전시하고 있다. 이것이 내가 설계 과정을 제어하는 방법이다. 최종 단계는 결정된 사항을 발전시키면서 다양한 그룹으로 구성된 협력자들과 함께 디지털 드로잉 작업을 하는 것이다."

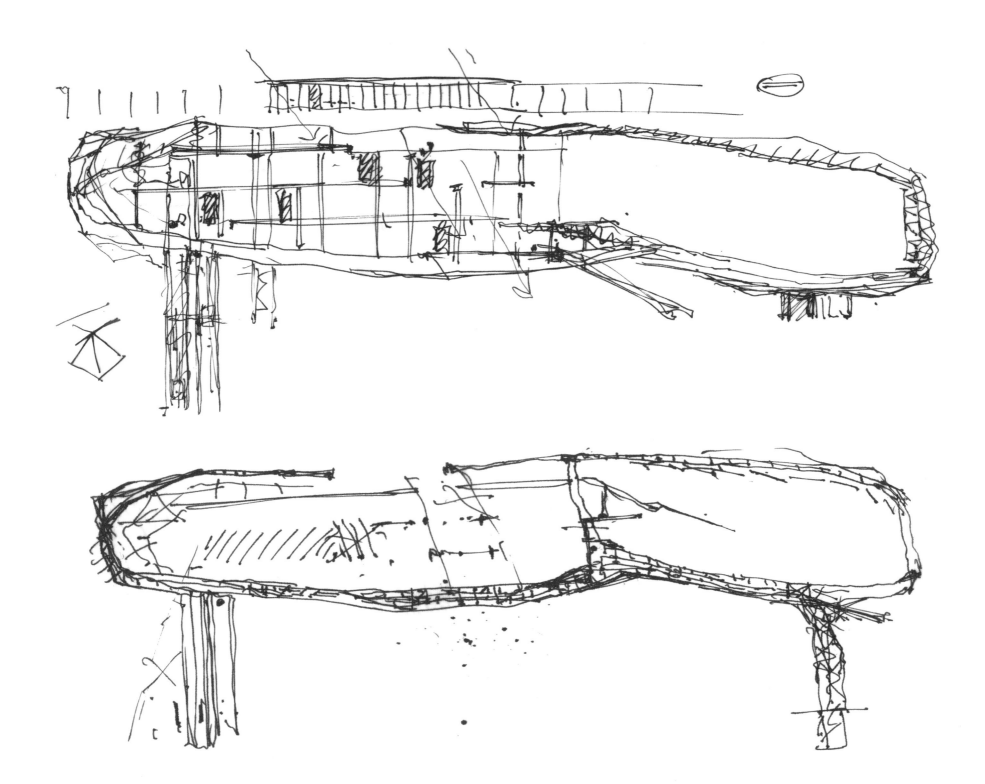

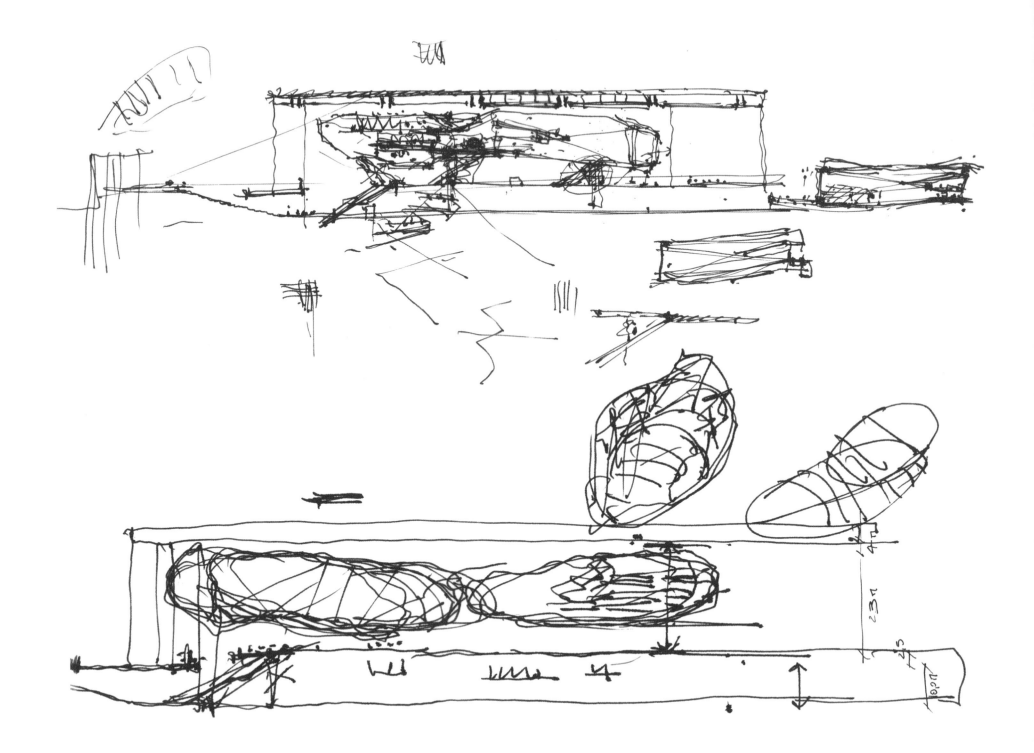

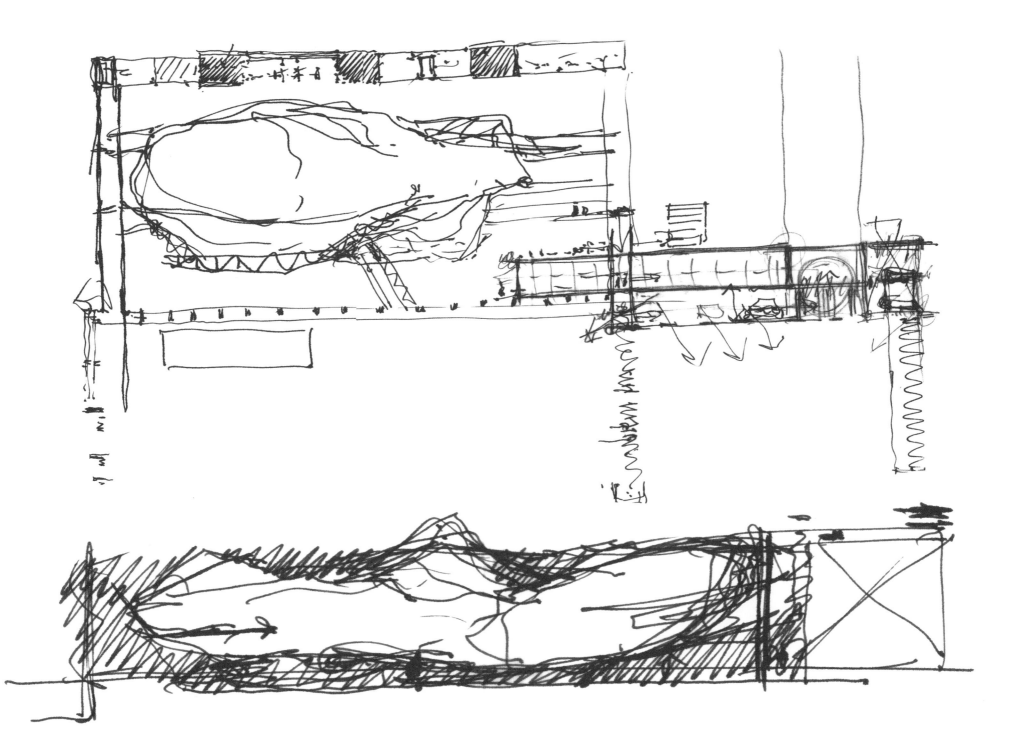

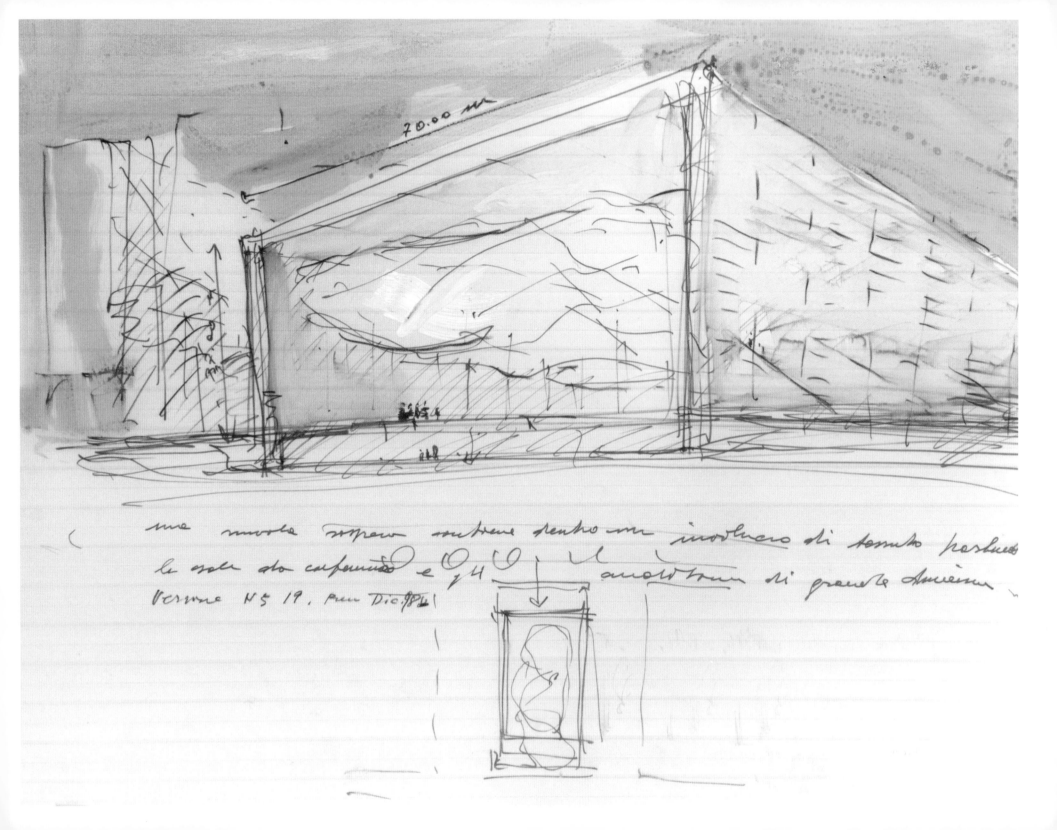

70.00 m

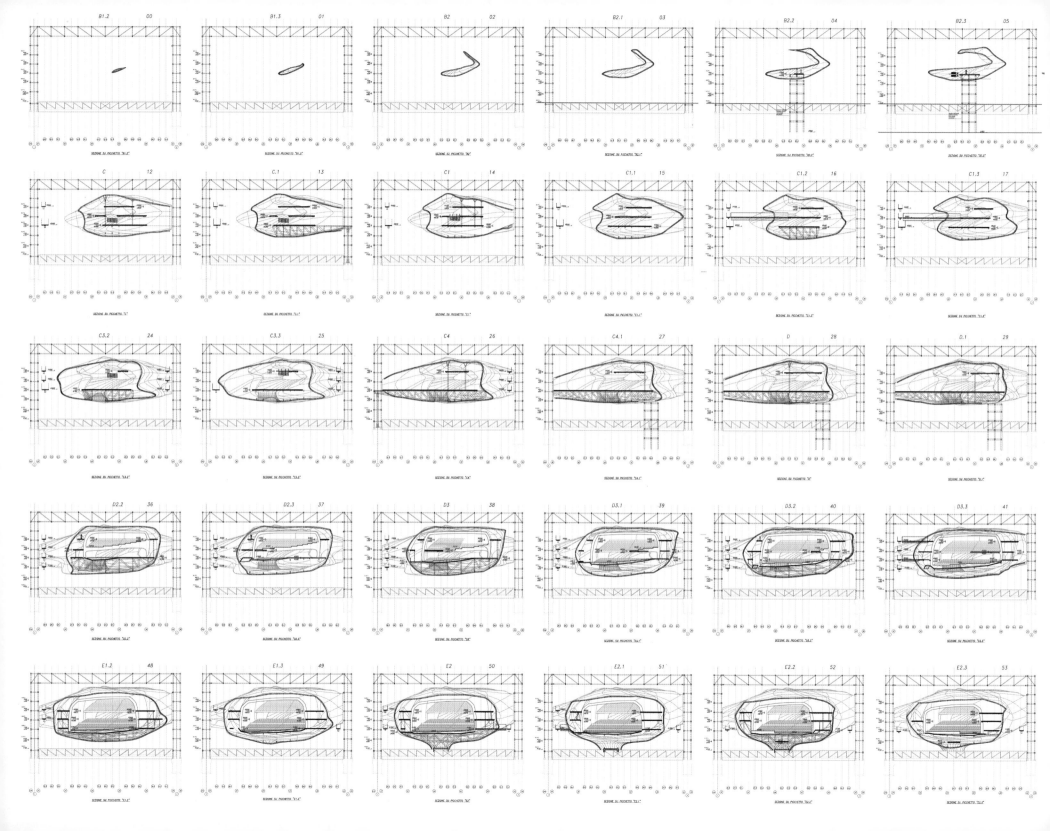

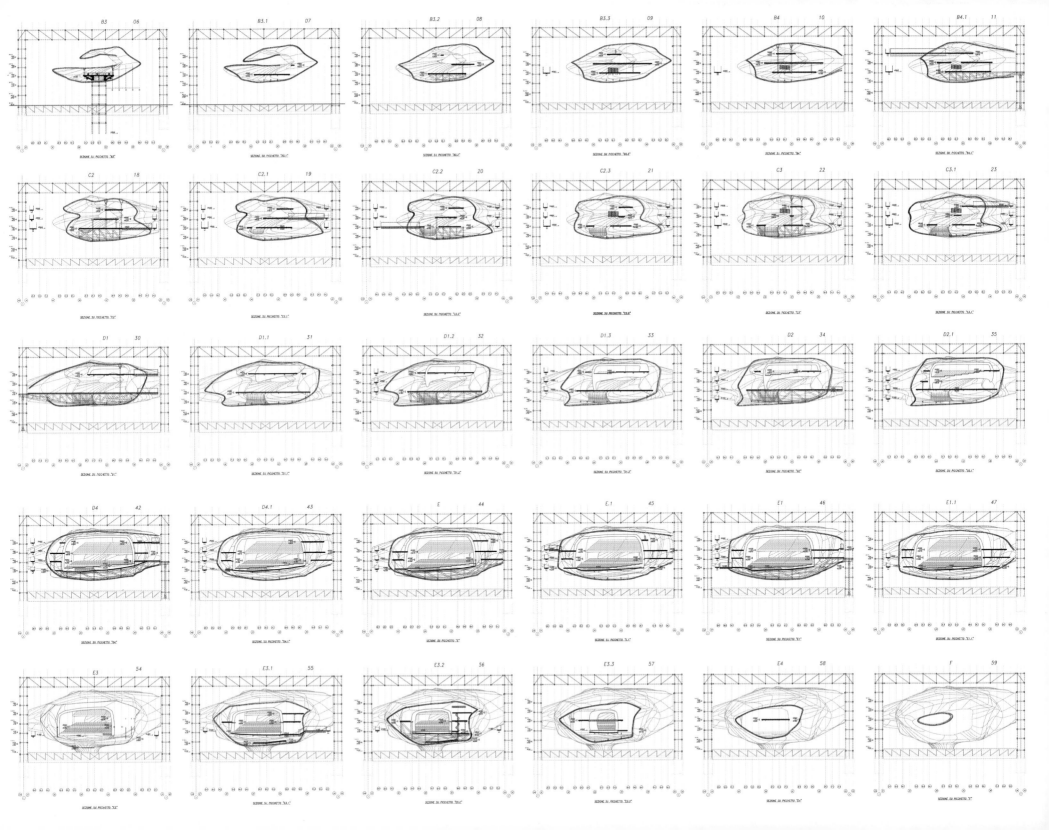

B3    06
B3.1    07
B3.2    08
B3.3    09
B4    10
B4.1    11

SEZIONE SU PICCHETTO "B3"
SEZIONE SU PICCHETTO "B3.1"
SEZIONE SU PICCHETTO "B3.2"
SEZIONE SU PICCHETTO "B3.3"
SEZIONE SU PICCHETTO "B4"
SEZIONE SU PICCHETTO "B4.1"

C2    18
C2.1    19
C2.2    20
C2.3    21
C3    22
C3.1    23

SEZIONE SU PICCHETTO "C2"
SEZIONE SU PICCHETTO "C2.1"
SEZIONE SU PICCHETTO "C2.2"
SEZIONE SU PICCHETTO "C2.3"
SEZIONE SU PICCHETTO "C3"
SEZIONE SU PICCHETTO "C3.1"

D1    30
D1.1    31
D1.2    32
D1.3    33
D2    34
D2.1    35

SEZIONE SU PICCHETTO "D1"
SEZIONE SU PICCHETTO "D1.1"
SEZIONE SU PICCHETTO "D1.2"
SEZIONE SU PICCHETTO "D1.3"
SEZIONE SU PICCHETTO "D2"
SEZIONE SU PICCHETTO "D2.1"

D4    42
D4.1    43
E    44
E.1    45
E1    46
E1.1    47

SEZIONE SU PICCHETTO "D4"
SEZIONE SU PICCHETTO "D4.1"
SEZIONE SU PICCHETTO "E"
SEZIONE SU PICCHETTO "E.1"
SEZIONE SU PICCHETTO "E1"
SEZIONE SU PICCHETTO "E1.1"

E3    54
E3.1    55
E3.2    56
E3.3    57
E4    58
F    59

SEZIONE SU PICCHETTO "E3"
SEZIONE SU PICCHETTO "E3.1"
SEZIONE SU PICCHETTO "E3.2"
SEZIONE SU PICCHETTO "E3.3"
SEZIONE SU PICCHETTO "E4"
SEZIONE SU PICCHETTO "F"

# BENJAMIN GARCIA SAXE

**Studio Saxe · 코스타리카**

주요 프로젝트: A Forest for a Moon Dazzler [pp.110-111]

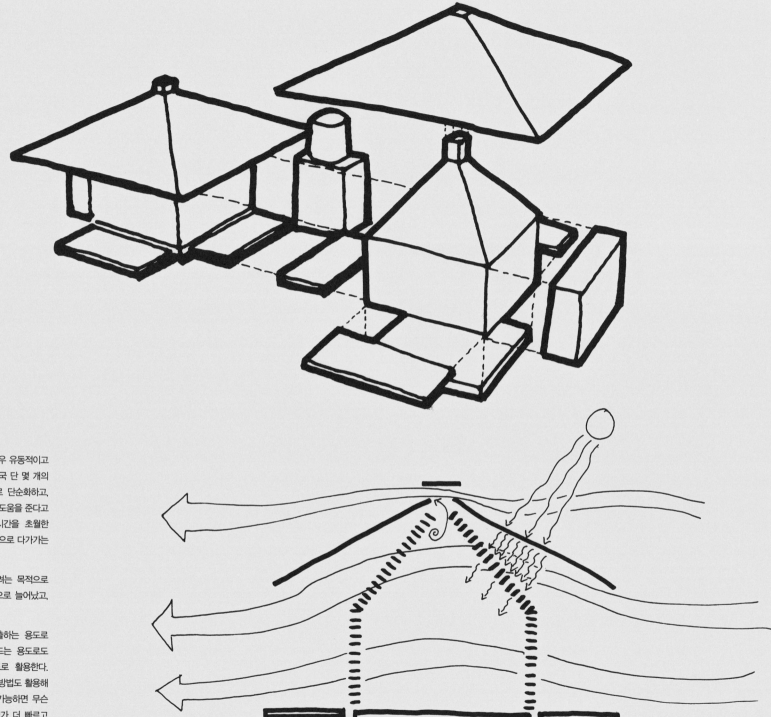

Benjamin Garcia Saxe는 이렇게 말한다. "나의 초기 스케치는 매우 유동적이고 잠정적이다. 아이디어가 명확해질수록 드로잉은 더 간단해져서 결국 단 몇 개의 선만 남기도 한다. 나는 스케치가 아이디어를 기본적인 요소들로 단순화하고, 복잡한 생각을 이해하기 쉬운 순수한 다이어그램으로 압축하는 데 도움을 준다고 생각한다. 컴퓨터 보조 기술이 출현하면서 우리는 단순하고 시간을 초월한 디자인을 만드는 능력을 잃어버렸다. 스케치는 건축의 본능적 개념으로 다가가는 보다 직접적인 방법이다."

Garcia Saxe는 건축을 통해 인간과 자연환경의 관계를 탐구하려는 목적으로 2004년 코스타리카에 설계사무소를 차렸다. 그 후 직원이 10명으로 늘어났고, 런던에도 사무소를 개설하게 되었다.

"나는 개인적으로 스케치를 설계 과정에서 일반적 개념을 추출하는 용도로 활용한다."라고 그는 말한다. "나중에는 디자인의 디테일을 만드는 용도로도 활용한다. 마지막으로는 프로젝트의 아이디어를 설명하는 용도로 활용한다. 이러한 과정 전반에 걸쳐 디지털 모델과 실물 모형을 비롯한 다른 방법도 활용해 그런 아이디어들을 발전시킨다. 어떤 아이디어가 있을 때 나는 가능하면 무슨 수를 써서라도 그것을 표현하고 싶어 할 때가 많다. 대개 스케치가 더 빠르고 효율적이지만, 아마도 내가 가장 좋아하는 기법은 실물 모형을 만드는 작업일 것이다."

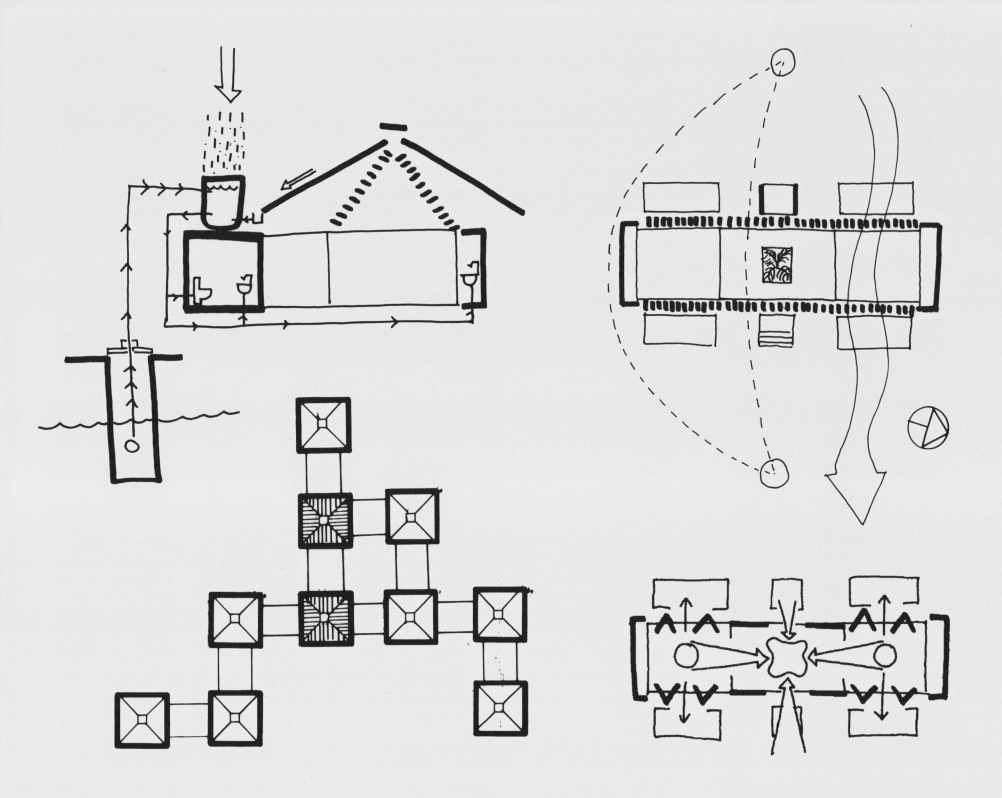

# SASHA GEBLER

**Gebler Tooth Architects · 영국**

주요 프로젝트: Bassett Road [pp.112, 왼쪽; 113, 오른쪽]
Regent's Park Road [pp.112-113] • Hereford Road [p.114]
Old Compton Street [p.115] • Wapping High Street [pp.116-117]
Holdhurst Manor [pp.118-119]

런던에 자리한 설계사무소 Gebler Tooth Architects의 Sasha Gebler는 말한다. "내 경험에 비추어 볼 때, AutoCAD와 인터넷으로만 길들여진 건축가는 디자이너보다 편집자에 더 가깝다. 물론 여기에도 예외가 있는 것은 분명하지만, 이런 현상은 현대의 많은 건축물이 왜 그리 밋밋하고 장소 등의 고유한 특성을 갖지 못한 것인지를 설명해준다."

그는 계속해서 말한다. "나는 디지털 기술을 활용하지 않던 설계/시공 업계의 마지막 세대다. 1970년대에 케임브리지 대학교에서 수련을 하고 첫 직장을 얻었을 때, 컴퓨터는 흔했지만 도면 작성이나 디자인에 활용되지는 않았다. 스케치업도 없었고 인터넷도 없었다. 나는 저녁마다 Victoria & Albert Museum 에 가서 컬렉션의 조각품과 건물의 단편들을 그려가며 독학을 했다."

이 설계사무소의 창립자 겸 대표인 Gebler는 공항부터 예술 공간, 건물 복원, 주거단위 유닛까지 모든 건설 분야를 아우르는 과정을 계획하는 데 중요한 역할을 담당했다. 성공의 열쇠는 융통성과 좋은 디자인이라고 그는 믿는다.

"나는 스케치가 건축의 필수적인 일부이며 예술과 기술, 의사소통, 법률에 관한 기술적 필요를 결합하는 몇 안 되는 활동 중 하나라고 오랫동안 생각해왔다." 라고 그는 말한다. "스케치 또는 드로잉의 과정은 그 자체로 예술적인 과정이며, 마음속의 생각을 제3자에게 직접 전달할 수 있게 해준다. 디지털 장치는 새로운 양식을 만드는 놀라운 힘과 능력을 제공하지만, 그런 것이 오히려 장애가 되기도 한다. 건축가는 이 점을 알고 있어야 한다."

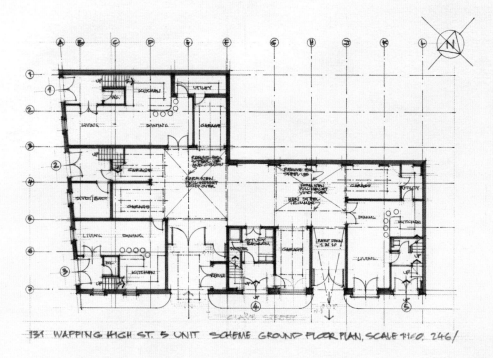

131 WAPPING HIGH ST. 5 UNIT SCHEME GROUND FLOOR PLAN, SCALE 1:100. 246/

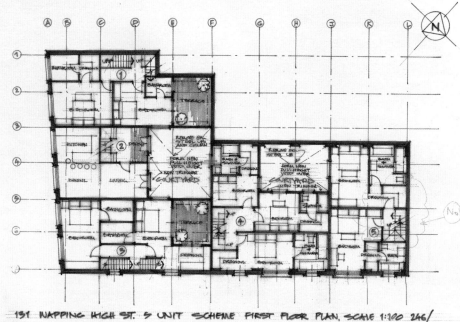

131 WAPPING HIGH ST. 5 UNIT SCHEME FIRST FLOOR PLAN, SCALE 1:100 246/

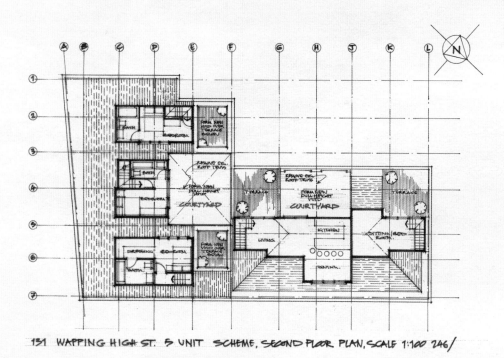

131 WAPPING HIGH ST. 5 UNIT SCHEME, SECOND FLOOR PLAN, SCALE 1:100 246/

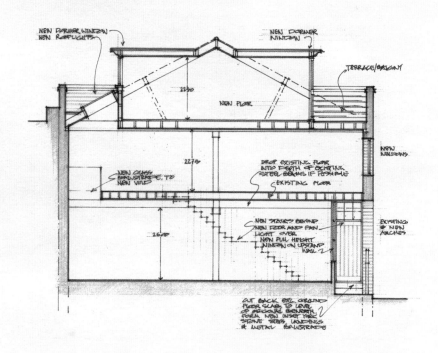

131 WAPPING HIGH STREET, PROPOSED ELEVATION TO CLAVE ST, SCALE 1:100

HOLDHURST FARM. CRANLEIGH, SURREY. WEST ELEVATION. SCALE 1:50.

HOLDHURST FARM. CRANLEIGH, SURREY. EAST ELEVATION. SCALE 1:50.

HOLDHURST FARM. CRANLEIGH, SURREY. PROPOSED ELEVATION. GTA, MAY 2011.

# CARLOS GOMEZ

**InN Arquitectura • 스페인**

주요 프로젝트: Triana Civic Centre [pp.120-121]
Castanuelo [pp.122-123] • Madrid [p.124] • Aachen [p.125]

안달루시아에 소규모의 혁신적인 설계사무소를 차린 Carlos Gomez는 기존 건물을 개축하고 개조하는 작업을 전문으로 한다. 그는 "손의 부정확성은 프로젝트의 초기 단계에서 이점이 된다. 선과 아이디어가 자발적으로 춤을 추듯 상호작용할 수 있게 해주기 때문이다."라고 말한다. 이는 Alvar Aalto가 말한 것처럼 스케치가 잠재의식이 드러날 수 있게 한다는 의미이다. 몇 번 스케치하고 나면, 어떤 궤적이 다른 궤적보다 두드러지게 드러날 것이다. 그것들이 곧 주된 선을 형성한다. 그 이후에도 변형과 각색은 있을 테지만, 개략적인 계획은 확립된 상태가 된다."

Gomez는 직접 시공한 프로젝트, 특히 스페인에서 부동산을 구매하는 외국인을 위한 프로젝트 관리 모델인 Vita Simplex를 개발했다. "초기 단계에서부터 만족스러운 개념을 얻을 때까지 계속해서 드로잉을 한다."라고 그는 설명한다. "이 시점에는 롤지가 특히 유용하다. 우리는 수 미터 길이의 종이를 자르지 않고 그 위에 드로잉을 함으로써, 프로젝트의 이야기를 명료하고 깔끔하게 이어갈 수 있다. 나중에는 전통적인 애니메이션 작업처럼 이전 그림을 따라 그릴 수 있는 얇은 종이 위에서 작은 변형을 해가며 스케치를 반복하게 된다. 이 시점까지는 주로 부드러운 연필을 사용한다. 아이디어가 잘 정의되는 시점에 도달하기 시작하면, 프리핸드 잉크로 전환하게 된다."

이 건축가는 설계 과정 중 스케치하는 행위를 가장 즐긴다고 한다. "끊임없는 아이디어의 흐름은 내면의 긴장감을 풀어주고 고요한 장막을 펼쳐놓는다."라고 그는 말한다. "건축가들은 우리 시대의 정신없는 생산 리듬에 반항해야 한다. 좋은 디자인은 조용한 관찰과 명상, 성찰을 통해야만 한다."

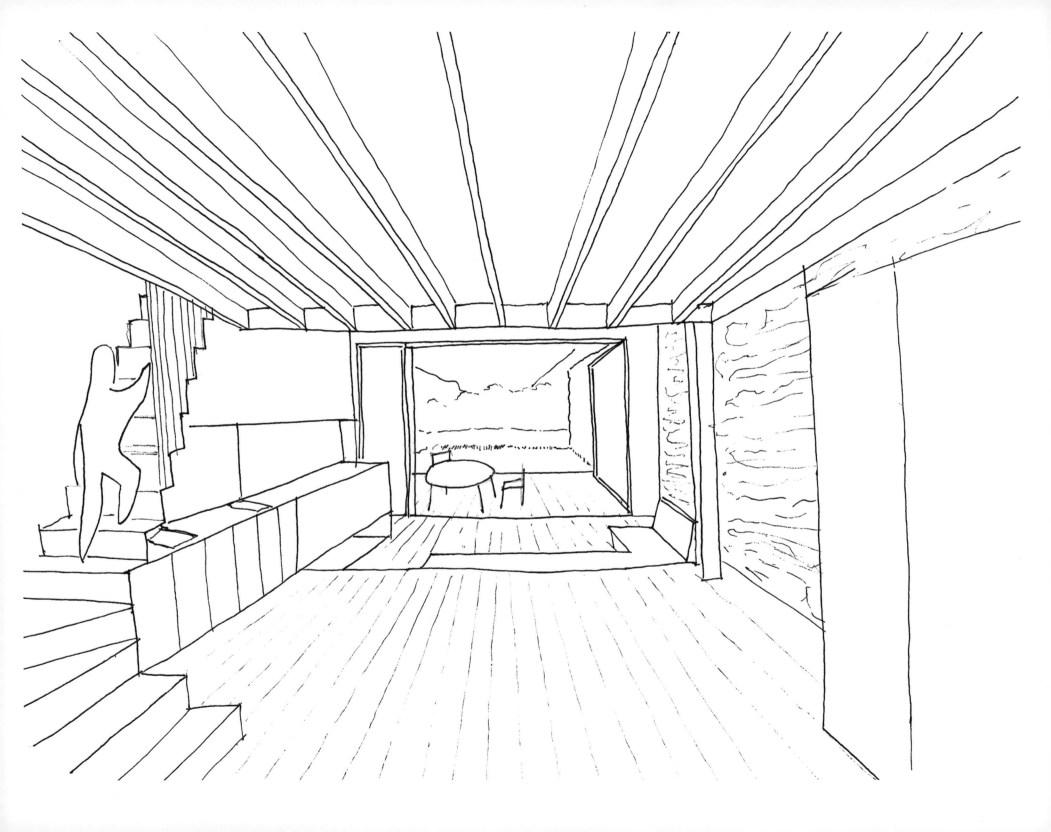

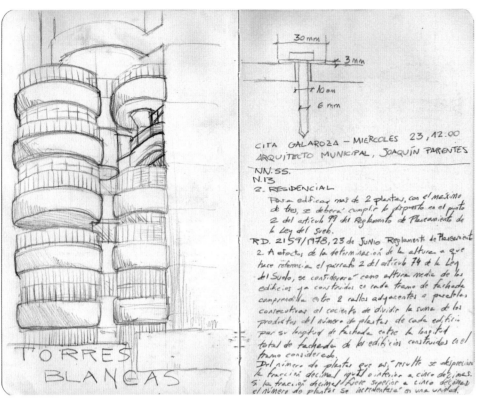

TORRES BLANCAS

30 mm
3 mm
10 mm
6 mm

CITA GALAROZA - MIÉRCOLES 23, 12:00
ARQUITECTO MUNICIPAL, JOAQUÍN PARENTES

NN. SS.
N. 13
2. RESIDENCIAL
Para edificar más de 2 plantas, con el máximo
de tres, se deberá cumplir lo dispuesto en el punto
2 del artículo 99 del Reglamento de Planeamiento de
la Ley del Suelo.
R.D. 2159/1978, 23 de Junio Reglamento de Planeamiento
2. A efectos de la determinación de la altura a que
hace referencia el párrafo 2 del artículo 74 de la Ley
del Suelo, se considerará como altura media de los
edificios ya construidos en cada tramo de fachada
comprendida entre 2 calles adyacentes o paralelas
consecutivas el cociente de dividir la suma de los
productos del número de plantas de cada edificio
por su longitud de fachada entre la longitud
total de fachada de los edificios construidos en el
tramo considerado.
Del número de plantas que así resulte se despreciará
la fracción decimal igual o inferior a cinco décimas.
Si la fracción decimal fuese superior a cinco décimas
el número de plantas se incrementará en una unidad.

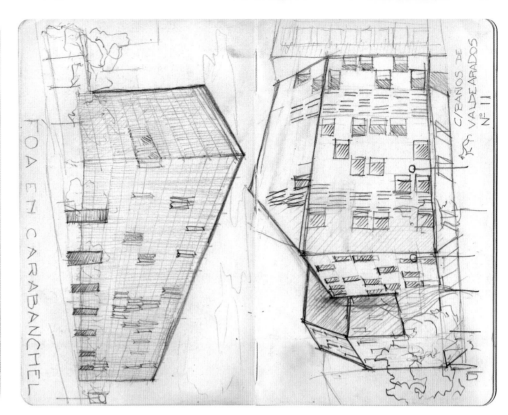

FOA EN CARABANCHEL

C/ PAÑOS DE VALDEARADOS Nº 11

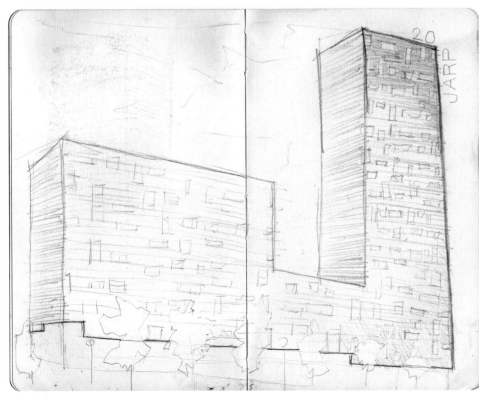

20
JARP

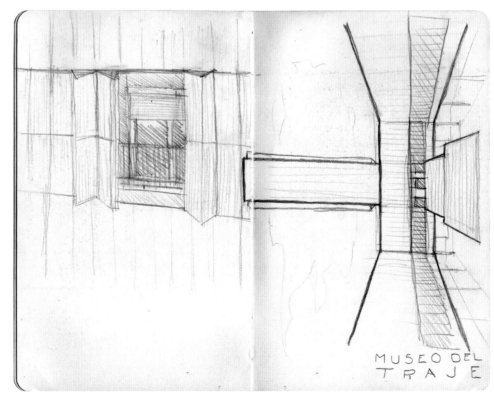

MUSEO DEL
TRAJE

# MEG GRAHAM

**Superkül · 캐나다**

주요 프로젝트: House on the Lake [p.126, 위쪽]
Compass House [pp.126-127] · +House [p.127, 오른쪽]

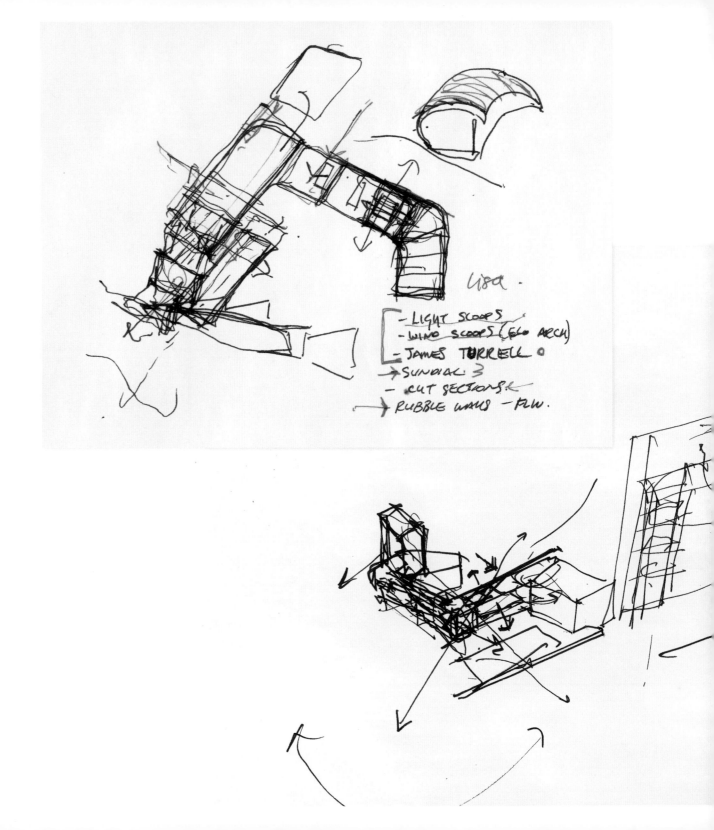

토론토에 자리한 설계사무소 Superkül의 Meg Graham은 말한다. "우리는 프로젝트에 임할 때 그것이 어떤 모습이 될지에 대한 선입견을 품지 않는다. 그래서 스케치는 다층적이고 반복적인 과정이다. 우리는 장소와 수목, 기존 건물과 프로그램, 물, 땅을 스케치한다. 결국, 그렇게 층층이 쌓인 연구의 결과로 건물이 설계된다."

Graham은 파트너 Andre D'Elia와 함께 2002년에 이 회사를 설립한 대표이며, 현재는 19명의 직원을 두고 있다. 이 설계사무소는 건축과 실내 디자인 부문에서 수많은 상을 받아왔다.

그녀는 계속 말한다. "우리의 스케치는 일부 이해하기 어려운 부분들이 있는데, 다층적인 생각이 겹쳐져 있기 때문이다. 이는 내부적인 설계 과정의 일부일 뿐이지만, 고객과 회의할 때 테이블 위에서 바로 그리는 스케치는 협력적이고 참여적인 설계를 하는 데 필수적이다."

Graham은 스케치가 자신의 디자인 구성과 거의 본능적으로 연결되어 있다고 믿는다. "스케치는 본능적이기 때문에 우리에게 너무도 근본적인 사고방식이다." 라고 그녀는 말한다. "두뇌와 손 사이에는 정보의 흐름을 방해하거나 신호를 방해하는 소프트웨어가 없다. 우리가 흥미롭거나 재미있거나 아름답거나 영감을 주는 형태와 장소를 스케치하면, 그것들은 우리의 기억 속에 들어와 정보 흐름의 일부가 된다."

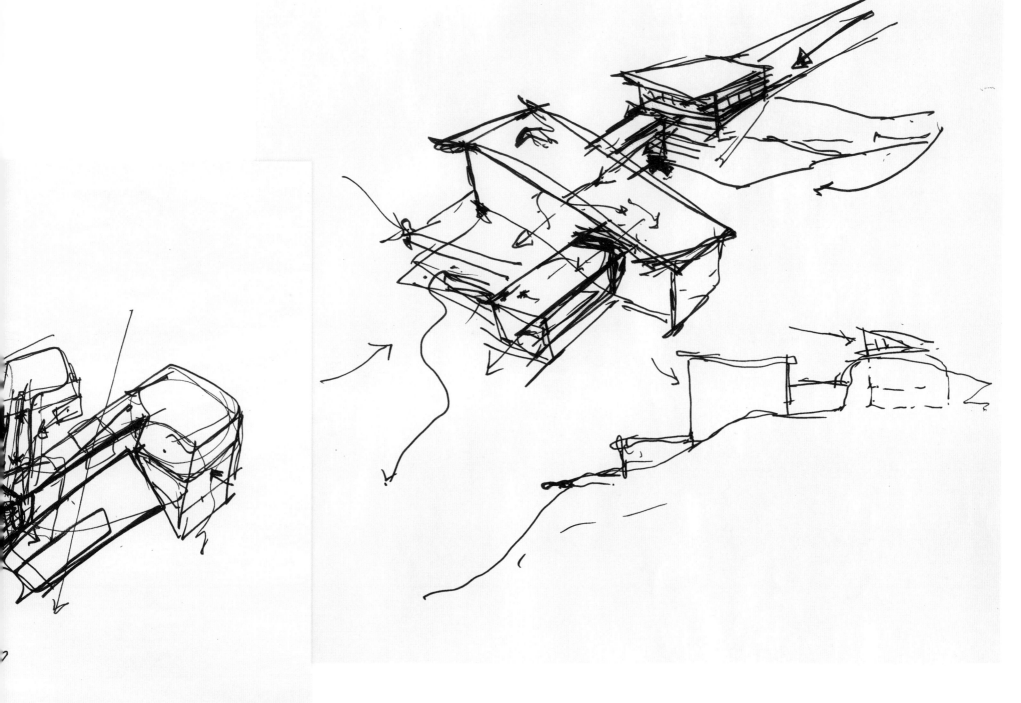

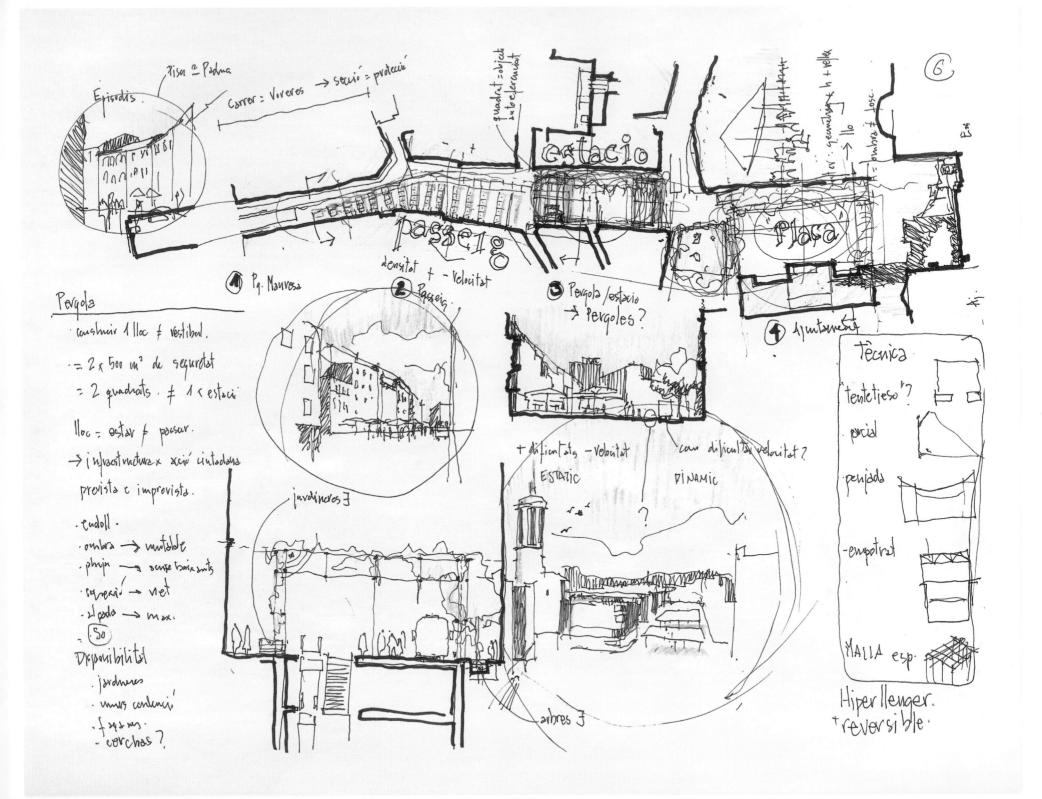

# HARQUITECTES

**스페인**

주요 프로젝트: Main Square 1632 [p.128]
House 1101 [p.129, 위쪽; pp.130-131]
House 905 [p.129, 아래쪽; p.130, 왼쪽]
House 1701 [pp.132,133]

"스케치는 의사소통수단일 뿐 아니라 분석과 창조를 위해 개별 또는 집단이 활용하기에 좋은 도구이다."라고 스페인 설계사무소 Harquitectes 팀은 말한다. "스케치는 시대를 불문하고 쓰이지만, 다른 도구를 활용해 의사소통하고 설계할 수 있는 건축가에게까지 꼭 필수적인 요소는 아니다. 전체적인 설계에는 디지털 수단이 필요하다. 정밀도가 필요한 모든 작업은 CAD로 수행되며, 프로젝트가 끝날 때까지 디지털 작업은 설계 시간의 90%를 차지하게 된다."

바르셀로나에 본사를 둔 Harquitectes는 2000년에 설립되어 4명의 파트너 (David Lorente Ibáñez, Josep Ricart Ulldemolins, Xavier Ros Majó 및 Roger Tudó Galí)가 경영한다. 이들 4인은 다양한 건축학교에서 학생들을 가르치고 있으며, 간소한 스타일로 유명하다.

"스케치나 다른 비디지털 수단 없이 작업할 수 있을까?"라고 그들은 묻는다. "팀 전체와 지식을 공유할 수 있어야 최고의 디자인을 만들 수 있을 것이며, 그런 목적에 완벽히 어울리는 수단은 스케치다. 한편 모형은 설계에 구체적으로 관여하지 않는 팀 구성원에게 프로젝트를 설명하기에 가장 좋은 방법이다. 대규모 모형(1:20)은 복잡성을 한눈에 파악하게 해주므로 고객한테 설계안을 보여줄 때 쓰인다. 프로젝트가 완료되면 스케치는 쓰레기통에 버려지지만 그중 소수, 특히 개인 수첩에 그려놓은 것들은 살아남는다."

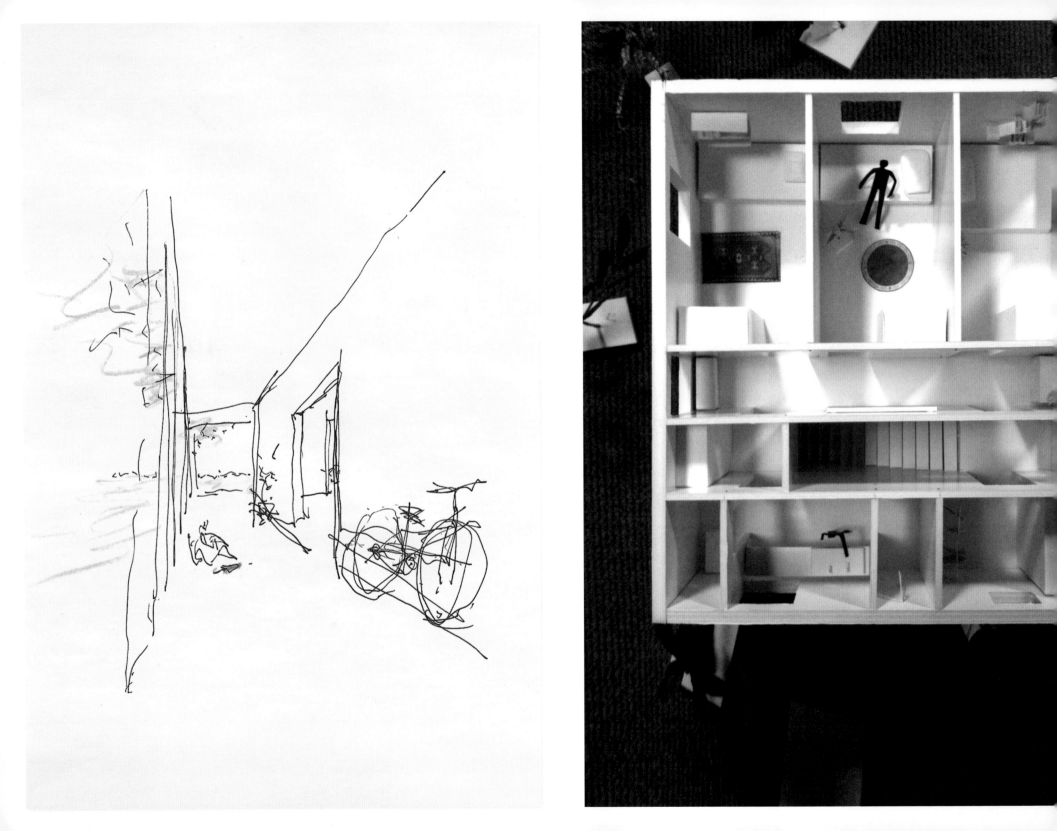

# CARL-VIGGO HØLMEBAKK
노르웨이

주요 프로젝트: Torghatten footbridge [pp.134-137]

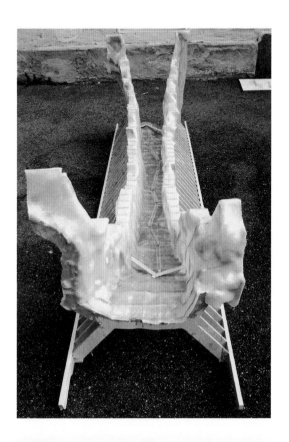

노르웨이 건축가 Carl-Viggo Hølmebakk은 말한다. "스케치는 설계 과정에서 대부분 버려진다. 아이디어가 프로젝트에 통합될 때는 그래도 괜찮다. 하지만 때로는 스케치에 매혹되어서 그것을 지키고 싶을 수도 있다. 모든 설계가 끝나고 프로젝트가 완료될 때 내가 그린 스케치를 다시 꺼내 미완성의 순간을 되돌아보는 것은 다소 개인적이고 감상적인 부분이라고 생각한다."

오슬로에 거점을 둔 Hølmebakk은 유럽과 미국의 대학교에서 강의했다. 그는 Mies van der Rohe Pavilion Award에 3회 후보로 지명되었고 노르웨이에서 여러 번 영예를 안았다. 그의 작업은 공공주택 계획에서 산꼭대기 조각 설치까지 다양한 범위를 아우른다. 브뢰뇌이의 The Torghatten footbridge 작업에서는 디지털 매핑을 비롯한 여러 가지 설계 방법을 결합했다.

"초기 생각을 설명하기 위해 3D 모델을 만들었다."라고 그는 말한다. "하지만 이 도구가 효과를 내지 못해서, 암석 터널에 재료나 무게 또는 구조에 대한 느낌이 깃들지 못했다. 실물 모형 제작은 이 프로젝트의 길을 여는 중요한 계기가 되었다. 목구조(여전히 추상적이지만 암석의 합리성과 결합한), 플라스틱과 유리섬유를 주조하고 경화하는 유독한 과정, (역시 독성 물질인) 납 박판과 날카로운 강선, 이 모든 요인이 설계 과정에 특별한 주의와 각성을 일으켰다. 어쨌든 모형제작 과정은 우리가 실제의 대지를 생각하도록 만든다."

스케치나 기타 물리적, 비디지털 수단을 쓰지 않고도 작업할 수 있느냐는 질문의 답으로 Hølmebakk은 자신의 기술에 대한 열정을 다음과 같이 요약한다. "못한다. 자발적으로는."

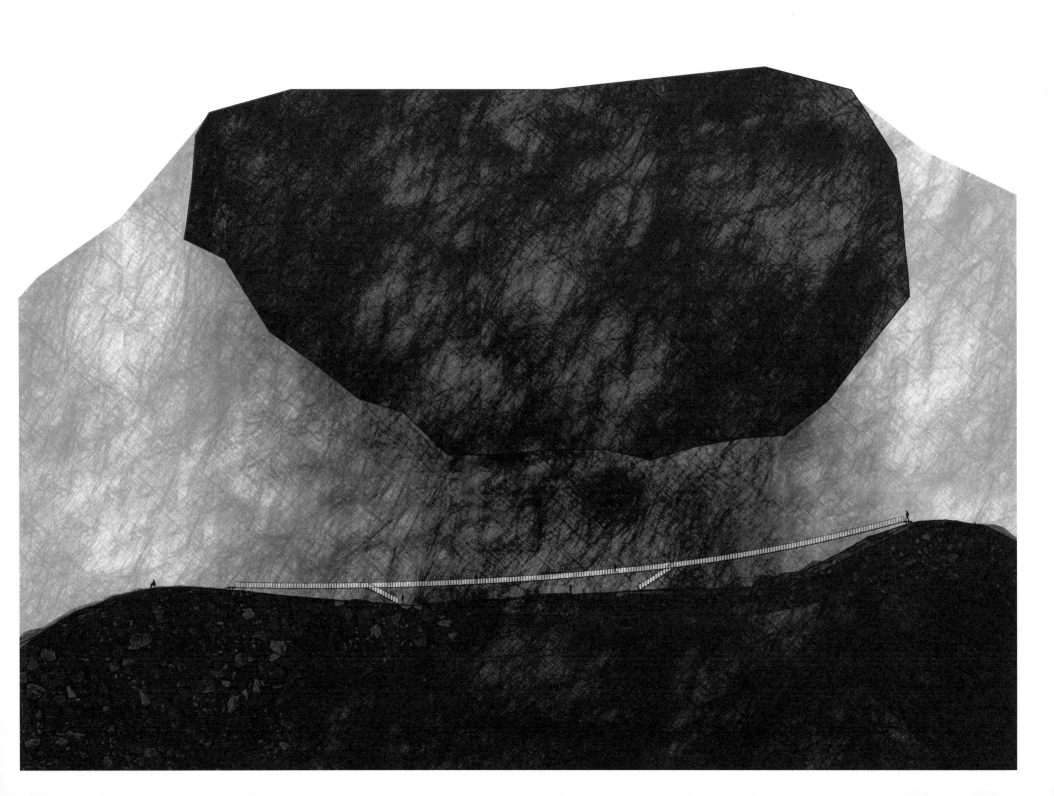

# JOHANNA HURME,
# SASA RADULOVIC
# & KEN BORTON
**5468796 Architecture · 캐나다**
주요 프로젝트: OMS Stage [p.141]

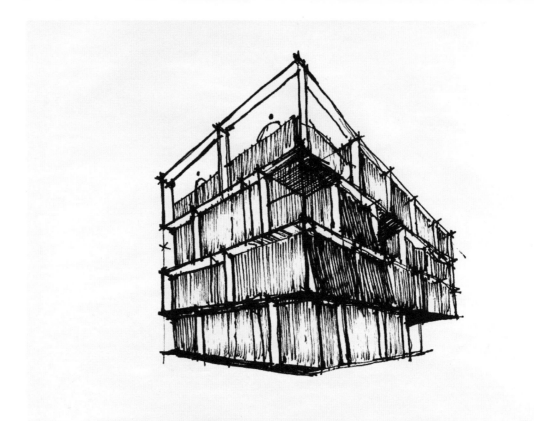

2007년에 5468796 Architecture를 설립한 (후에 Colin Neufeld가 합류한다) Johanna Hurme과 Sasa Radulovic은 말한다. "스케치는 우리 사무실에서 소중한 것이 아니다. 스케치는 종잇조각을 쓸 수 있는 곳이면 어디서든 시작되며, 팀원들은 서로의 그림에 바로바로 뭔가를 추가한다. 명확한 스케치가 필요할 때까지 아이디어를 겹겹이 쌓아 중첩한다."

매니토바에 자리한 이 건축사무소에서 협업은 디자인의 본질이다. 일련의 숫자를 이름으로 하는 이 사무소는 이미 캐나다와 그 밖의 지역에서 비평가들의 많은 찬사와 여러 상을 받은 바 있다. Hurme과 Radulovic은 자기들의 성공 비결이 협업 능력에 있다고 믿는다. "팀은 하나의 스케치 작업을 동시에 할 수 있으며 즉각적인 피드백을 통해 시각적/언어적 아이디어를 쌍방 교환할 수 있다. 우리가 아는 바로는 실제로 이에 상응하는 디지털 수단이 없다. 스케치의 물리적 특성은 우리가 협력하여 설계할 수 있게 해주기 때문에 설계 작업을 향상시킨다. 스케치는 언어적인 의사소통을 완벽하게 보완하는 수단이다. 말로 표현할 수 없는 간극을 메우는 데 도움을 주기 때문이다."

설계팀은 주로 내부적인 의사소통에 스케치를 활용하지만, 고객과 회의할 때도 가끔 연필을 사용하게 된다. 하지만 외부인에게 프로젝트를 설명할 때는 또 다른 물리적 설계 도구가 가장 중요하다. "고객이 우리가 생산하는 스케치와 상호 소통하는 경우가 적으므로, 실물 모형은 가장 중요한 의사소통 도구다. 주위를 걸어 다니며 모든 각도에서 둘러볼 수 있는 모형보다 프로젝트 파악에 더 유익한 도구는 어디에도 없다."

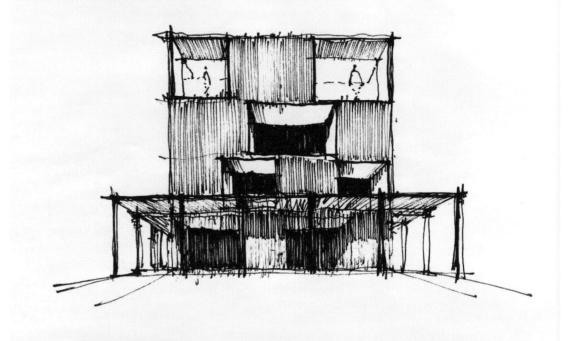

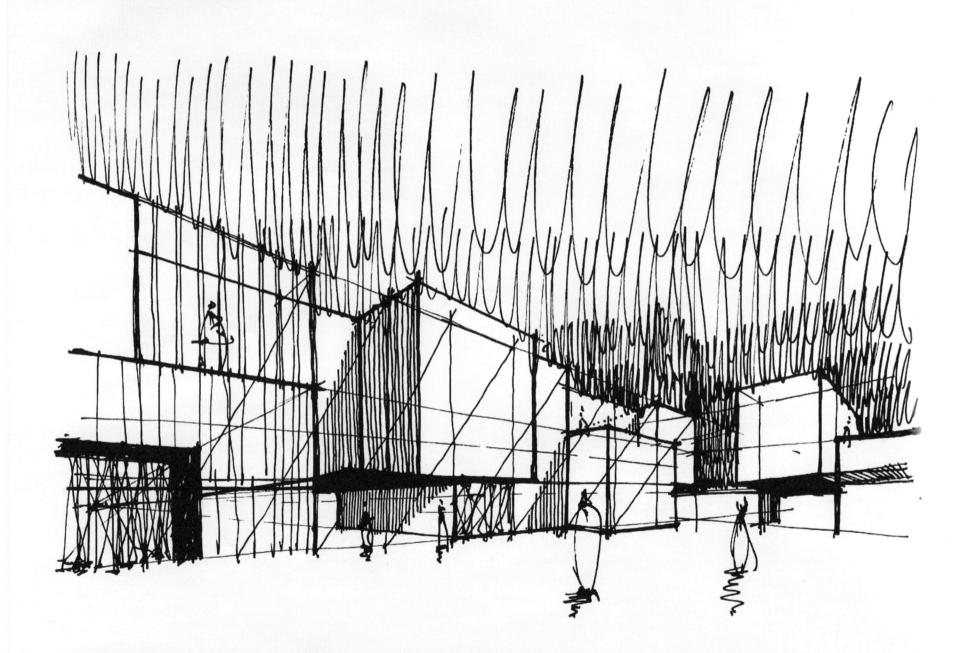

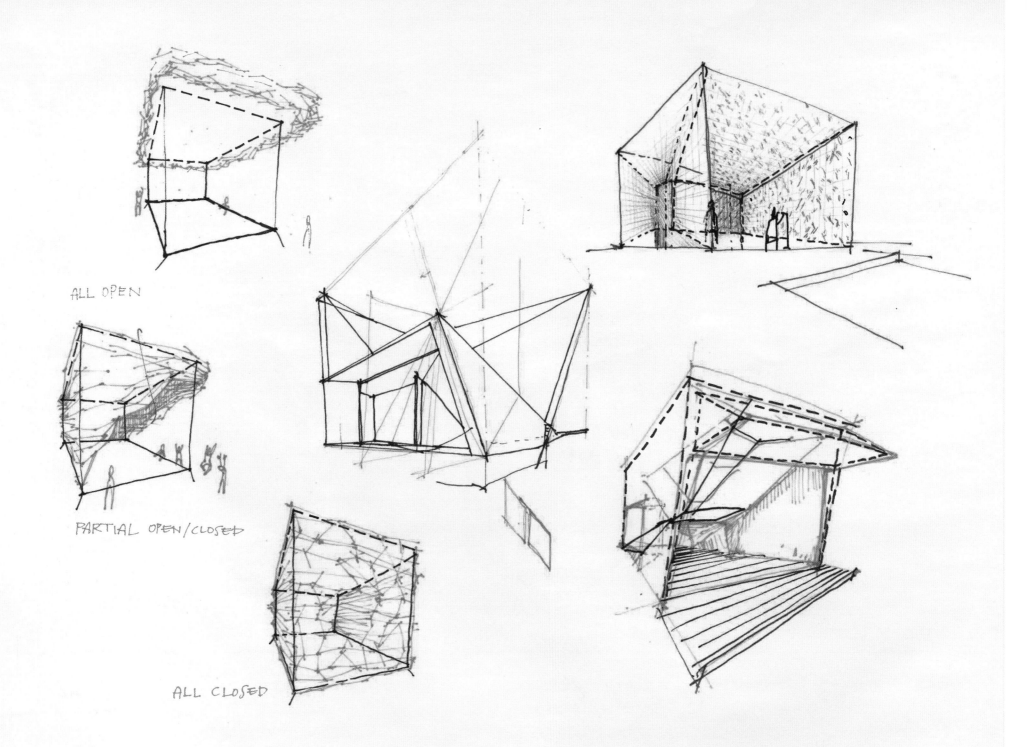

ALL OPEN

PARTIAL OPEN/CLOSED

ALL CLOSED

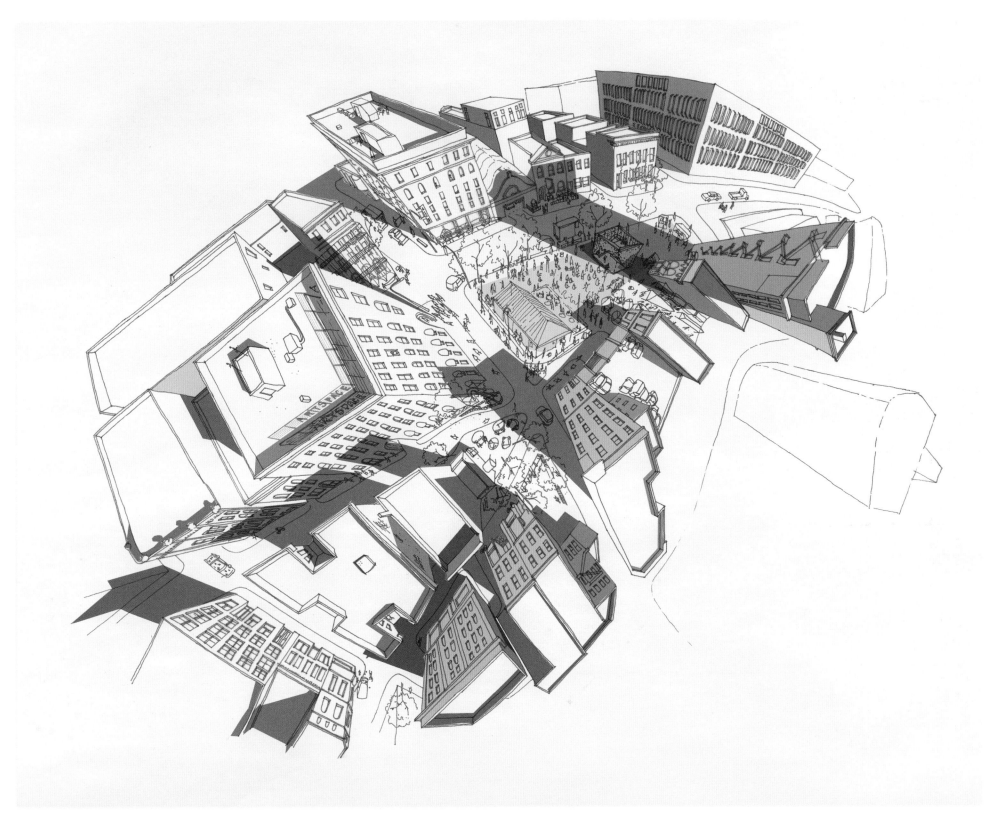

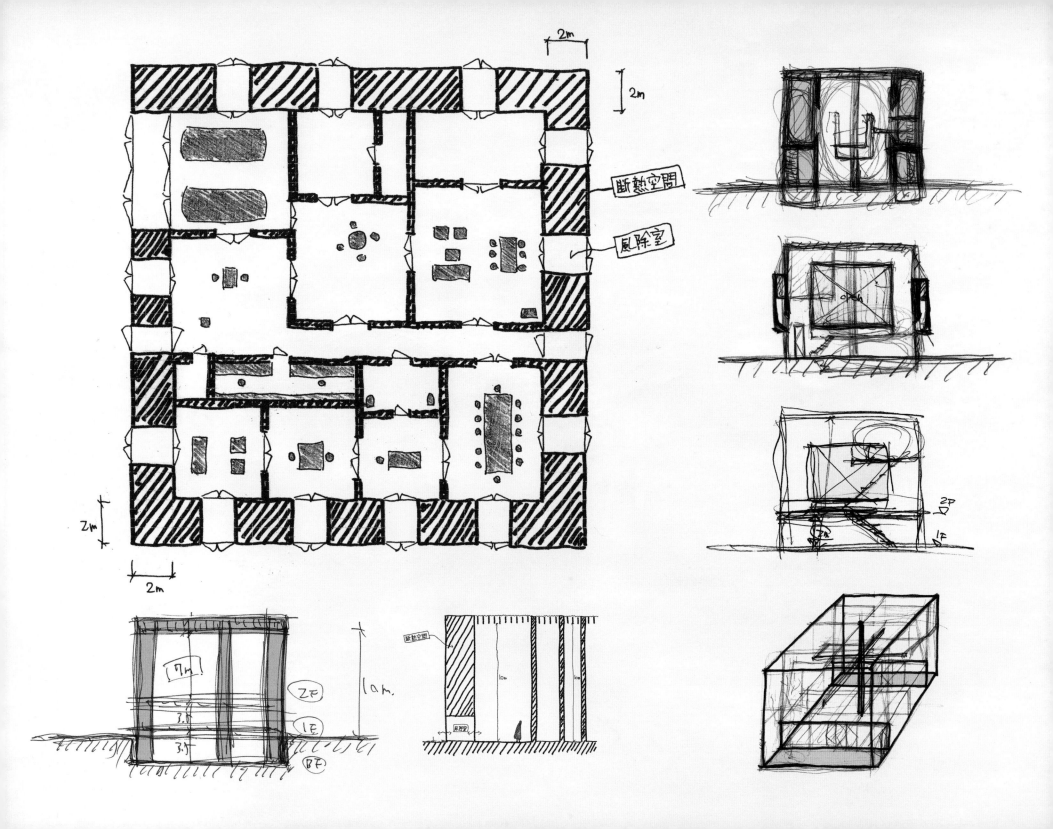

断熱空間

風除室

2m

2m

2m

7m

2F

3.0

1F

3.5

BF

10m

断熱空間

10m

10m

風除室

2F

2F

1F

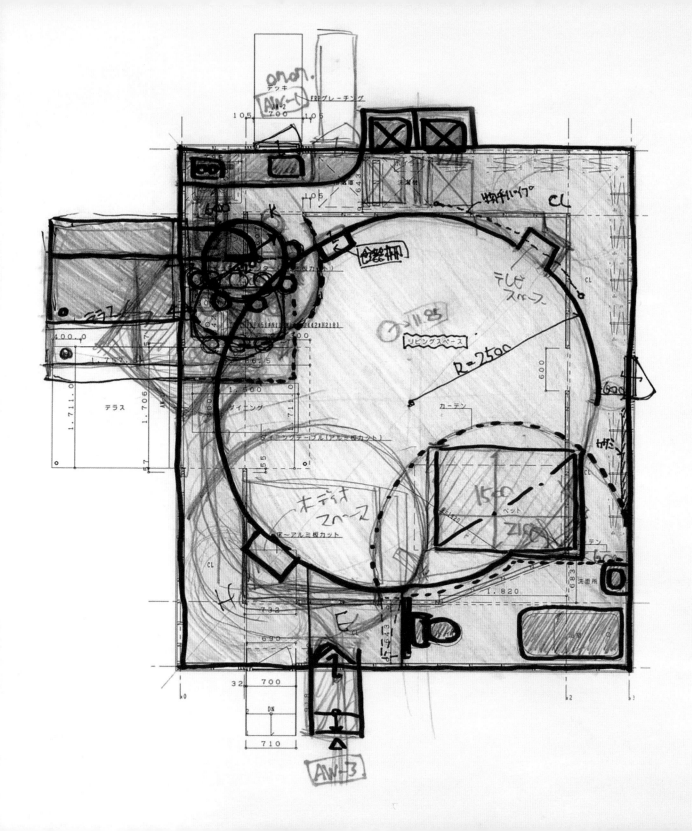

# JUN IGARASHI
**Jun Igarashi Architects · 일본**

주요 프로젝트: Ordos City [p.142]
Rectangular Forest [pp.143-145]

"어떤 때는 매우 흐릿한 이미지를 스케치하고, 또 어떤 때는 완성된 디자인을 순식간에 그리기도 한다."라고 건축가 Jun Igarashi는 말한다. "스케치는 매우 다양하고 복잡한 작업이다."

1970년생인 Igarashi는 건축계에서 젊은 편이긴 하지만 이미 그의 작업들은 의미 있는 상과 찬사를 적잖이 받아왔다. 일본 건축가협회와 Architectural Review가 주목할 만한 건축가로 꼽은 그는 나고야 공과대학의 강사로서 새로운 디자이너들에게 기술을 전수하고 있다.

Igarashi에게 스케치는 자신이 작업하는 모든 프로젝트에서 핵심을 이룬다. "스케치는 늘 디자인의 시작점"이라고 그는 말한다. "스케치를 바탕으로 도면을 그린 다음 또 스케치를 한다. 종종 도면 위에 그리기도 한다. 이런 식으로 설계와 재설계를 되풀이할 수 있다."

이 건축가는 자기 사무실과 비행기 안, 카페 등 장소를 불문하고 일할 수 있으며 자신의 손과 연필이 마음과 바로 이어져 있다고 본다. "스케치는 내 생각을 기록하는 완벽한 방법"이라고 그는 말한다. "무의식적인 생각을 그려내며 일견 분명하지 않은 아이디어와 영감을 활용할 수도 있다. 나는 스케치가 디자인에서 가장 중요한 요소 또는 과정이라고 생각한다."

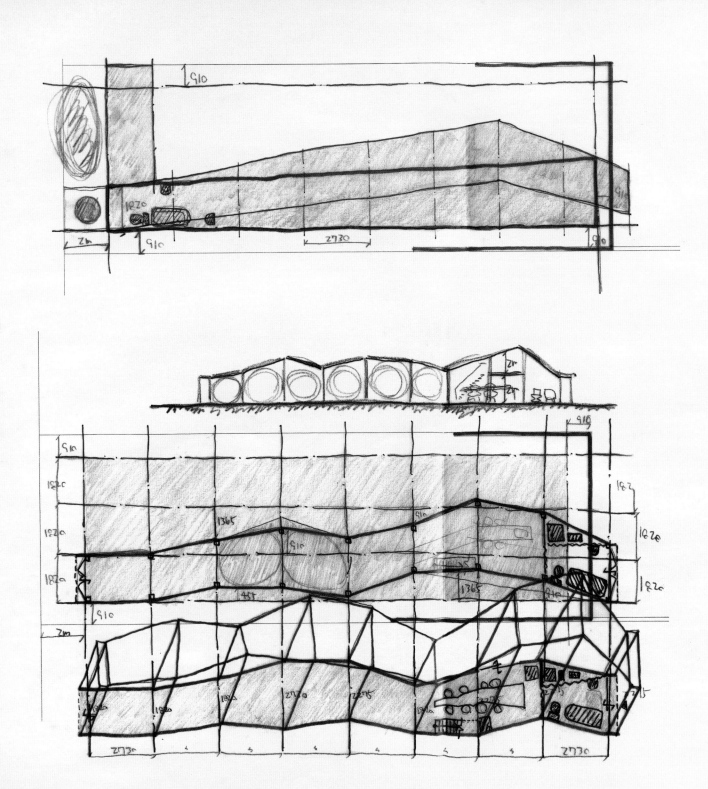
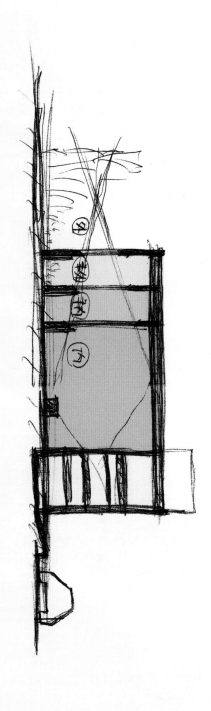

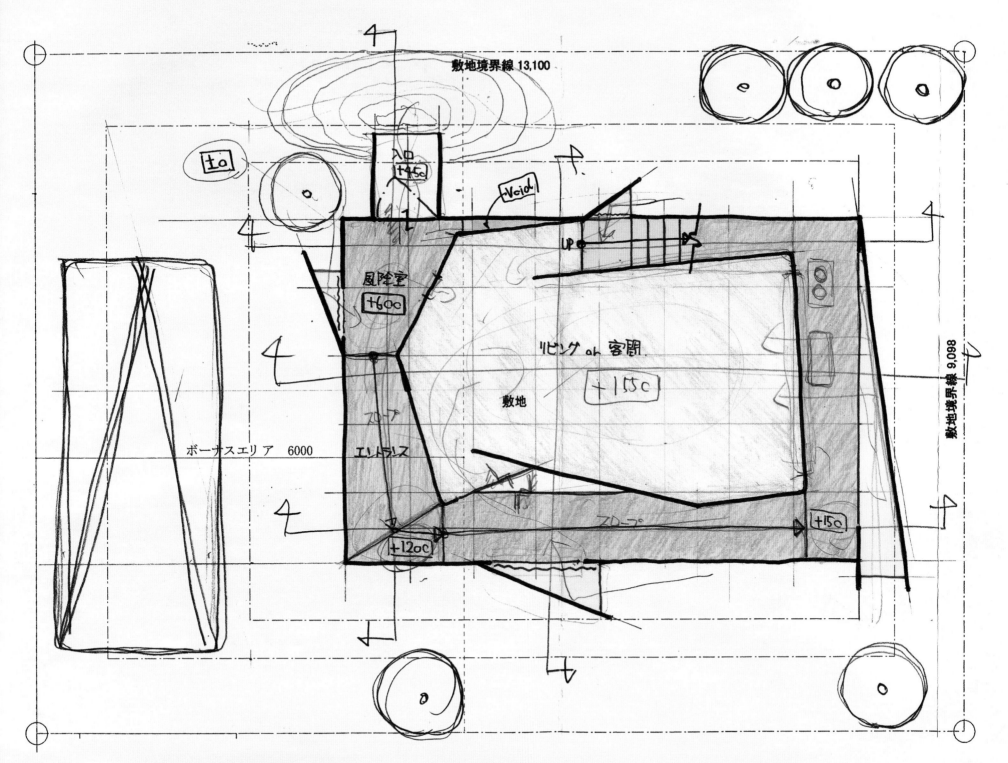

敷地境界線 13,100

入口
+45c

Void

風除室
+600

UP

リビング or 客間
+155c

敷地

ボーナスエリア　6000

エントランス

スロープ

スロープ

+150

+120c

敷地境界線 9,098

Cambridge Architectural Research의 Anderson Inge는 말한다. "내가 드로잉에 주로 사용하는 도구는 100% 흑연으로만 이뤄진 연필이다. 나무 조각을 더 많은 흑연으로 대체한 연필을 손에 쥐었다고 상상해보라. 나는 지금껏 이 도구에 의존해 성장했다. 그것을 수술용 메스처럼 쥐는 즉시 흑연의 두툼한 단면을 활용해 폭넓은 붓처럼 사용할 수 있고, 선 그리기와 음영 칠하기를 유롭게 오가며 작업할 수 있다."

건축환경에서 연구와 분석의 기여도를 높이고자 하는 Cambridge Architectural Research의 이사인 Inge는 건축가, 엔지니어, 조각가이다. Architectural Association에서도 강의한다.

"손으로 그린 드로잉의 힘은 불확실성을 수용할 수 있다는 것이고, 모호함과 모순에서 디자인이 진화한다는 것."이라고 그는 설명한다. "가끔은 내 마음속에 떠오르기 시작하는 뭔가를 그리지만, 드로잉을 하는 동안에 디자인은 구체화되고 있을 것이다. 내가 스케치를 하는 이유는 그것으로 추론을 할 수 있기 때문이다. 스케치를 통해 아직 존재하지 않는 물리적 가능성을 탐구할 수 있다. 손으로 빠르게 그리기는 건축가가 가질 수 있는 가장 중요한 기술이다."

그는 계속해서 말한다. "새로운 학생들을 이끌고 영국박물관에서 하는 첫 번째 드로잉 세션에 참여할 때, 나는 학생들에게 낯선 사람들이 어깨 너머로 바라보며 그 스케치를 적극적으로 비평할 것이라고 직설함으로써 그들의 불안을 미리 방지한다. 나는 학생들에게 이렇게 말한다. 노래할 때 음 이탈이 일어나도 자신 있게만 하면 관람객이 자신을 프로라 생각할 것이라고."

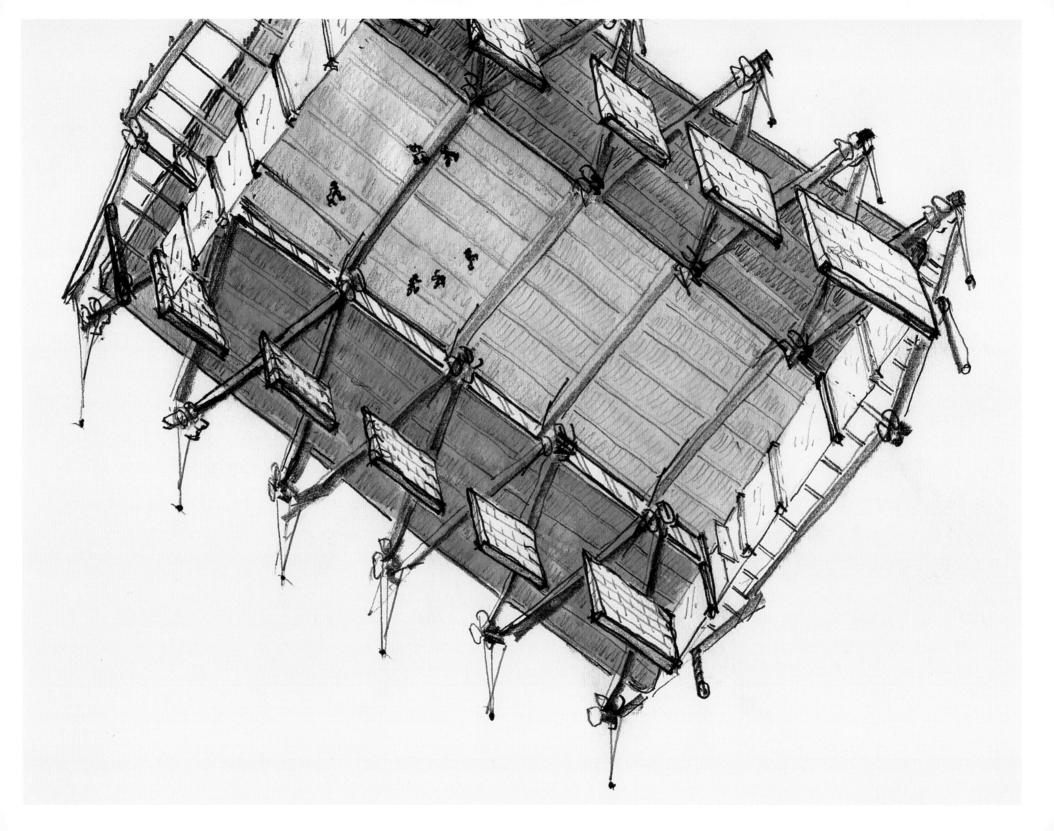

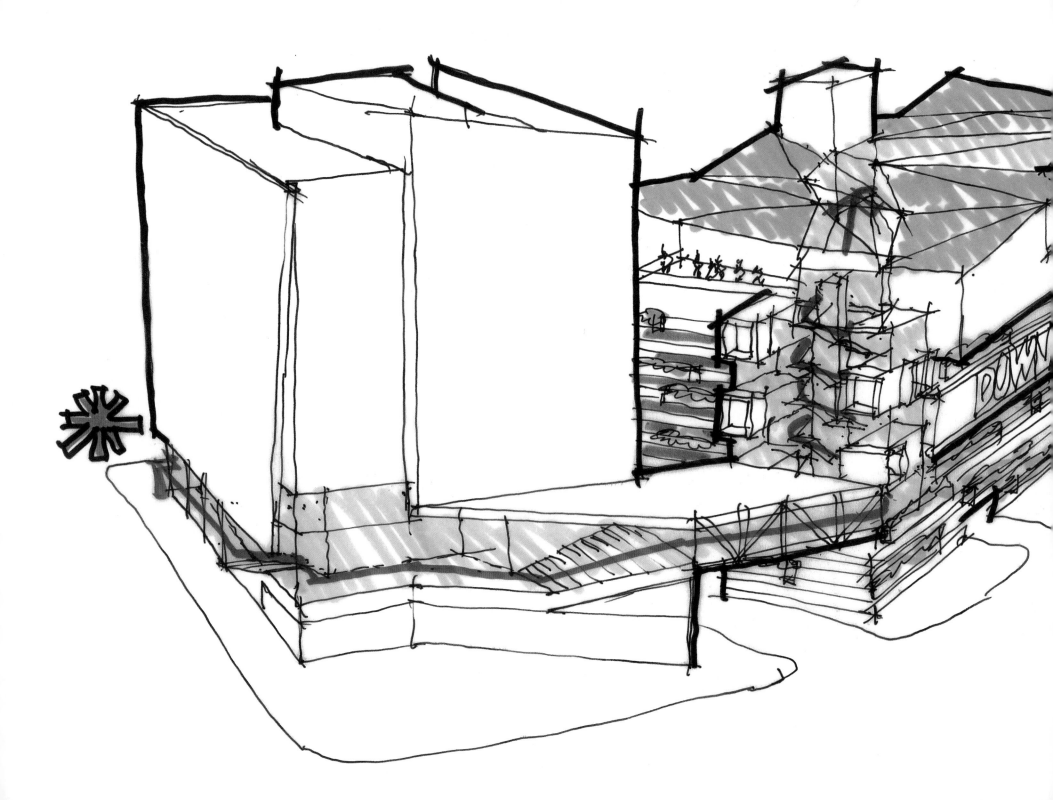

토론토에 자리한 건축사무소인 Quadrangle의 대표 Les Klein은 공동주택 건물부터 기업 사옥에 이르기까지 국내외 다양한 분야의 신축과 개보수 프로젝트로 수상해왔다.

"스케치는 거의 늘 내 생각보다 속도가 느리다."라고 그는 말한다. "하지만 스케치는 프로젝트의 기본 요인을 결정하고 설계 개념의 근원을 다지는 데 도움이 된다. 스케치 과정은 이해의 수준을 높여준다. 두뇌와 손이 연결되어 있다는 건 매우 명백한 사실이다."

공동대표 겸 인테리어 책임자인 Caroline Robbie도 동의를 표한다. "설계 과정과 드로잉 행위 전반에서 머릿속의 생각을 연결하는 것은 인간의 창조성을 이루는 기본이다. 팔레트─디지털 하드웨어의 인기로 입증된 건축 프로세스의 디지털화가 일어났어도, 그와 같은 사실은 변하지 않았다. 나는 수평적으로 이것저것을 순서 없이 생각하는 탐험적인 방식으로 스케치하는 편이다. 스케치한 아이디어들은 디자인 문제와 완전히 무관할 수도 있지만, 어떨 땐 스케치가 아주 순차적으로 과정을 설명하기도 한다."

Klein은 다른 접근 방법을 취한다. "아이디어는 스케치를 겹쳐가며 디테일 수준을 점점 높여가는 식으로 문제를 탐색하는 데서 생겨난다. 나에게 이 과정은 최대 규모에서 최소 규모를 향해 나아간다."

# JAMES VON KLEMPERER

**Kohn Pedersen Fox • 미국**

주요 프로젝트: One Vanderbilt [p.154]
One Nine Elms [pp.154-155]

"연필을 집을 때 뭘 그릴지 늘 알 수 있는 것은 아니기 때문에, 우리는 버릇처럼 어떤 패턴을 반복해서 그리곤 한다."라고 James von Klemperer는 말한다. "우리는 매번 실수처럼 새로운 것을 만들어 낸다. 예술가의 측면을 넘어서 발명가가 되게 하는 것은 스케치가 제공하는 매우 중요한 기능이다."

Von Klemperer는 Kohn Pedersen Fox의 사장 겸 디자인 본부장으로서 전 세계 6개 지사에 걸친 550명 직원 모두의 건물 설계 방식에 강력한 영향력을 발휘한다. "우리 KPF에서는 수작업과 컴퓨터로 드로잉 하는 수많은 사람이 팀을 이뤄 일하기 때문에, 수작업과 디지털 매체를 결합할 수 있어야 한다."라고 그는 말한다.

그는 "종종 내가 새로운 프로젝트를 위해 매우 기본적인 개념을 스케치하면 내 동료들이 그것을 특정한 모양이나 형태로 발전시킨다."라고 덧붙인다. "이 스케치는 신중하게 형상화된 컴퓨터 드로잉으로 돌아오기도 한다. 결국 나는 이상적인 솔루션에 도달할 때까지 재작업을 한다. 릴레이 경주와 좀 비슷하다. 다양한 표현 수단을 순서대로 활용해 전체를 표현하기 때문이다. 내가 가장 즐기는 드로잉 중 일부는 컴퓨터로 그린 도면 위에 트레이싱 페이퍼를 대고 그리는 것이다. 이렇게 하면 훌륭한 3D 골조를 장식할 수 있다."

끝으로 그는 이렇게 말한다. "어떤 종류의 연필을 쓰느냐에 따라 꽤 힘찬 스케치를 할 수 있다. 나는 두껍고 왁스 같은 연필인 중국산 마커를 사용한다. 내 생각에 이 마커는 큰 아이디어를 이끌어내면서도 건물의 기본적인 측면에 전념할 수 있게 해주는 것 같다. 지나치게 디테일에 집착하기보다 대담하게 생각하며 그리는 것이 중요하다."

TIFFG

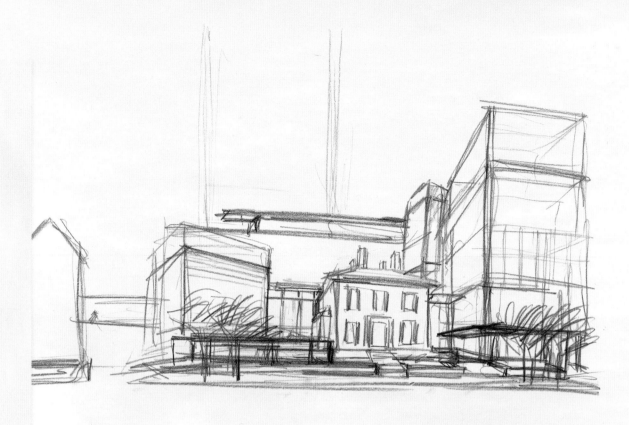

JARVIS ST.                    NATIONAL BALLET SCHOOL

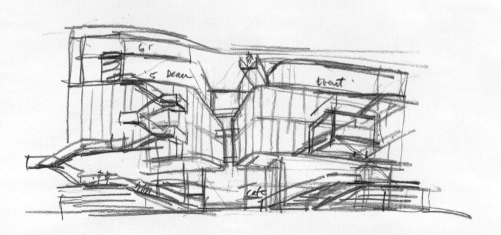

9.03.03   TIFFG · KING + JOHN · ST

## BRUCE KUWABARA
**KPMB Architects · 캐나다**

주요 프로젝트: TIFF Bell Lightbox [pp.156, 왼쪽; 157]
National Ballet School of Canada [p.156, 위쪽]
Kellogg School of Management [p.156, 아래쪽]

"체스나 재즈 작곡의 기본 구조에서 첫머리를 여는 움직임처럼, 내 스케치는 프로젝트를 진척시키고 일련의 아이디어에 기틀을 제공하는 생성적 아이디어와 형태적 방향을 제공한다."라고 Bruce Kuwabara는 말한다. 그는 토론토에 자리한 KPMB Architects의 창립 파트너다.

"나의 드로잉은 때때로 크고 복잡한 프로젝트를 더 크게 발전시키는 길을 열어 놓는다. 디자인을 발전시키는 과정은 스케치, 디지털 모델링 및 수정, 그리고 우리의 작업 속에 담긴 아이디어와 부수적인 공간적 함의 및 잠재성을 개발하는 작업 사이를 오간다."

다른 두 파트너인 Marianne McKenna, Shirley Blumberg와 함께 Kuwabara는 직원이 100명인 회사를 이끌고 있으며, 이 회사는 지금까지 250개 이상의 상을 받았다. 이 창립 파트너들은 각각 캐나다 문화와 사회에 기여한 바를 인정받은 캐나다 훈장 수령자이다.

"스케치가 아이디어를 만들어낸다."라고 Kuwabara는 결론짓는다. "내 스케치의 아이디어는 완벽한 형태를 갖추는 경우가 거의 없지만, 건물과 풍경을 만들고 짓기 위한 보다 큰 디자인 통합 및 표현을 지향하는 반복적인 과정의 일부다. 내 스케치는 종종 반응적이고 매우 충동적이다. 어떤 스케치는 다른 드로잉 위에 겹쳐 그리는 식으로 디자인 방향의 변경사항을 편집하고 기록한다. 이런 스케치는 설계팀을 위한 것이다. 고객과 컨설턴트에게는 오로지 소수의 선별된 스케치만 보여준다."

# CHRISTOPHER LEE

**Serie Architects** • 영국

주요 프로젝트: Satsang Hall Complex [pp.158-159]
Jameel Arts Centre [pp.160-161]
Nodeul Dream Island Competition [pp.162-163]
RCA Battersea Campus Competition [pp.164-165]

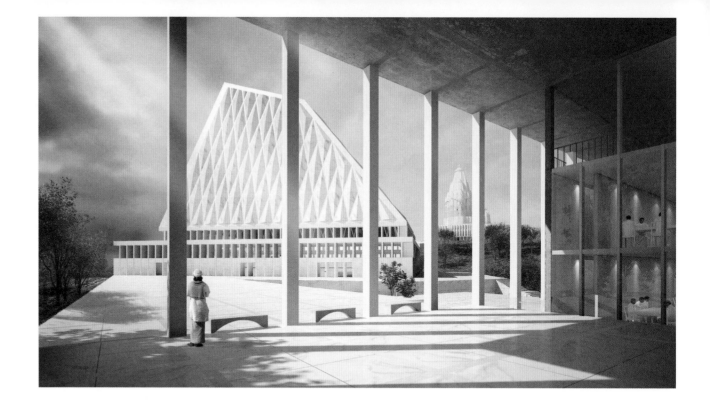

Serie Architects의 Christopher Lee는 말한다. "나는 프로젝트 초기 단계에서 고객과 스케치를 공유하고 때로는 토론 중에 고객 앞에서 스케치한다. 그들은 프로젝트의 개념에 관여하기 때문에 이 과정을 진정으로 즐긴다. 스케치는 무엇이 가능하고 불가능한지를 빠르게 보여주는 좋은 방법이다."

런던의 Lee와 뭄바이의 Kapil Gupta가 2008년에 설립한 이 건축사무소는 현재 싱가포르와 베이징에도 지사를 두고 있으며, Singapore State Courts Complex와 두바이의 Jameel Arts Centre를 비롯한 국제 디자인 공모전에서 수상하며 두각을 드러냈다.

Lee는 반복적인 방식으로 스케치하면서 규모와 요소에 대한 문제를 해결하는데, 몇 페이지 안에 평면도, 단면도, 입면도, 투시도를 모두 넣어 스케치하는 것이 일반적인 과정이라고 말한다. 그런 다음 라이노 소프트웨어를 사용하여 디지털 형식으로 디자인을 모델링하지만, 모형을 제작하는 방식도 좋아한다.

"스케치는 일정 부분 느슨하고 애매한 측면이 있어서, 반복할수록 아이디어를 발전시킬 수 있다."라고 그는 설명한다. "나는 연필을 선호한다. 선 두께와 진하기, 규준선, 음영을 다양하게 표현할 수 있기 때문이다. 나는 내 아이디어를 명확하게 전달하기 위해 스케치한다. 연필은 상상력과 지면상의 표현을 매개하는 유일한 중개자이므로 매우 중요하다. 이것은 스크립팅 된 디지털 명령에 국한되지 않는 자유로운 과정이다."

SATSANG HALL.

OTHER BUILDINGS.

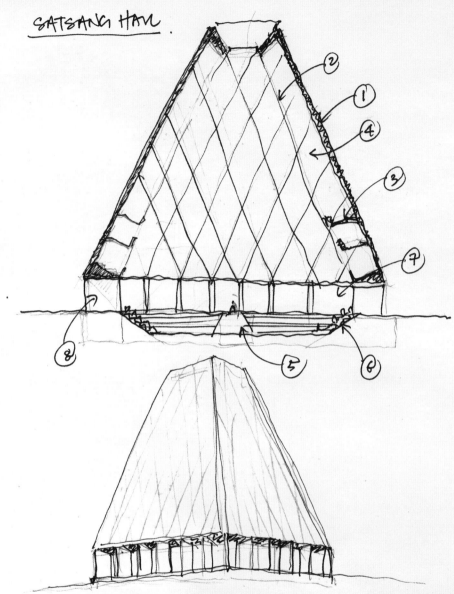

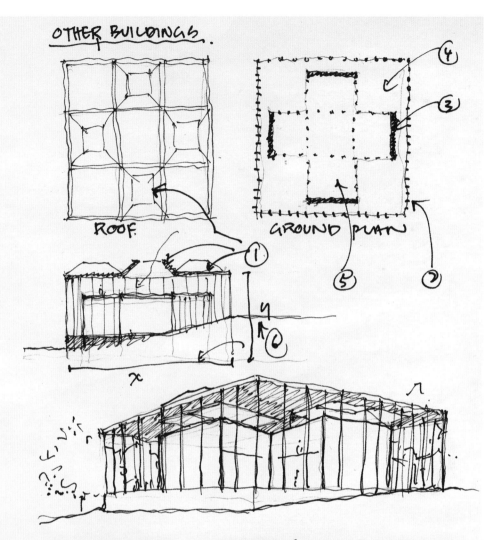

ROOF.

GROUND PLAN.

1. MARBLE CLADDING
2. CONCRETE FRAME EXPOSED
3. BALCONY SEATING
4. ~~OPEN FACADE OR GLAZED~~
4. MARBLE INFILL
5. GURU'S PEDESTAL
6. TIERED SEATING
7. GLAZING OR OPEN

8. THIN FINS/
COLUMN

1. PYRAMIDAL ROOF (SLOPE ROOF
2. THIN/SLENDER          PROFILE FOR
   COLUMNS               CONSERVATIVES)
3. SOLID WALLS
4. SHELTERED COURT
5. INNER/PROGRAM SPACES
6. X/Y : CAN HAVE DIFF. PROPORTIONS
   FOR DIFF. BUILDINGS.

ASHRAM 2/2   9.8.12

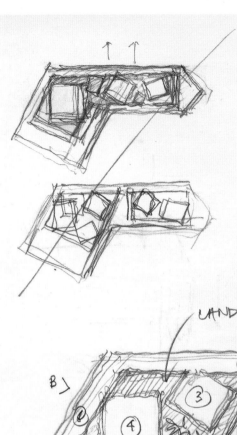

To: SIMON + JOHANNES
Fr: CHRIS
JAMEEL A.C.
9 NOV 2013

LANDSCAPE

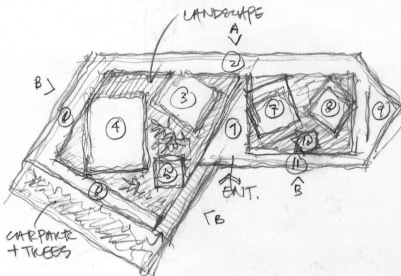

CARPARK + TREES

ENT.

① : ENTRANCE LOBBY
② : PUBLIC GALLERY
③ : JAMEEL GALLERY + ④ + ⑤
⑥ : TEMPORARY / FLEXIBLE GALLERY
⑦ : ARTIST STUDIO
⑧ : ENTREPRENEUR SPACE

⑨ : RESTAURANT / CAFE + ~~SHOP~~
⑩ : ADMIN
⑪ : SHOP
③ CAN CHANGE w̄ ⑦

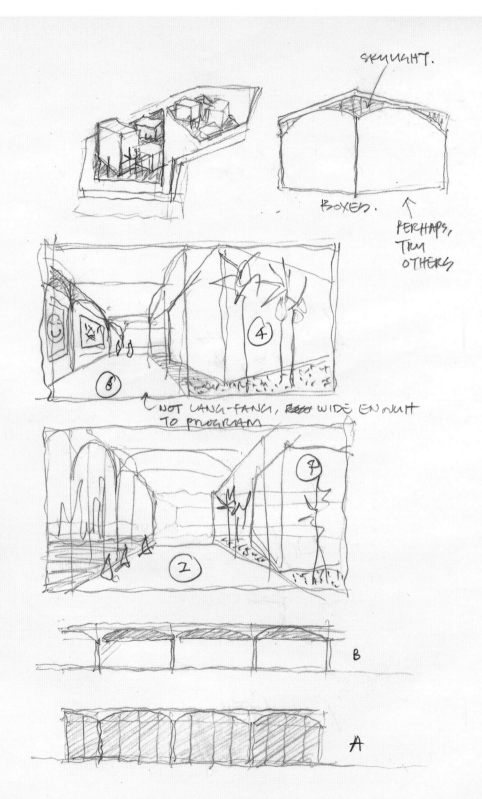

SKYLIGHT.

BOXES.

PERHAPS, TRY OTHERS

NOT LANG-FANG, ~~ROOM~~ WIDE ENOUGH TO PROGRAM

B

A

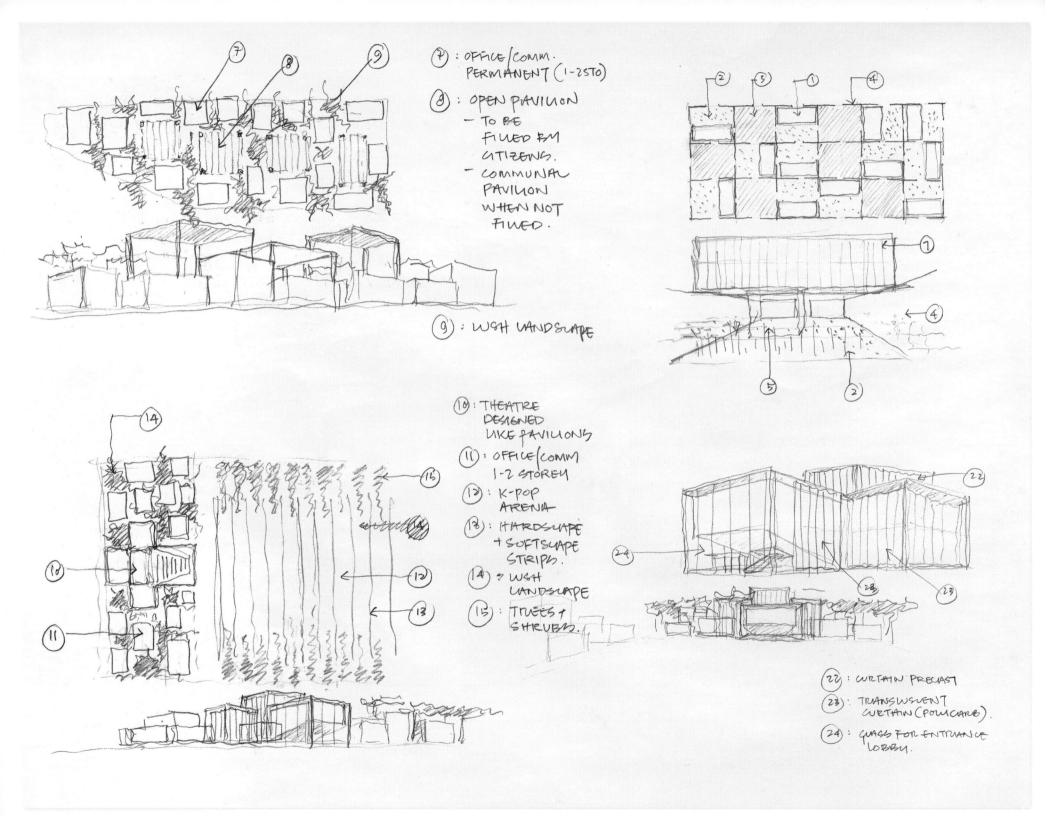

⑦: OFFICE/COMM.
PERMANENT (1-2STO)

⑧: OPEN PAVILION
  - TO BE
    FILLED BY
    CITIZENS.
  - COMMUNAL
    PAVILION
    WHEN NOT
    FILLED.

⑨: LUSH LANDSCAPE

⑩: THEATRE
DESIGNED
LIKE PAVILIONS

⑪: OFFICE/COMM
1-2 STOREY

⑫: K-POP
ARENA

⑬: HARDSCAPE
+ SOFTSCAPE
STRIPS.

⑭: LUSH
LANDSCAPE

⑮: TREES +
SHRUBS.

㉒: CURTAIN PRECAST

㉓: TRANSLUSCENT
CURTAIN (POLICARB).

㉔: GLASS FOR ENTRANCE
LOBBY.

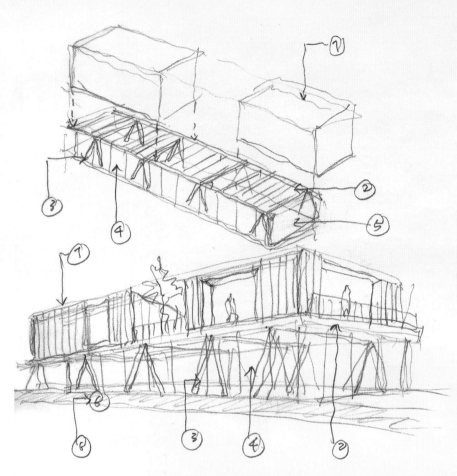

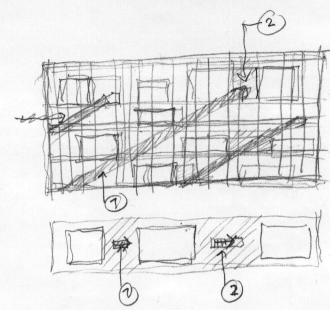

① : STAIRCASE PUNCTURES THROUGH PLATFORMS.

② : CLEAR ZONES FOR ACCESS TO STAIRCASE.

① : FLEXIBLE UNITS OF OFFICES

② : TABLE TIMBER STRUCTURE

③ : 'TABLE LEGS'

④ : GLASS ON GROUND FLOOR

⑤ : COMMERCIAL ON GROUND FLR

⑥ : STRIP LANDSCAPE

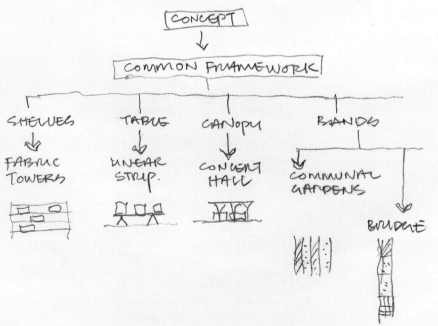

CONCEPT
↓
COMMON FRAMEWORK

| SHELVES | TABLE | CANOPY | BANDS |
|---|---|---|---|
| ↓ | ↓ | ↓ | ↓ |
| FABRIC TOWERS | LINEAR STRIP. | CONCERT HALL | COMMUNAL GARDENS |

BRIDGE

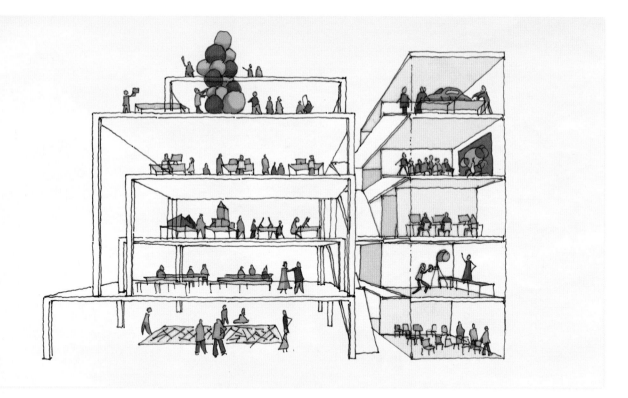

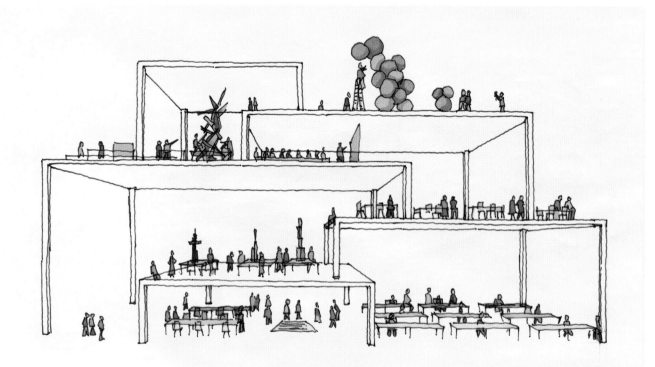

# UFFE LETH

**Leth & Gori • 덴마크**

주요 프로젝트: Oluf Bagers Plads [p.166, 위쪽]
Chrstiansfeld [p.166, 아래쪽] Livsrum Herlev [p.167, 위쪽 왼편]
Pulsen Community Centre [p.167, 위쪽 오른편] • Music Museum
[p.167, 아래쪽 왼편] • Dalsland House [p.167, 아래쪽 오른편]
Holtegaard Pavilion [p.168] • Langvang Multifunctional
Sports Building [p.169]

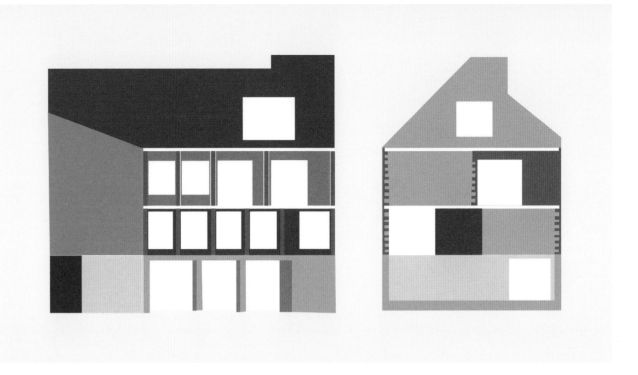

"스케치는 우리의 작업을 다양한 방식으로 개선하는데, 무엇보다도 우리가 만드는 건축 공간이 사용자의 인체와 대화를 나누듯 소통하게 한다."라고 덴마크 회사 Leth & Gori의 Uffe Leth는 말한다. 덴마크 Royal Danish Academy of Fine Arts, School of Architecture에서 가르치는 Leth와 그의 파트너 Karsten Gori는 컴퓨터에서 프로젝트를 가져와 손으로 직접 스케치해보는 것이 중요하다고 강조한다. 그는 이렇게 덧붙인다. "스케치로 작업하고, 그것을 바라보고, 자기 몸으로 측정해보라. 손으로 작업하면서 머리로 생각하는 것을 잠시 멈출 때 뭔가가 일어난다."

이 젊은 팀은 5세대 넘게 지속될 수 있는 벽돌 주택을 설계했다. 지능적이면서 복잡하지 않은 디자인으로 유명한 이 두 건축가는 인간의 조건에 맞는 건축을 설계하기 때문에, 손을 사용하는 설계 방법과 잘 어울린다.

Leth는 이어서 말한다. "우리는 설계 과정의 모든 아이디어가 건축을 위한 것이라고 보기 때문에, 건물이 제대로 작동하도록 설계와 맥락 및 재료를 우리 몸으로 확실히 이해할 필요가 있다. 스케치나 다른 비디지털 수단을 쓰지 않고 작업할 수도 있지만, 그러면 결과와 과정이 덜 흥미로울 것이다. 손으로 스케치하는 능력이나 용기는 고객과 대화할 때 큰 이점이 된다. 우리는 종종 회의할 때 스케치를 하는데, 아이디어를 시각화하는 이 능력은 매우 중요한 수단이다. 우리는 Carlo Scarpa가 보여준 것처럼 양손으로 동시에 다른 스케치를 그리는 기술은 아직 키우지 못했지만, 노력하고 있다!"

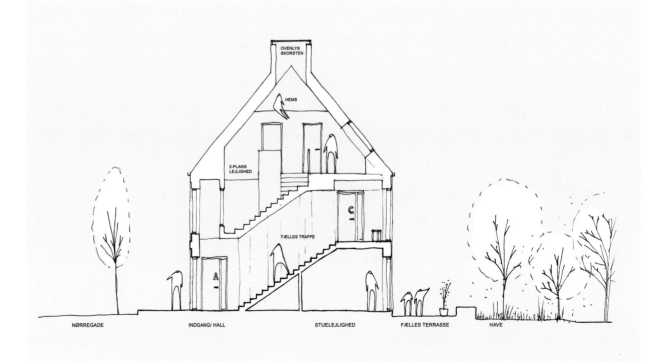

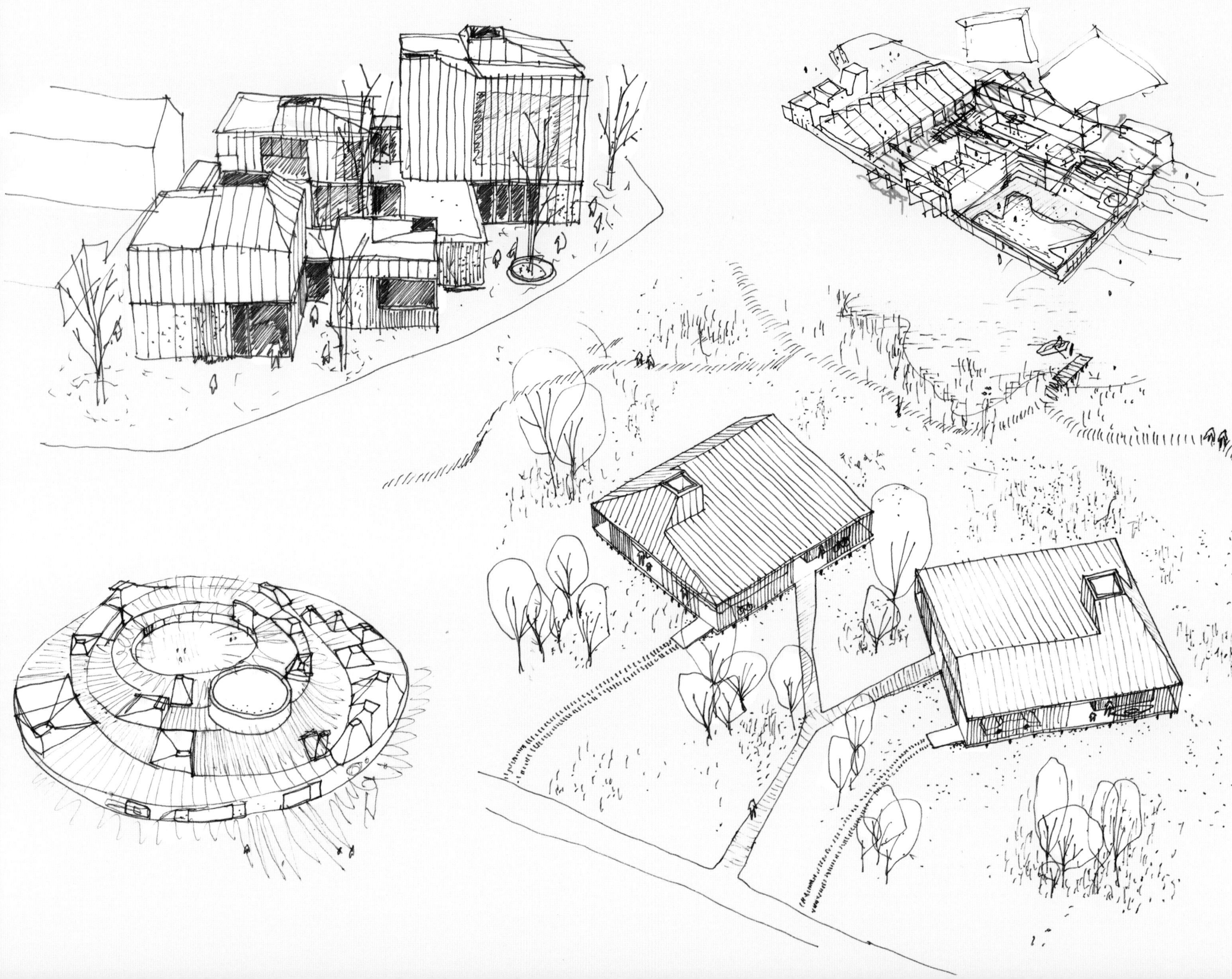

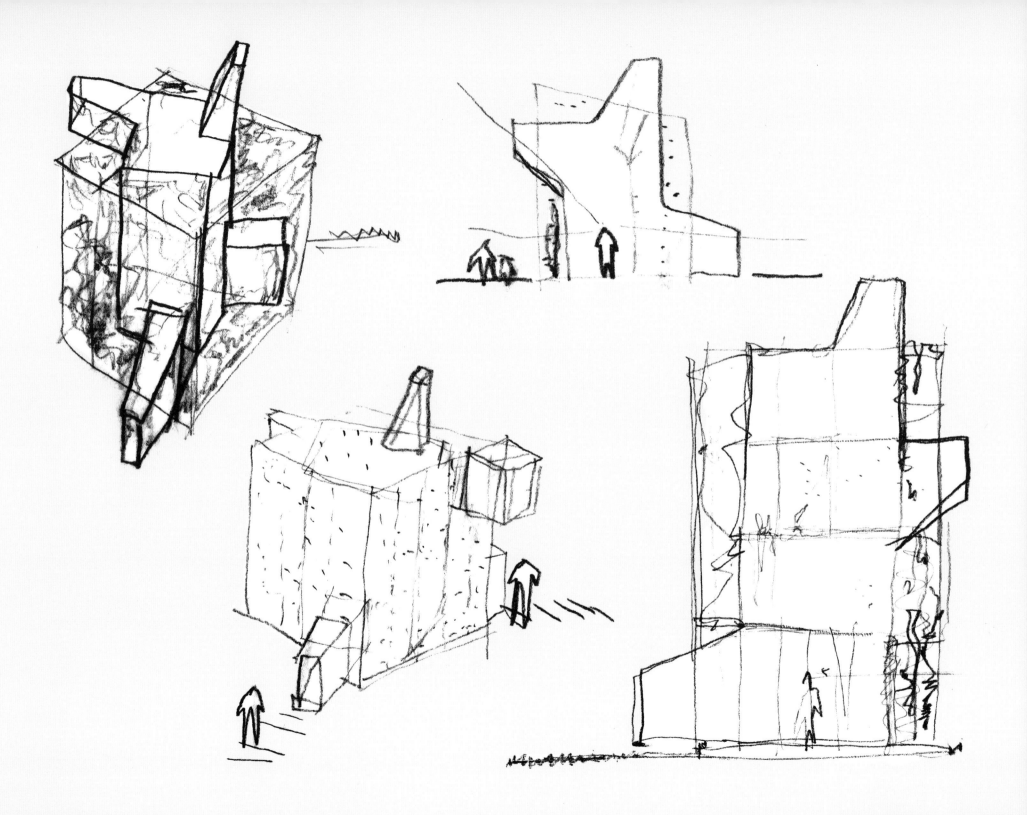

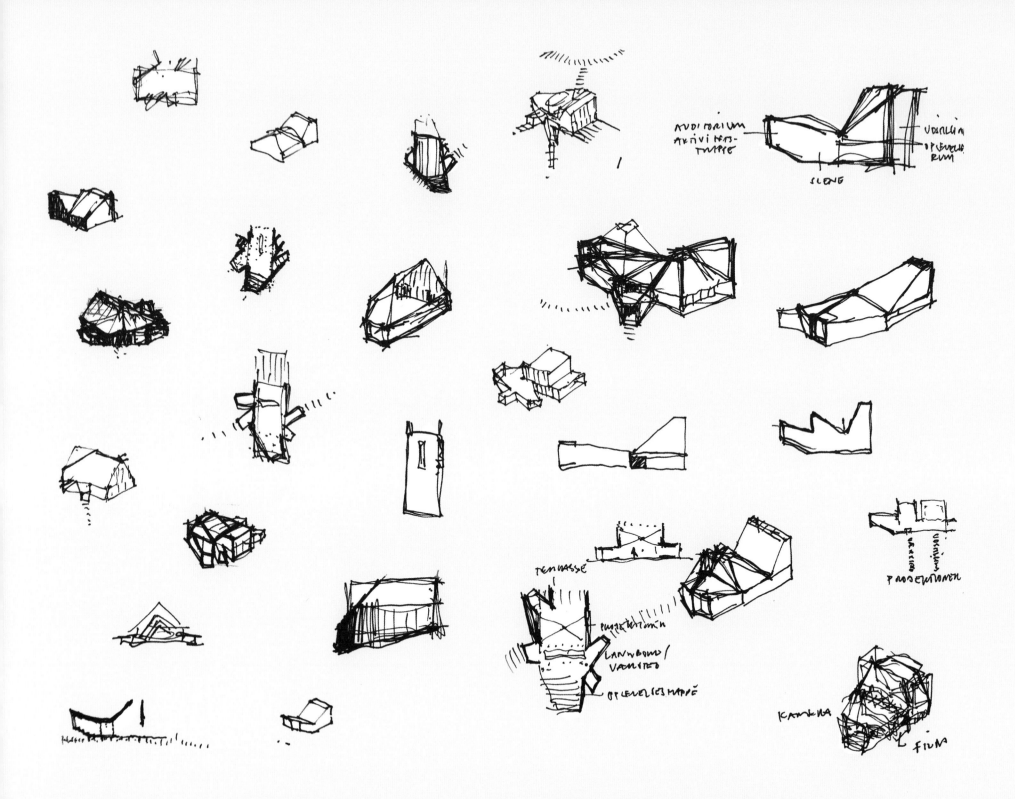

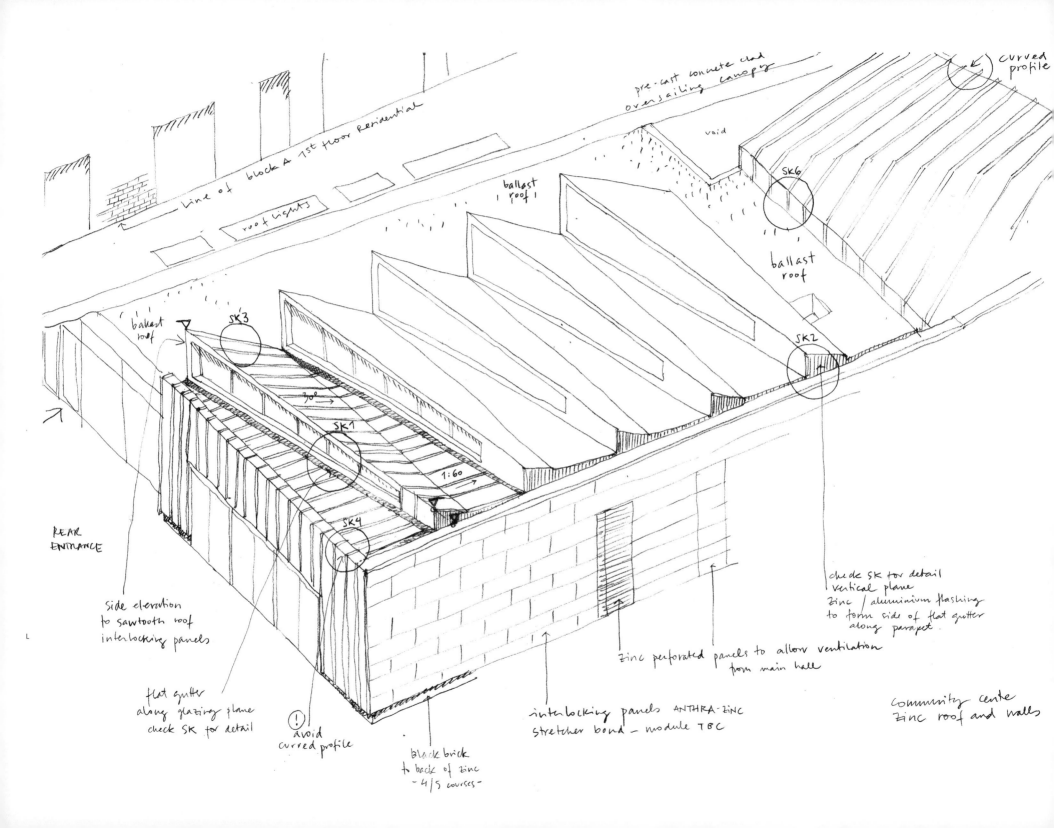

curved profile

pre-cast concrete clad
oversailing canopy

void

SK6

Line of block A 1st floor residential

roof lights

ballast roof

ballast roof

ballast roof

SK3

SK2

SK1

30°

1:60

SK4

REAR
ENTRANCE

Side elevation
to sawtooth roof
interlocking panels

flat gutter
along glazing plane
check SK for detail

(!) avoid
curved profile

Black brick
to back of zinc
- 4/5 courses -

interlocking panels ANTHRA-ZINC
stretcher bond - module TBC

Zinc perforated panels to allow ventilation
from main hall

check SK for detail
vertical plane
Zinc / aluminium flashing
to form side of flat gutter
along parapet.

Community centre
Zinc roof and walls

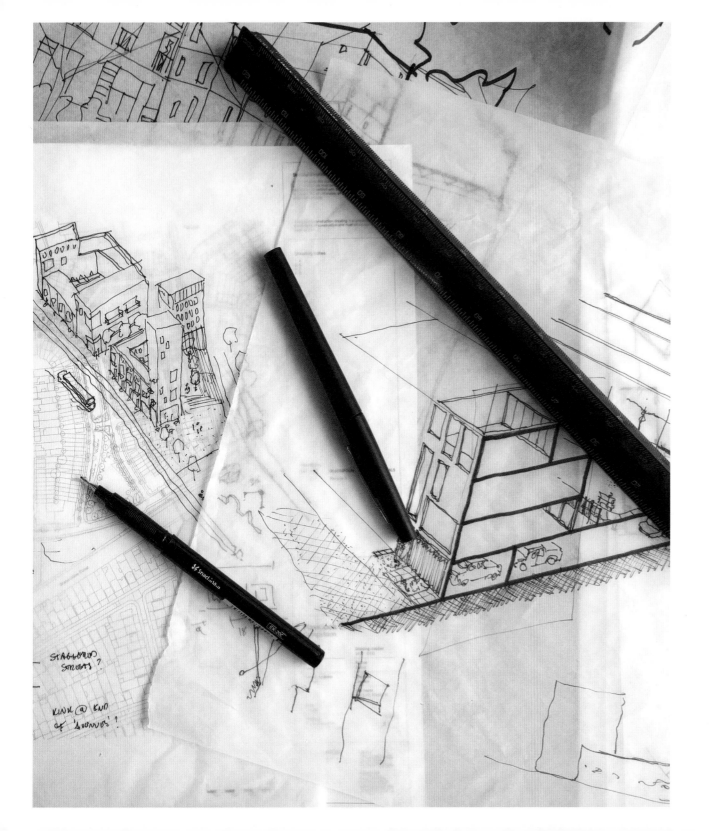

## LEVITT BERNSTEIN
영국

주요 프로젝트: Community centre [p.170]
Residential sketches [pp.171, 173] • Mews roof sketch [p.172]
Colston Hall [pp.174-175]

"스캔해서 문서화한다."라고 프로젝트 건축가 Clara Bailo가 말한다. 이어서 "내 책상 위의 큰 파일에 추가한다."라고 동료 Chris Grey는 말한다. "그런 스케치 중 일부 실제 건물로 지어진 것들을 내가 보관한다."라고 부사장 Mark Lewis가 말한다. 그러자 프로젝트 건축가 Dominic Cava–Simmons가 덧붙인다. "일반적으로 재활용될 때까지는 서류 더미로 쌓여 있다."

영국 건축사무소 Levitt Bernstein의 건축가들이 각자의 스케치로 뭘 하느냐는 질문에 이렇게 다양하게 답변을 하는 것은 아마도 개인별 사고방식을 암시하는 것이겠지만, 가장 우선적인 것은 손으로 그린 스케치와 드로잉이 중요한 역할을 하는 디자인 문화의 소유자이기 때문이다. "스케치는 모든 종류의 아이디어를 머릿속 상상에서 지면상으로 제약 없이 바로 전달하는 방법"이라고 루이스는 설명한다.

임원 Vinita Dhume은 다음과 같이 덧붙인다. "종이 위에 생각을 적을 때 디자인이 시작된다. 설계가 보다 완벽한 형태를 취하고 기술적으로 설명될 필요가 있을 때는 컴퓨터 도면이 유용하지만, 설계 초기 단계에는 생각을 그리거나 스케치하는 과정이 필수적이며 이런 과정이 아이디어를 매우 신속하게 전달하는 데 도움을 줄 수 있다."

Bailo는 현장에서 스케치가 활용될 때 설계팀이 즐거워한다고 말한다. "왜냐면 그것이 특정 질문에 관한 정보를 더욱 빠르고 즉각적으로 전달하는 방식이기 때문이다." Lewis는 건축가가 스케치하거나 드로잉하는 것을 고객이 보고 싶어 한다는 데 동의하며 이렇게 덧붙인다. "고객은 일반적으로 손으로 직접 그리는 접근법을 선호한다. 우리가 완공한 한 건물의 미래 단계를 스케치하던 나를 보며 고객은 그것이 훌륭하다고 생각했다. 일부 고객은 사무실을 방문했는데 제도판이 보이지 않을 때 매우 실망한다."

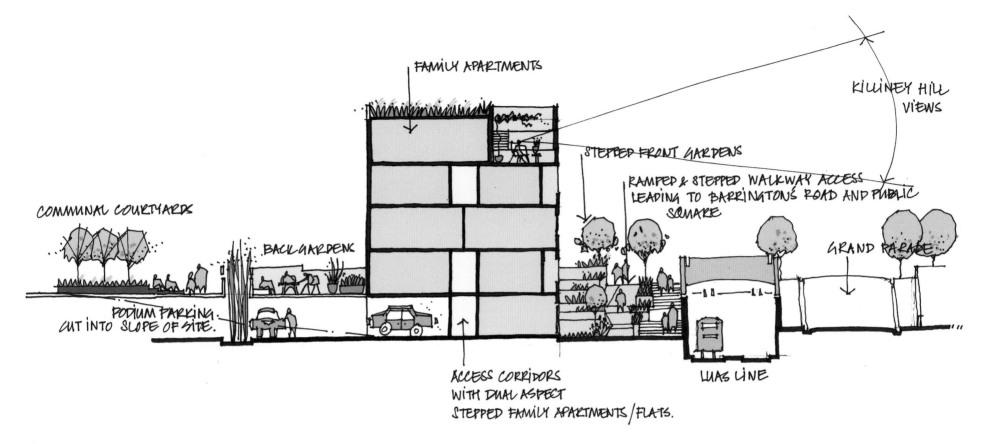

FAMILY APARTMENTS

KILLINEY HILL VIEWS

COMMUNAL COURTYARDS

STEPPED FRONT GARDENS

RAMPED & STEPPED WALKWAY ACCESS LEADING TO BARRINGTON'S ROAD AND PUBLIC SQUARE

BACK GARDENS

GRAND PARADE

PODIUM PARKING CUT INTO SLOPE OF SIDE.

ACCESS CORRIDORS WITH DUAL ASPECT STEPPED FAMILY APARTMENTS/FLATS.

LUAS LINE

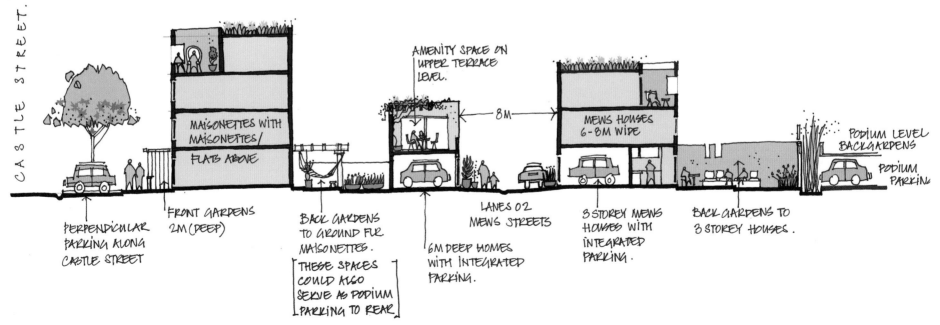

CASTLE STREET.

AMENITY SPACE ON UPPER TERRACE LEVEL.

8M

MAISONETTES WITH MAISONETTES/ FLATS ABOVE

MEWS HOUSES 6-8M WIDE

PODIUM LEVEL BACKGARDENS

PODIUM PARKING

PERPENDICULAR PARKING ALONG CASTLE STREET

FRONT GARDENS 2M (DEEP)

BACK GARDENS TO GROUND FLR. MAISONETTES.

[THESE SPACES COULD ALSO SERVE AS PODIUM PARKING TO REAR]

6M DEEP HOMES WITH INTEGRATED PARKING.

LANES O2 MEWS STREETS

3 STOREY MEWS HOUSES WITH INTEGRATED PARKING.

BACK GARDENS TO 3 STOREY HOUSES.

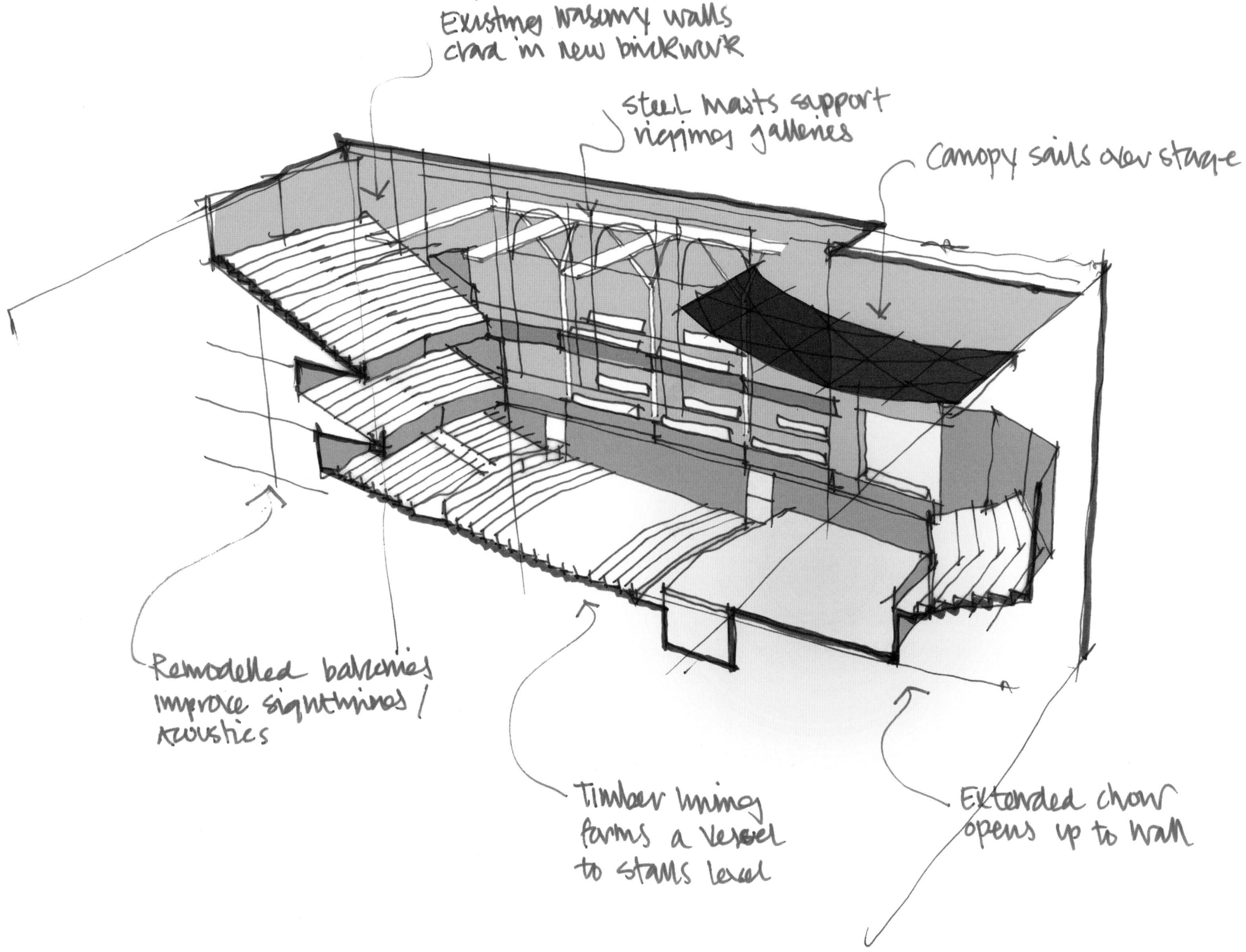

Existing masonry walls
clad in new brickwork

Steel masts support
viewing galleries

Canopy sails over stage

Remodelled balconies
improve sightlines /
acoustics

Timber lining
forms a vessel
to stalls level

Extended choir
opens up to hall

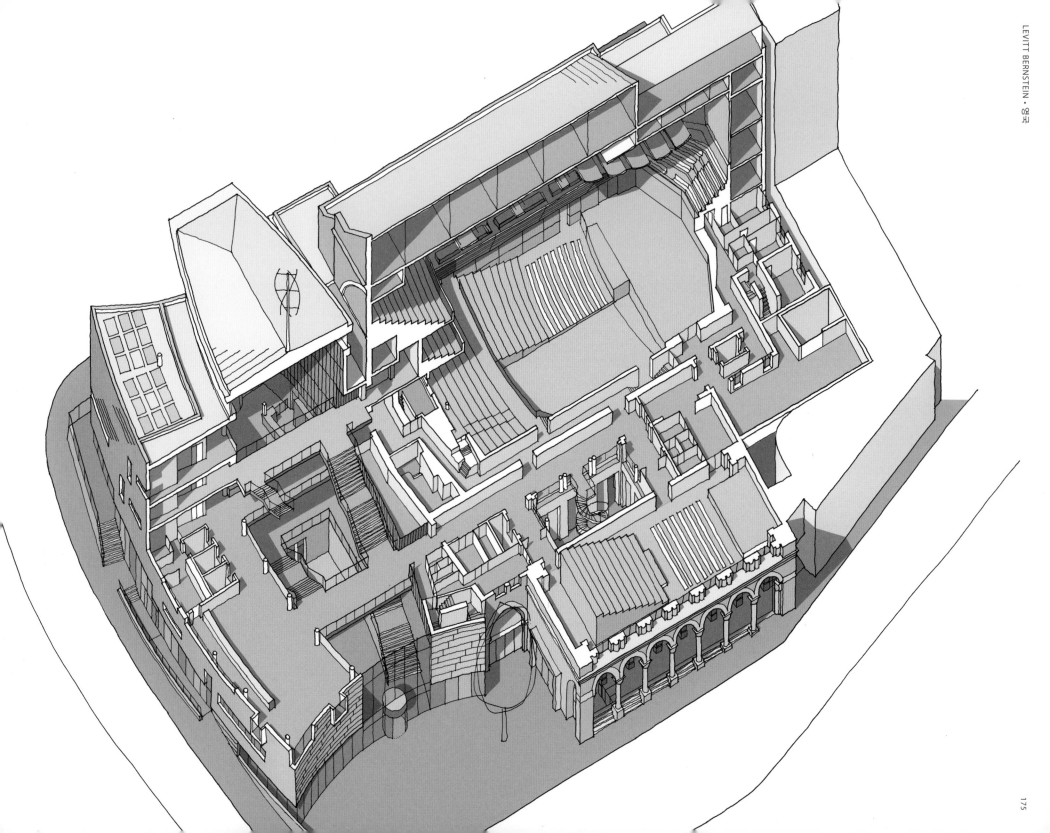

# DANIEL LIBESKIND
**Studio Libeskind · 미국**
주요 프로젝트: World Trade Center, New York [pp.176-179]
Denver Art Museum [pp.180-181] · Jewish Museum Berlin [pp.182-183]

"고객은 건축가의 스케치를 보고 싶어 한다."라고 Daniel Libeskind는 말한다. "고객은 가상현실에 속지 않을 만큼 충분히 똑똑하고, 항상 건축가가 종이와 연필로 무엇을 할 수 있는지 알고 싶어 한다. 내 견해로는 스케치가 건축의 핵심이다. 스케치에는 손과 눈과 마음이 모이고, 상상력과 정신이 깃든다. 새로운 기술을 활용해 스케치 된 아이디어를 통합하는 작업은 실제로 원활한 과정이다. 나에겐 협업자들에게 즉시 보여줄 수 있는 아이패드용 스케치 프로그램도 있다."

뉴욕과 취리히에 사무실을 둔 가장 유명한 건축가 중 한 명인 Libeskind는 디지털 세계에서 온 것처럼 보이는 독특한 디자인으로 유명하다. 이 건축가의 작품들이 독특한 디지털 도구의 산물처럼 보일 수 있지만, 그는 건축 설계의 최우선적 수단으로 스케치에 의존하고 있다.

"나는 늘 스케치를 해왔기 때문에 디지털 수단을 사용하는 것과는 반대로 스케치가 나의 디자인을 어떻게 개선, 또는 변경하거나 그것에 영향을 미치는지 제대로 알지 못할 수도 있다."라고 그는 말한다. "나는 스케치 없는 프로젝트를 착수할 생각조차도 하지 않을 것이다. 영감이 번쩍 떠오르면, 나는 드로잉을 한다. 야외에서도, 실내에서도, 비행기 안에서도, 식탁보 위에서도, 때로는 벽 위에서도 말이다. 영감이 떠오를 때면 손에 잡히는 무엇이든 잡고 그 위에 스케치한다."

Liveskind는 "때로는 스케치가 길을 잃기도 한다."라고 말한다. 스케치들은 아무 결과도 일으키지 못할 수 있지만, 스케치를 근거로 한 디자인들이 실제 건축이 되고 있다.

NEW YORK
MEMORY FOUNDAT

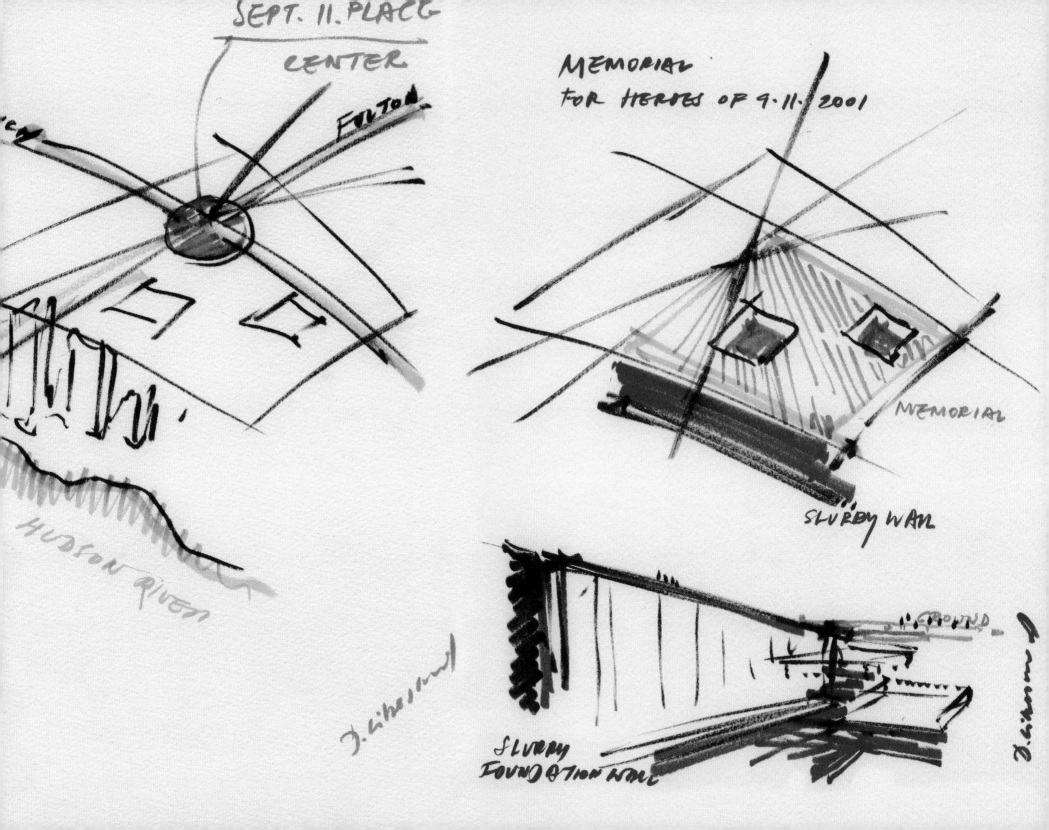

SEPT. 11. PLACE

CENTER

FULTON

MEMORIAL
FOR HEROES OF 9.11. 2001

MEMORIAL

SLURRY WALL

HUDSON RIVER

D. Libeskind

GROUND

SLURRY
FOUNDATION WALL

D. Libeskind

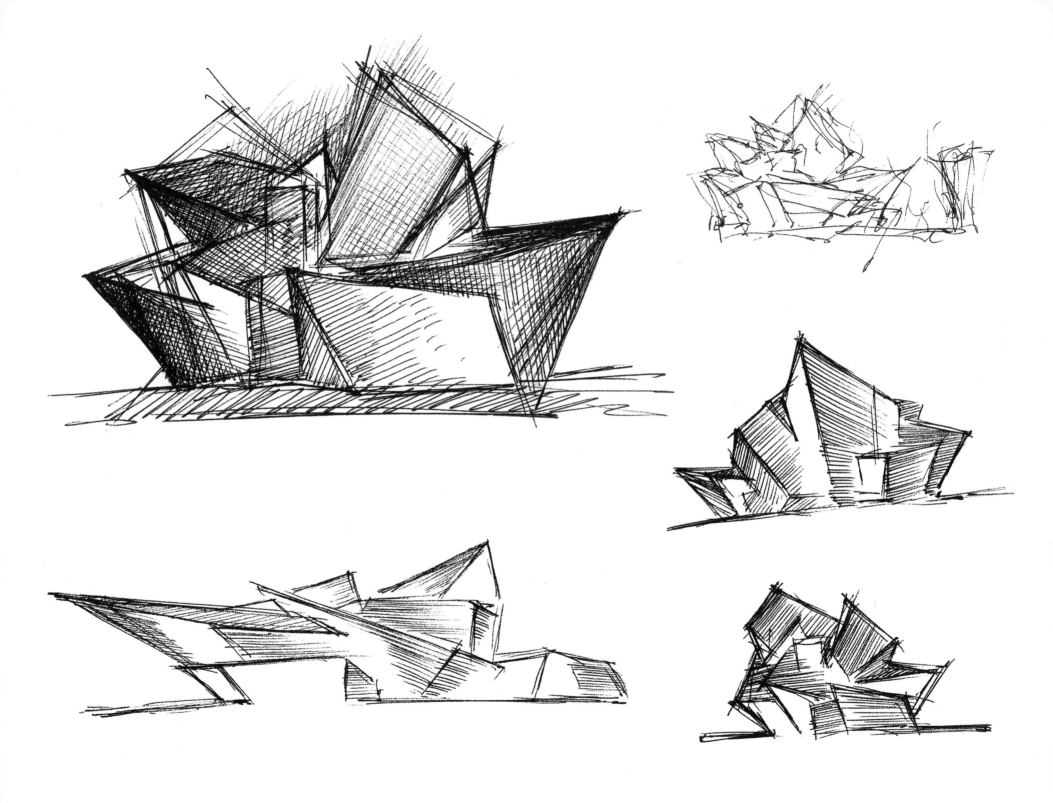

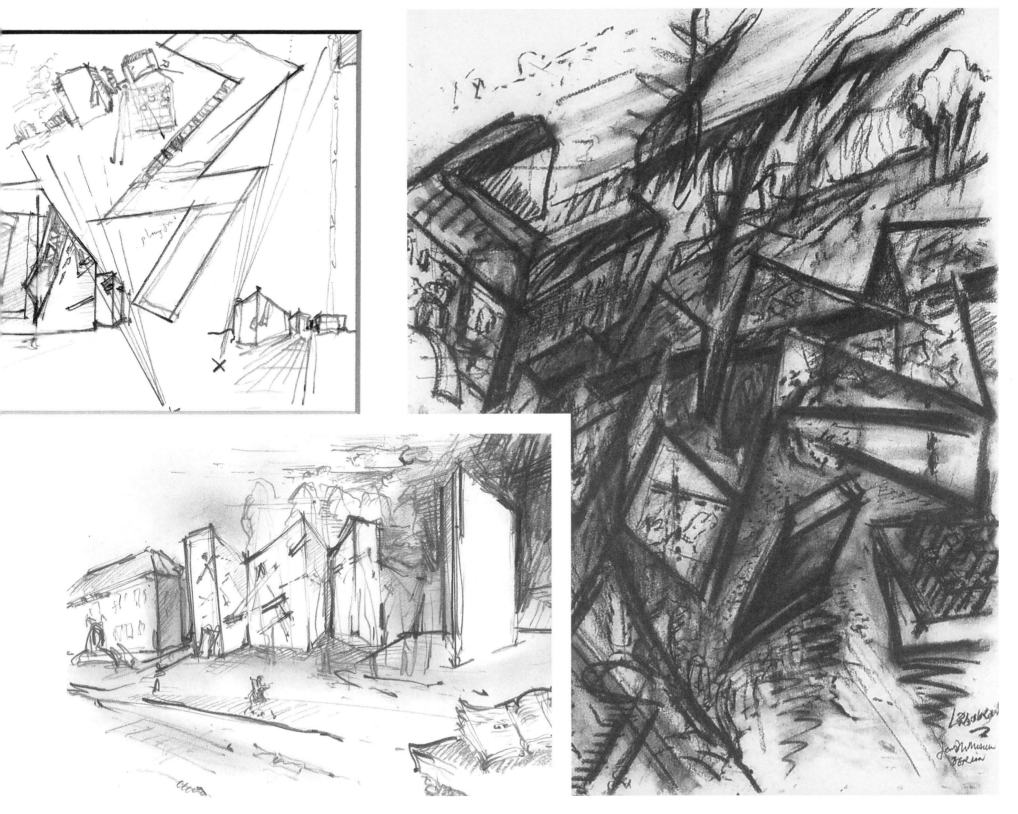

# STEPHANIE MACDONALD
# & TOM EMERSON

**6a architects · 영국**

주요 프로젝트: Courtyard villa [p.184, 위쪽]
House and studio in the park [p.184, 아래쪽]
Giardino Ibleo [p.185] · Zingaro Inventory [p.186]
Tonnara di Scopello [p.187]

Stephanie Macdonald와 Tom Emerson은 2001년에 6a architects를 공동 설립했고, 현재 40명이 넘는 직원을 두고 있다. 이 건축사무소는 Victoria & Albert Museum의 섬유 및 패션 갤러리 개조 작업 같은 전시 공간 설계와 사진작가 Juergen Teller와 같은 예술가를 위한 스튜디오 설계로 유명하다.

Macdonald는 말한다. "손으로 그리는 드로잉이 중요하다. 그것은 다양한 형태를 취할 수 있다. 때로는 관찰이 중요한데, 모든 사물과 사람을 포함해 공간을 그림으로써 그 속의 새로운 측면 또는 특성을 보게 된다. 그렇게 그 공간에 대해 생각하면서 아이디어가 떠오를 기회를 갖게 된다. 때로는 여러 대안을 신속하게 시험해보면서 공간의 느낌, 가능한 것과 불가능한 것을 따져볼 수 있는 정말 좋은 방식이다."

그녀는 계속해서 말한다. "건물이나 공간에 대한 아이디어를 드로잉 할 때, 스케치는 그것에 대한 나의 취향을 이해하는 데 도움이 된다. 컴퓨터로 프레젠테이션을 하기 전까지, 나는 꽤 빠르게 끄적거리면서 뭔가를 스케치해 만들어낸다."

Emerson은 다음과 같이 덧붙인다. "스케치는 아이디어에서 디자인, 또는 관찰에서 기록으로 이어지는 가장 빠르고 직접적인 경로다. 복잡한 디지털 디자인 생산을 돕는 윤활유와 같다. 어디서나 이런 윤활유가 조금은 필요하다."

RAGUSA. IBLA

ETSI.

MILANO

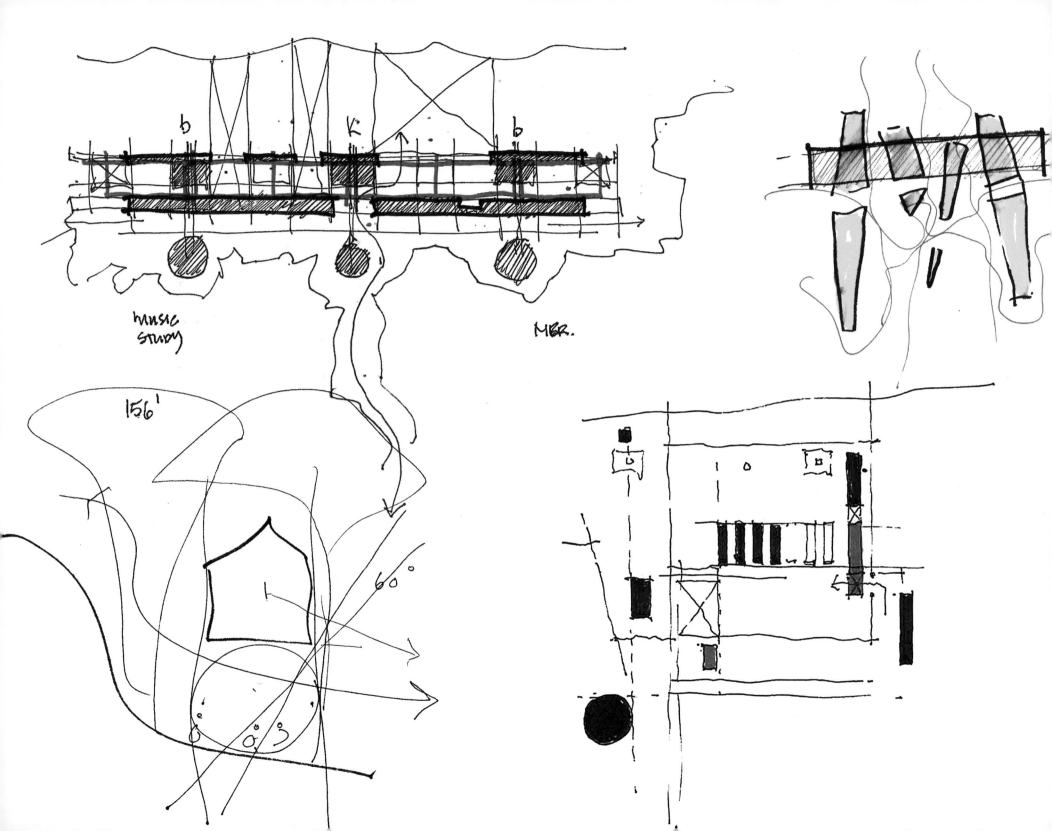

MUSIC
STUDY

MBR.

156'

60°

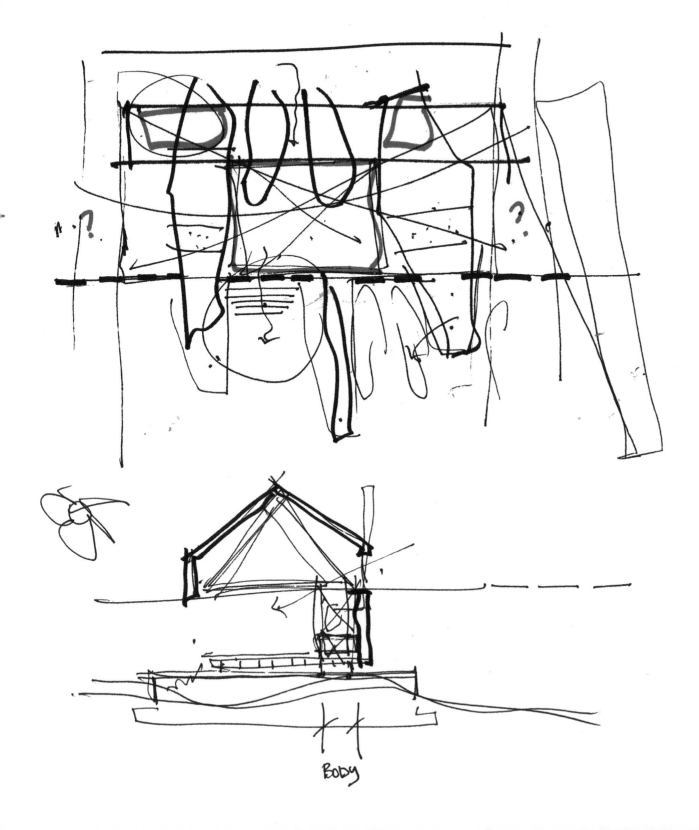

BODY

## BRIAN MACKAY-LYONS
MacKay-Lyons Sweetapple Architects • 캐나다

Brian MacKay-Lyons와 Talbot Sweetapple이 이끄는 MacKay-Lyons Sweet apple의 Nova Scotia firm은 직원 수는 비교적 적지만 지은 건물은 많은 회사다. 작품으로는 토론토 대학의 ARC+, 방글라데시의 다카에 있는 Canadian Chancery, 더하여 비평가들의 찬사를 받은 다수의 주택이 있다.

MacKay-Lyons는 스케치가 아주 중요하다고 믿는다. "손으로 스케치하면 잠정적이거나 결정적인 선들이 섞여서 모호성이나 의심을 자극할 수 있고, 덜 중요한 정보를 생략해 집중해야 할 부분을 분명히 할 수도 있다."라고 그는 설명한다. "이것은 설계 추론을 위한 쌍방향의 촉각적인 도구가 된다. 스케치를 활용하면 다른 매체가 할 수 없는 방식으로 자신의 의도를 탐색할 수 있다. 그것이 디지털 도구를 보완한다."

그는 계속해서 말한다. "우리는 스케치를 활용해 전체 프로젝트의 기초 설계를 탐색하여 명확하게 만든다. 때에 따라 평면도로, 단면도로, 3D로 만들곤 한다. 목표는 가장 효율적으로 선을 그리며 조경 규모에서 디테일 규모까지 프로젝트 전체를 묘사하는 것이다. 고객과 공동으로 스케치하면 고객과 지적인 여정을 함께 하게 되고, 고객의 존경 속에서 투자를 받게 된다. 고객과 컨설턴트, 직원, 시공자와 실시간으로 얼굴을 마주하며 손끝으로 공간을 느끼게 되는 것이다."

MacKay-Lyons는 말한다. "스케치는 디지털 도면을 만드는 설계팀의 목표 지점을 확실히 하는 로드맵이 되는 경향이 있다. 비디지털 수단 없이 작업할 수 있느냐는 질문에는 간단히 답한다. "못한다. 아직은.""

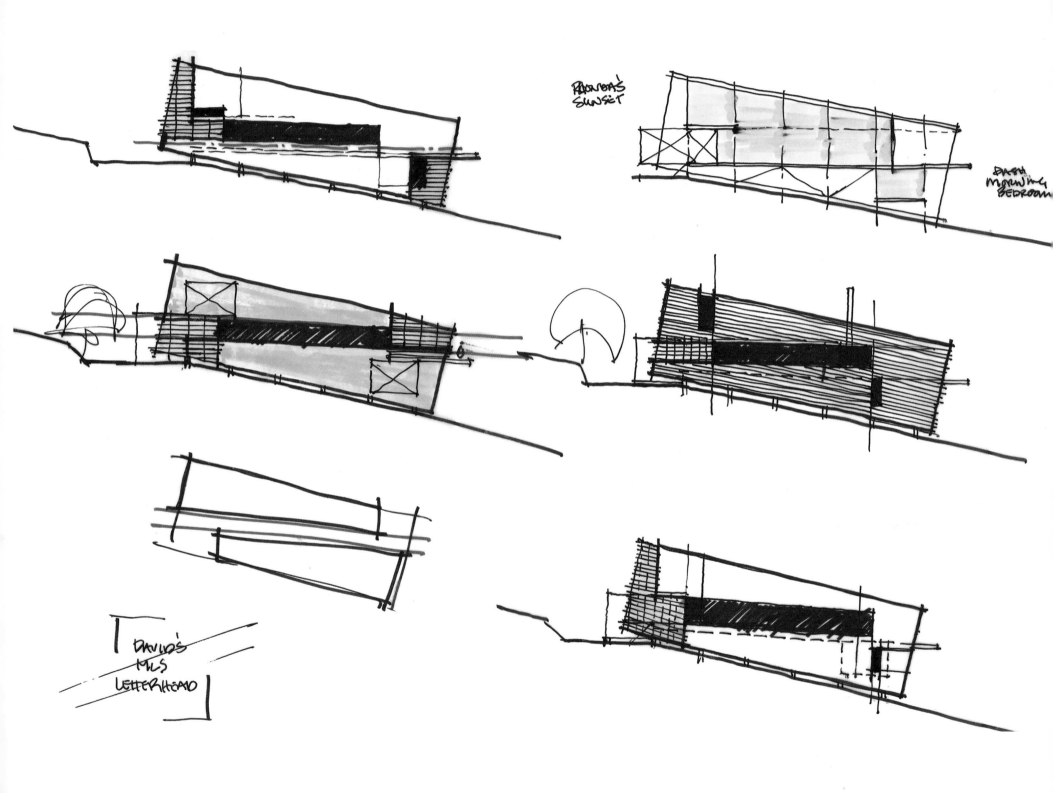

RHOMBOS
SUNSET

EASTY
MORNING
BEDROOM

DAVID'S
MLS
LETTERHEAD

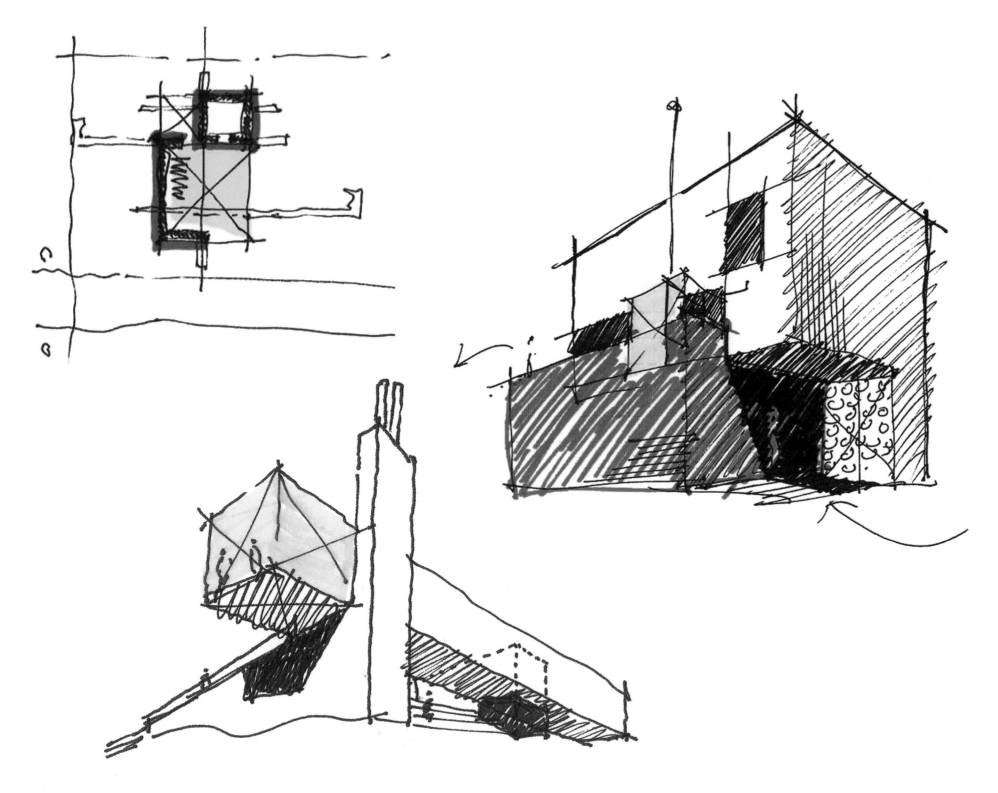

JANSEN 2011

# DAVIDE MACULLO

**Davide Macullo Architects · 스위스**

주요 프로젝트 : Jansen Campus [pp.192-195] • Tianjin Sales Centre [p.196]
Yachting Club Villas [p.197, 위쪽 왼편] • Swiss House XXXII [p.197, 위쪽 오른편]
Residential Mountain Loft Apartments [p.197, 아래쪽 왼편]
Recording Studio [p.197, 아래쪽 오른편] • Swiss House XI [p.198, 위쪽 왼편]
Dongxiang Headquarters [p.198, 위쪽 오른편] • Swiss House XXXIV [p.198, 중앙 왼편]
Dubai Hotel and Spa [p.198, 중앙 오른편] • Swiss House III [p.198, 아래쪽 왼편]
New Technical Centre [p.198, 아래쪽 오른편] • Guggenheim Museum [p.199]

스위스 건축가 Davide Macullo는 다음과 같이 선언한다. "스케치는 프로젝트의 영혼이다. 다른 모든 매체는 기술적 도구일 뿐이다. 모형도 스케치의 영역에 속한다. 모형을 사용하면 마법의 세계를 상상할 수 있다. 디자인의 신비는 당신이 뭘 원하는지를 모르고 시작하는 데 있다. 편견 없이 시작하면 맥락을 통해 필요한 것을 알게 된다. 오로지 자신을 자유롭게 할 때만 새로운 형태가 생겨날 수 있다."

루가노에 있는 마리오 보타 아틀리에에서 20년간 근무한 Macullo는 세계적인 경험과 직관적인 디자인 능력을 갖추고 있다. 그는 2000년에 자기 사무실을 설립한 이후 국제적인 주목을 받았으며, 수상했을 뿐 아니라 유명한 가구 및 디자인 박람회에서 전시도 했다.

Macullo에게는 스케치가 모든 작업의 필수 요인이다. 그의 디자인은 건축이 자리잡은 주변환경에 근거하여 만들어지며 그는 "오직 나중에야 몰랐던 미학이 드러난다."라고 설명한다. 이를 달성하기 위해 그는 동료와 함께 스케치한다.

"먼저 우리는 스케치를 하고 모형을 만든 다음 도면을 그린다. 아이디어 이면에 놓인 이유에 관심을 집중시키려면 반드시 그 아이디어를 스케치로 전달해야 한다. 선을 그릴 수 없는 예술가와 건축가도 있지만, 그들은 다른 매체로 공간의 아이디어를 전달할 수 있다. 하지만 나는 그렇게 못한다. 나는 모든 것을 드로잉을 통해 스케치하고 상상해야 한다."

193

SWISS HOUSE ROSSA 2016

# MASSIMO MARIANI

**Massimo Mariani Architecture & Design • 영국**

주요 프로젝트: Sketches for fantasy architecture [p.200]
Architectural thoughts [pp.201, 203] Sketches for a carpet [p.202]

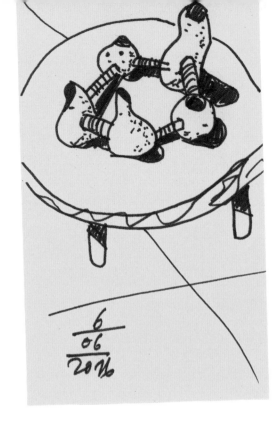

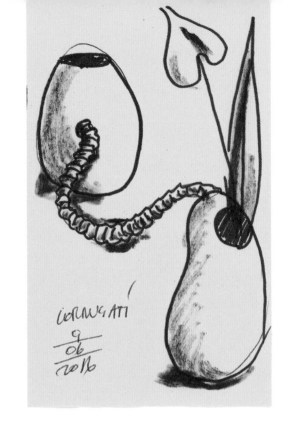

이탈리아 건축가 Massimo Mariani는 말한다. "나에게 스케치는 생각과 행동, 즉 아이디어를 빠르게 구체화하는 활동이다. 스케치는 필수다. 스케치는 나에게 가장 중요하지만, 모두를 위한 독특한 비법 따위는 없다고 생각한다. 스케치는 단지 나의 설계 방식일 뿐이다. 스케치하지 않으면 나는 재미를 느끼지 못할 것이다!"

Herman Hertzberger와 Renzo Piano 같은 건축 거장들과 함께 공부하고 일한 Mariani는 1998년 피렌체에서 런던으로 이사했다. 6년 후에는 자신의 설계사무소를 설립했으며, 오늘날에는 Targa Italia와 Danese Milano 같은 가구 회사를 위한 디자인을 하는 것으로 알려져 있다.

"스케치는 진화하는 디자인 과정"이라고 그는 설명한다. "나는 하나의 아이디어로 시작해 다른 아이디어로 마무리한다. 시간이 지날수록 아이디어가 변하기 때문에 디자인이 어떻게 될지 알기 어렵다. 드로잉은 하나의 과정이다. 실제로 지어진 결과와 닮은 스케치는 건물을 짓기 전이 아닌 후에 그린 것임을 의미한다. 내 고객은 거의 늘 큰 변화 없이 내 작업을 수락한다. 보통 나는 '아름다운' 드로잉을 그려서 보여주지만, 그것이 최종 완성물과 똑같아질 일은 결코 없다. 이것은 논의를 촉진하기 위한 전략이다."

"TAX"

" CASA PARLA

MACFARLANE HOUSE

NOV 8.10

EXTERIOR
(WINDOW)
ADDITION

INTERIOR
PERSPECTIVE
(STAIRS)

WILSON-MACDONALD HOUSE

NOV 15.10

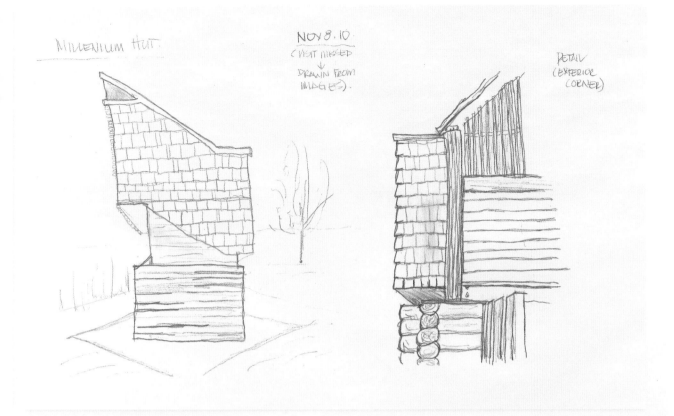

MILLENIUM HUT.

NOV 8.10.
(HEAT MISSED
↓
DRAWN FROM
IMAGES).

DETAIL
(EXTERIOR
CORNER)

INTERIOR
HALLWAY
(EXTENSION)

FRAMING
VIEW
& CEILING

# TARA MCLAUGHLIN

**+VG Architects • 캐나다**

주요 프로젝트: Broomhill [p.204, 위쪽 왼편] • Macfarlane House
[p.204, 위쪽 오른편] • Millenium Hut [p.204, 아래쪽 왼편; p.205, 위쪽]
Wilson MacDonald House [p.204, 아래쪽 오른편; p.205, 아래쪽]

캐나다 기업 +VG(36p)의 Tara McLaughlin은 신중하게 생각하며 말한다. "나는 어디에서 스케치하는가?", "그것은 내가 뭘 스케치하고 있느냐에 달려있다. 연구하려면 현장에 가서 스케치를 해야 한다. 새로운 프로젝트에 임하는 경우라면 스튜디오에서 드로잉에 더 몰두할 것이다. 아니면 나의 독서용 의자에 앉아 팔걸이에 수첩을 올려놓고 스케치하곤 한다. 운전하거나 대기열에 줄 서 있다가 갑자기 아이디어가 떠오를 땐, 힘든 경우도 있겠지만 나는 그저 하고 있던 일을 멈추고 아이디어를 표현하려 한다. 때로는 그것이 드로잉이 되고, 때로는 약간의 글이 되기도 한다."

오타와 지사에서 근무하는 McLaughlin은 주택에서부터 도시 마스터플랜에 이르기까지 광범위한 프로젝트를 설계하는 대규모 팀의 일원이다. "글도 스케치의 중요한 부분"이라고 그녀는 말한다. "나는 드로잉과 읽기 사이의 관계를 강력하게 믿는다. 스케치는 몇 개의 선들로 시작하는 다층적인 과정이며, 떠오른 아이디어가 지면상에 살아날 수 있게 한다."

결론적으로, 그녀는 다음과 같이 말한다. "스케치는 나의 설계 과정에서 늘 가장 중요한 부분 중 하나다. 현장의 파빌리온이든 도시의 입면이든 개념과 규모, 현장과의 관계를 명확한 아이디어로 정리하고 나면 디지털 수단을 써서 디자인을 발전시킨다. 스케치는 처음 마음속에 생겨난 아이디어와 실제로 생산된 결과물 사이의 관계를 수립하기 위한 첫 번째 단계다."

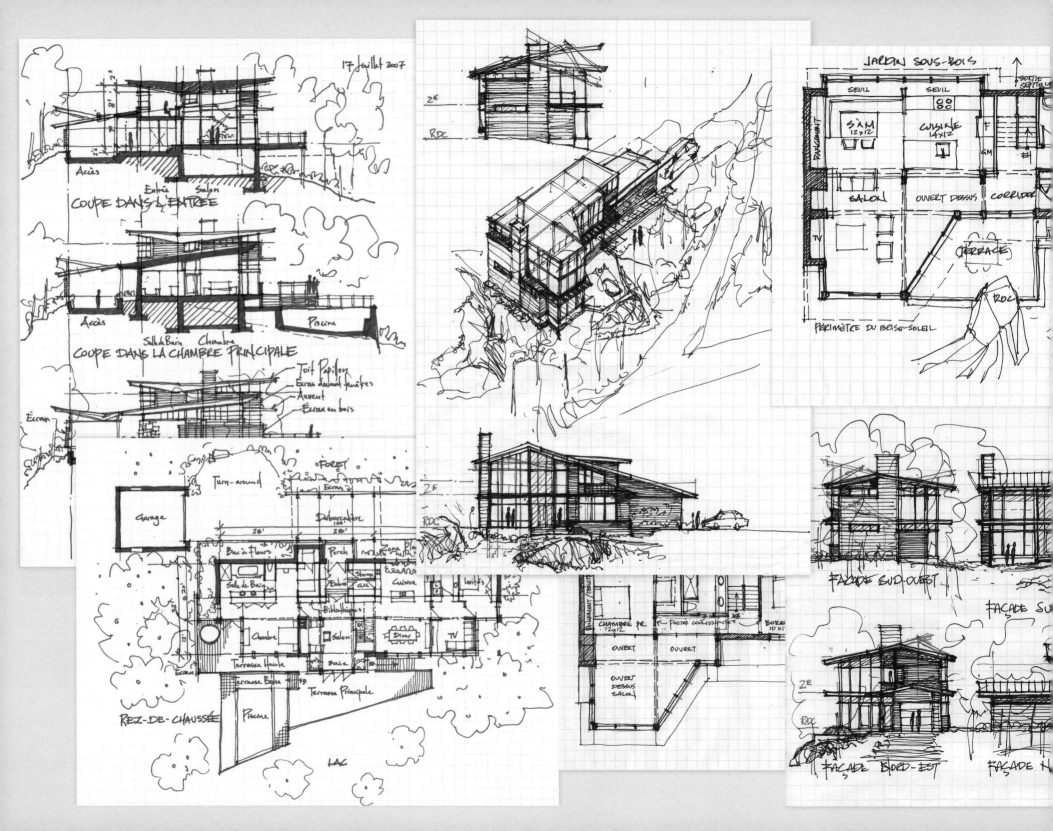

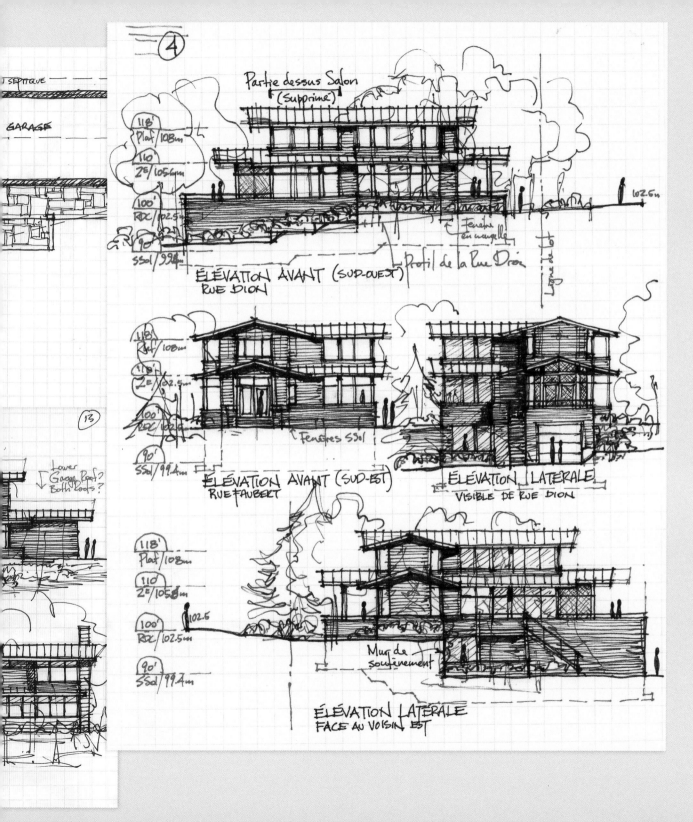

## ROB MINERS

**Studio MMA • 캐나다**

주요 프로젝트: Ste-Adele House [p.206]
The Aerie [p.207] • St-Faustin House [pp.208-209]
Le Quai [p.210] • Le Refuge [p.211]

캐나다 회사 Studio MMA의 Rob Miners는 말한다. "나의 젊은 동료 몇몇이 증명하고 있듯이 스케치하지 않고 디자인할 수 있을 만큼 디지털 도구가 매우 발전했다. 스케치가 점차 사라지게 된다면, 나는 몹시 그리울 것이다. 스케치는 나의 일부이자 내가 생각하는 방식이다. 스케치는 내 생각을 즉각적이고 직관적으로, 물리적인 형태로 표현할 수 있게 해준다. 나는 알파벳을 알기 전부터 그림을 그리기 시작했다. 나는 나무를 상상하며 지면상에 표현했고, 해가 갈수록 내 능력이 향상되면서 나는 더 멋지게 나무를 그려냈다."

1999년 Miners는 Vouli Mamfredis와 함께 Studio MMA를 설립했다. 몬트리올에 있는 이 회사는 환경디자인에 중점을 두고 야외 레크리에이션 장비와 의류를 판매하는 소비자 협동조합인 Mountain Equipment Co-op과 폭넓게 협력하고 있다. 또한, 캐나다에서 Habitat for Humanity를 위한 최초의 LEED 인증 주택을 지었다.

"최고의 컴퓨터 프로그램은 디자인에 관한 직관력과 부정확성을 발휘할 여지도 준다."라고 그는 말한다. "그런 여지를 줌에도 불구하고, 컴퓨터 프로그램들은 지속해서 성장하고 발달시키는 스케치 고유의 기술을 표현하지는 못하기 때문에 표현과 창의성 면에서 더 많은 한계가 있다.

나의 스케치는 다층적인 과정이다. 초기 생각을 테스트해야 하며, 완벽해 보이는 솔루션도 불가피하게 결함을 내는 경우가 있음을 많이 고려할수록 디자인이 충실해진다."

"건물은 평면적, 단면적, 3차원적으로 거의 동시에, 그리고 각각이 서로 다른 도면에 영향을 주도록 설계할 필요가 있다. 건물을 만드는 것은 퍼즐을 푸는 것과 같으며, 스케치는 그 과정의 초기에 이뤄지는 일부분이다. 아이디어가 형성될 때 스케치의 직관적인 아이디어는 완벽하지만, 더 발전시킬 필요가 있을 때는 스케치 형태로 개발한 아이디어를 디지털 방식으로 탐색해가며 미세하게 조정할 수 있다."

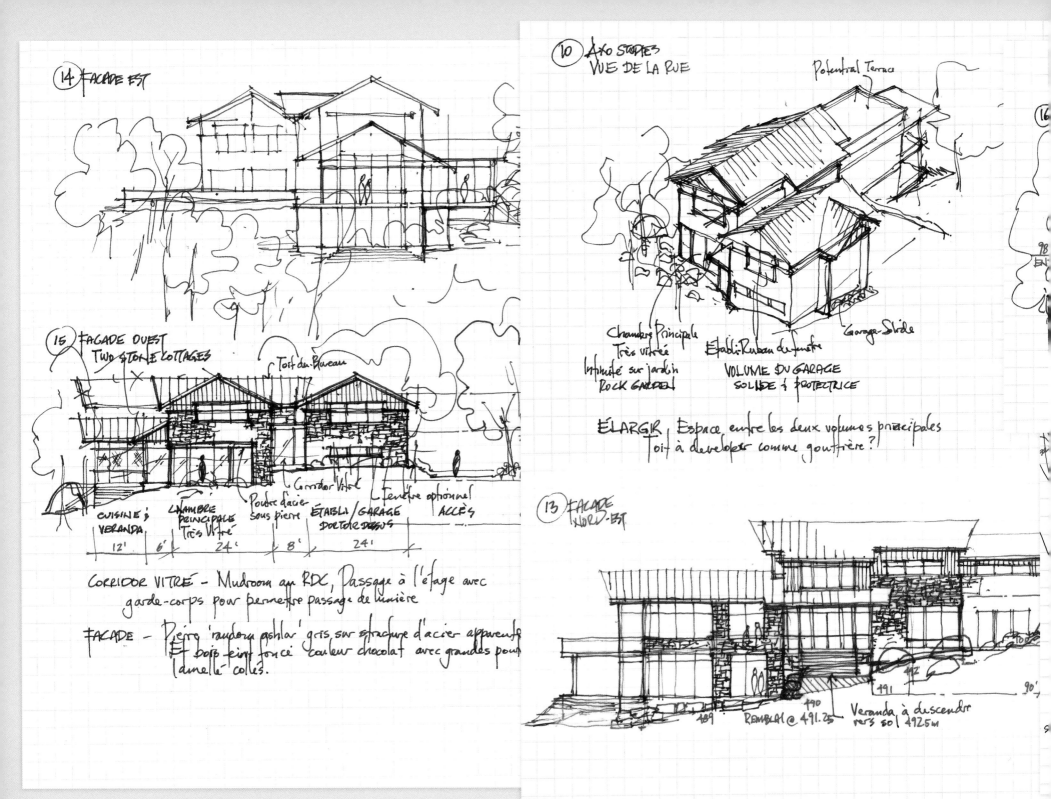

(14) FACADE EST

(15) FACADE OUEST
TWO STONE COTTAGES

Toit du Bureau

Corridor Vitré
Poutre d'acier
sous pierre
Fenêtre optionnel
ACCÈS

CUISINE &
VERANDA
CHAMBRE
PRINCIPALE
Très Vitré
ÉTABLI / GARAGE
DOCTOR DESSUS

12'  6'  24'  8'  24'

CORRIDOR VITRÉ - Mudroom au RDC, Passage à l'étage avec
garde-corps pour permettre passage de lumière

FACADE - Pierre 'random ashlar' gris sur structure d'acier apparente
Et bois teint foncé couleur chocolat avec grandes pour
lamellé collés.

(10) AXO STUDIES
VUE DE LA RUE

Potential Terrace

Garage-Slide

Chambre Principale
Très vitrée
Établi-Ruban de fenêtre

Intimité sur jardin
ROCK GARDEN

VOLUME DU GARAGE
SOLIDE & PROTECTRICE

ÉLARGIR, Espace entre les deux volumes principales
Toit à developer comme gouttière?

(13) FACADE
NORD-EST

489
REMBLAI @ 491.25
490
491
90'
Veranda à descendre
vers sol 492.5m

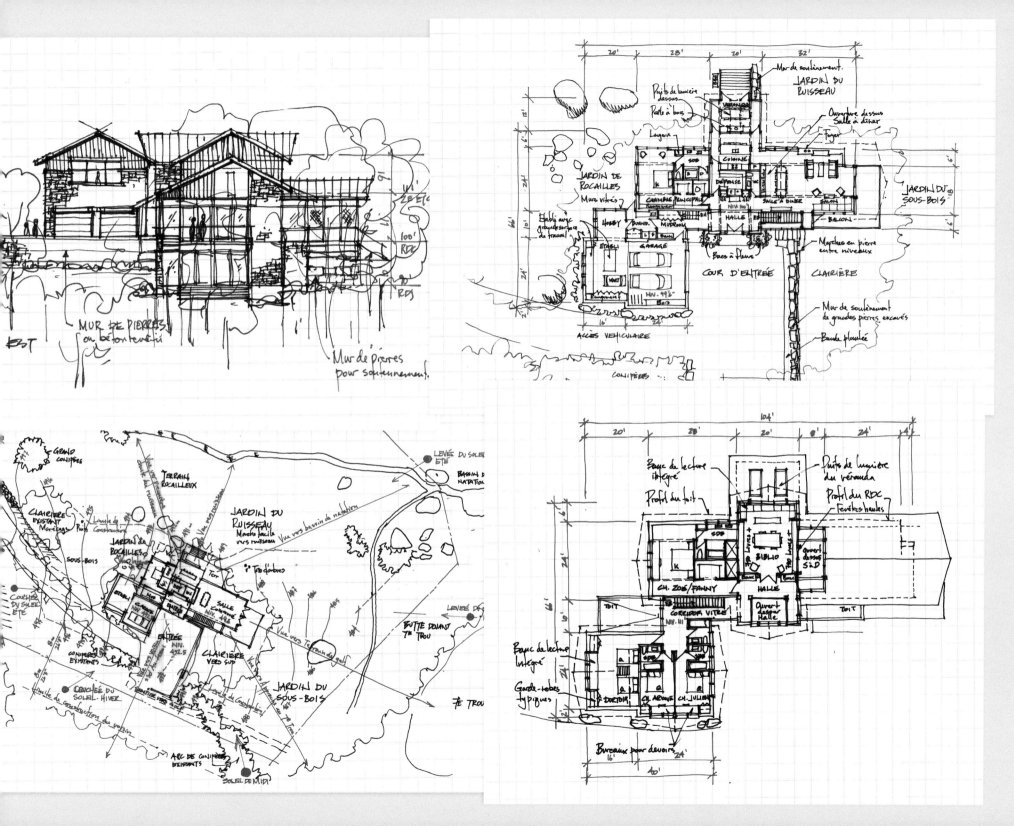

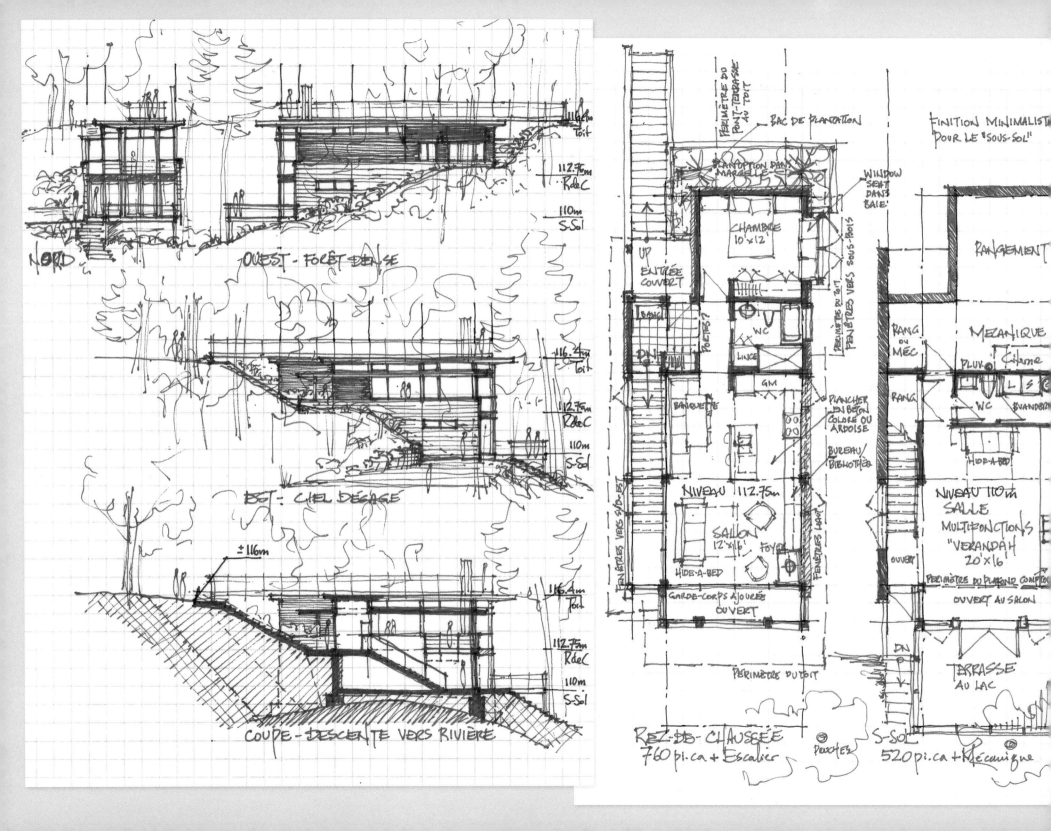

NORD

OUEST - FORÊT DENSE

EST - CIEL DÉGAGÉ

COUPE - DESCENTE VERS RIVIÈRE

116.4m Toit
112.75m RdeC
110m S-Sol

116.4m Toit
112.75m RdeC
110m S-Sol

±116m

116.4m Toit
112.75m RdeC
110m S-Sol

PÉRIMÈTRE DU PONT-TERRASSE AU TOIT
BAC DE PLANTATION
FINITION MINIMALISTE POUR LE "SOUS-SOL"
INTERRUPTION DANS MARGELLE
WINDOW SEAT DANS BAIE
RANGEMENT
UP
ENTRÉE COUVERT
CHAMBRE 10'×12
MÉCANIQUE
BANC
DN
POÊLE?
WC
LINGE
RANG ou MÉC
PLUV.
CITERNE
FENÊTRES VERS SOUS-BOIS
PÉRIMÈTRE DU TOIT
WC
BUANDERIE
L S
BANQUETTE
GM
RANG
HIDE-A-BED
PLANCHER EN BÉTON COLORÉ OU ARDOISE
NIVEAU 112.75m
SALON 12'×16'
FOYER
BUREAU/ BIBLIOTHÈ.
FENÊTRES VERS SUD-EST
FENÊTRES HAUT
OUVERT
NIVEAU 110m SALLE MULTIFONCTIONS "VERANDAH" 20'×16'
HIDE-A-BED
GARDE-CORPS AJOURÉE OUVERT
PÉRIMÈTRE DU PLAFOND COMPTOIR
OUVERT AU SALON
PÉRIMÈTRE DU TOIT
DN
TERRASSE AU LAC
REZ-DE-CHAUSSÉE 760 pi.ca + Escalier
PUITS?
S-SOL 520 pi.ca + Mécanique

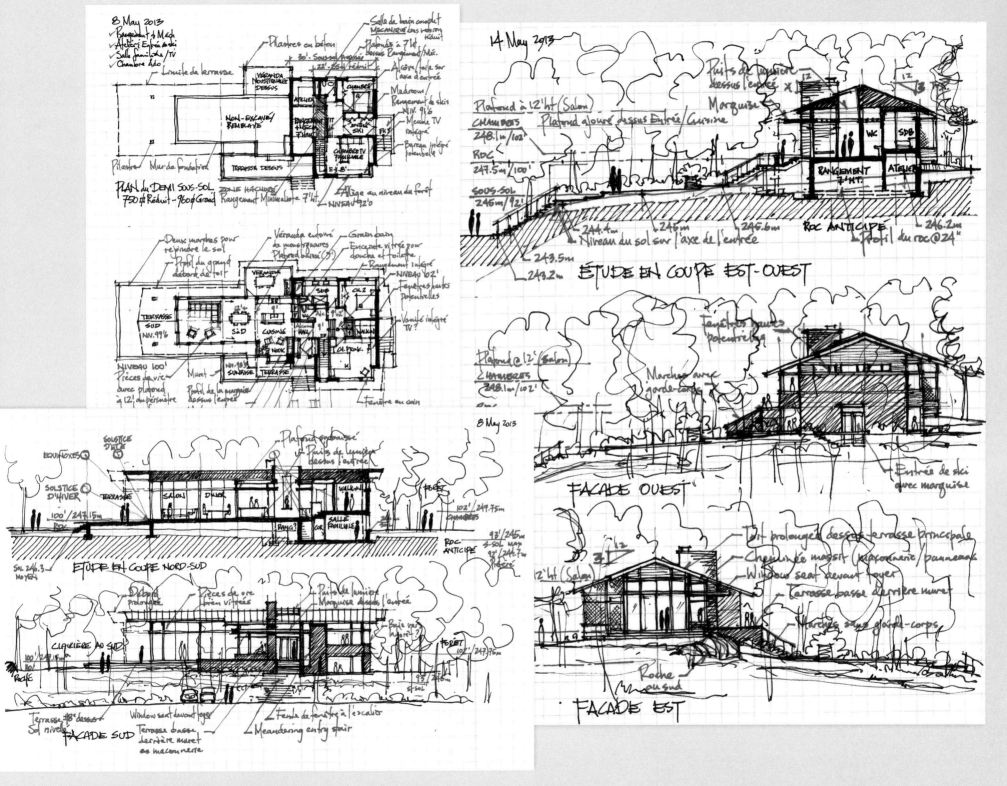

# PETER MORRIS

**Peter Morris Architects • 영국**

주요 프로젝트: Vicars Road [pp.212-215]

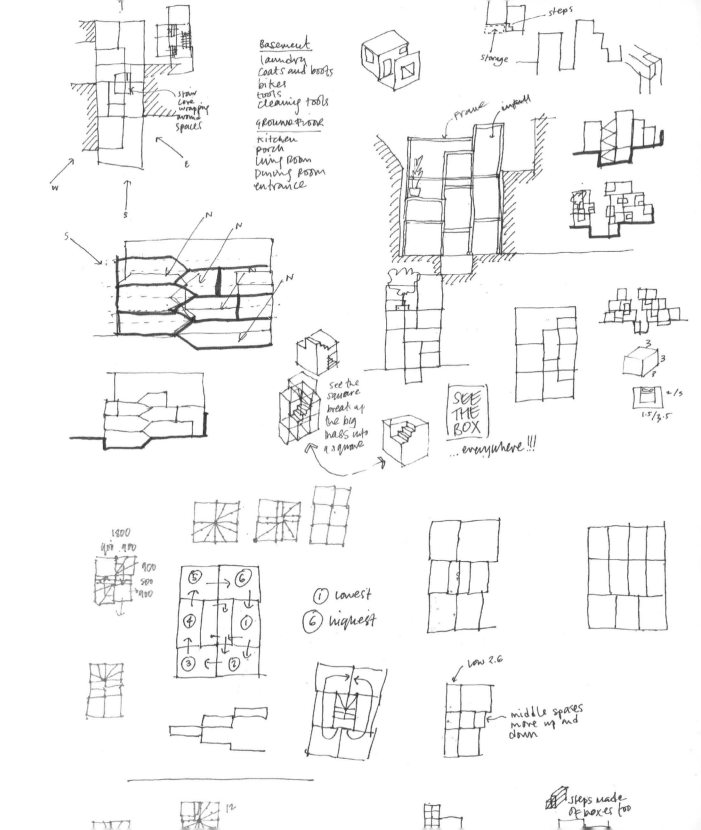

런던의 건축가 Peter Morris는 말한다. "나는 어릴 적 걷기도 전에 스케치를 시작했다. 스케치는 직관적이다. 스케치에 필요한 생각이나 시간, 노력, 자원은 아주 적으며, 내 생각과 아이디어를 탐구할 수 있는 자유를 준다. 스케치 행위에 필적하는 것은 없다. 펜을 장치로 교체하고 종이를 태블릿으로 대체할 수는 있지만, 행동 자체는 바꿀 수도 향상할 수도 없다. 내가 설계한 모든 건물에서 스케치는 그 과정의 핵심이었다."

Morris와 그의 팀은 인구밀도가 높은 런던 도심 내의 주택 설계를 전문으로 한다. 옛것과 새것이 조화를 이뤄야 하는 이러한 흥미로운 디자인 작업은 늘 손으로 그린 스케치에서 시작한다. "스케치는 강한 시각적 서사를 통해 디자인의 이야기를 발전시킨다."고 그는 말한다. "대화할 때처럼, 그 목적지를 처음에는 늘 알 수가 없다. 스케치는 반응의 과정인데, 첫 번째 선을 그리는 방식이 다음 선을 그리는 방식에 영향을 주기 때문이다. 고객은 종종 디자인이 선형적인 과정이라고 생각하지만, 그것은 우리가 디자인을 순서대로 설명하기 때문이다. 실제로 디자인은 접선이나 순환경로를 그리다 점프하는 식으로도 진행되며, 모든 종류의 선례를 꺼내놓는다. 결코 선형적인 과정이 아니다."

"나는 지금껏 뭔가를 실제로 만들지 않고는 작업할 수 없었다. 예술가들은 직접 예술품을 만든다. 디자이너는 직접 디자인하지 않으며, 다른 사람들에게 디자인을 지시한다. 우리는 디자인의 주도권을 가지는 것을 좋아하지만, 완전히 그러하진 못한다. 시공자는 늘 우리의 지시사항을 해석하므로 창의적인 과정 일부에 참여하는 것과 같기 때문이다. 디자인을 설명할 때 스케치 없이 말만 활용한다면, 시공자가 우리의 의도와 조금은 다른 결과물을 만들어낼 것이다. 이는 흥미로운 훈련이 될 것이다!"

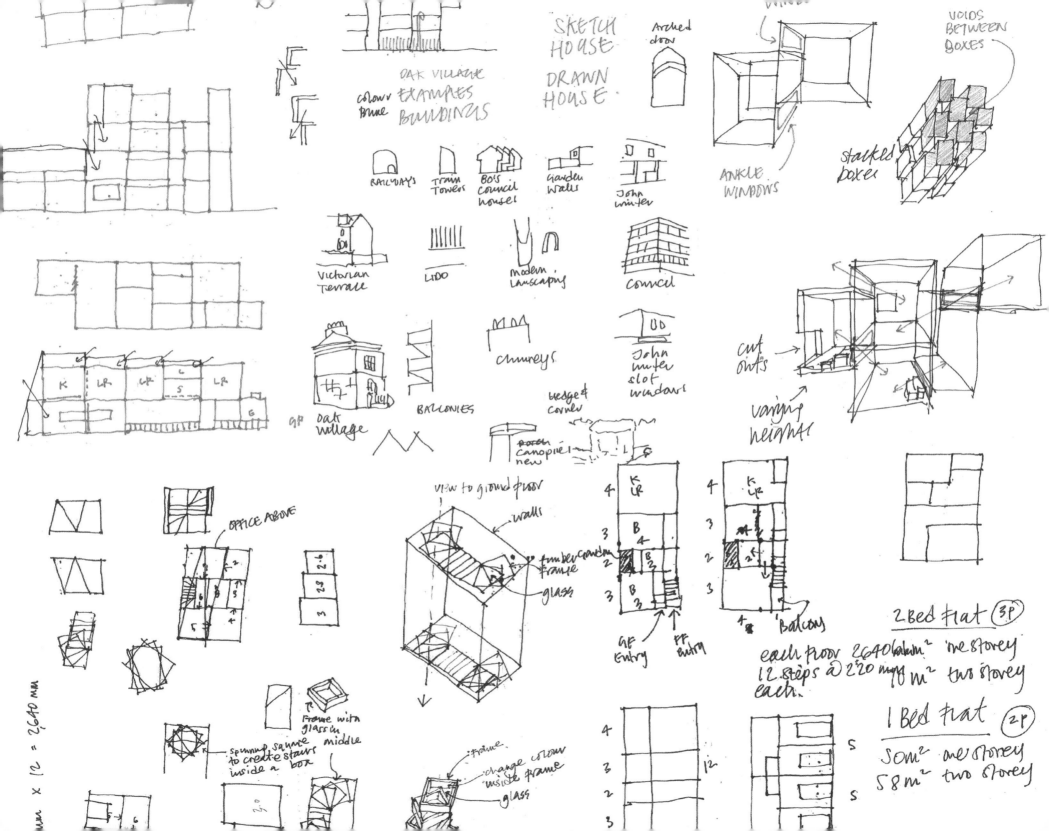

SKETCH HOUSE
DRAWN HOUSE

Arched door

VOIDS BETWEEN BOXES

stacked boxes

ANKLE WINDOWS

OAK VILLAGE
colour EXAMPLES
brick BUILDINGS

RAILWAYS
Train Towers
Bo's Council houses
Garden walls
John winter

Victorian Terrace
LIDO
modern Landscaping
Council

chimneys
John winter slot windows

oak village
GF

BALCONIES

hedge & corner

porch canopies new

cut outs

varying heights

OFFICE ABOVE

K  LR  LR  S  LR  E

view to ground floor
walls
timber garden frame
glass

Frame with glass in middle

spinning square to create stairs inside a box

frame
change colour inside frame
glass

4  K LR
3  B
   4
2  B
   2
3  B
   2
GF Entry   FF Entry

4  K LR
3
2
3
   Balcony

2 Bed Flat  3P
each floor 26.40 m² one storey
12 steps a 2.20 mm  m² two storey each

1 Bed Flat  2P
50 m² one storey
58 m² two storey

mm × 12 = 2,640 MM

4
3
2
3
12

S
S

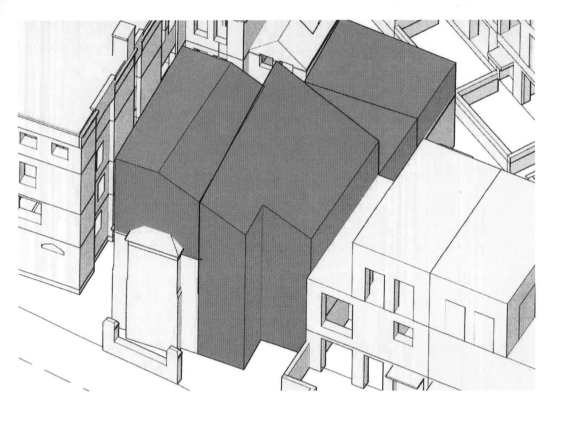

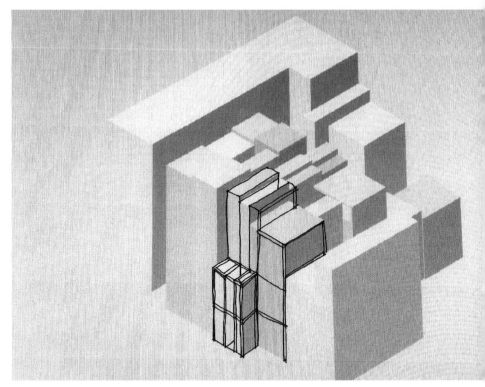

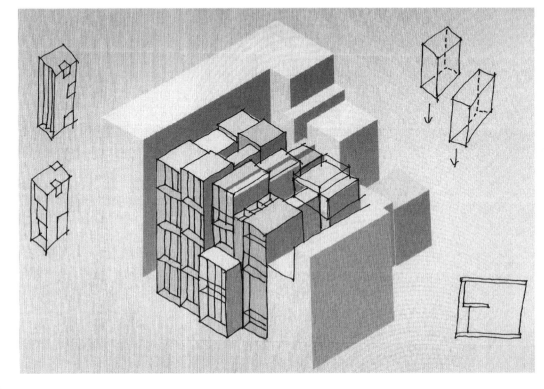

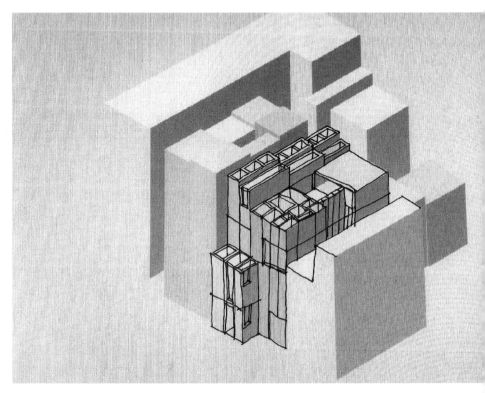

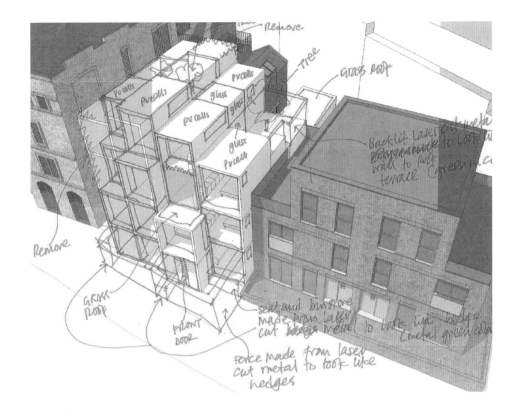

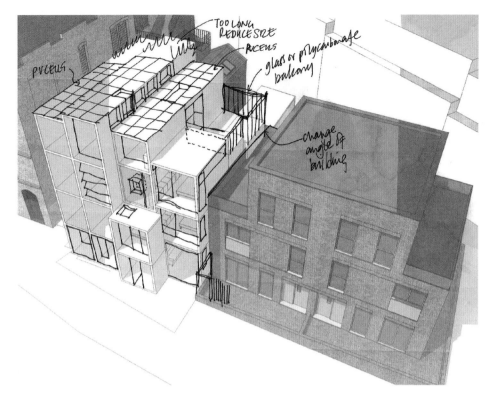

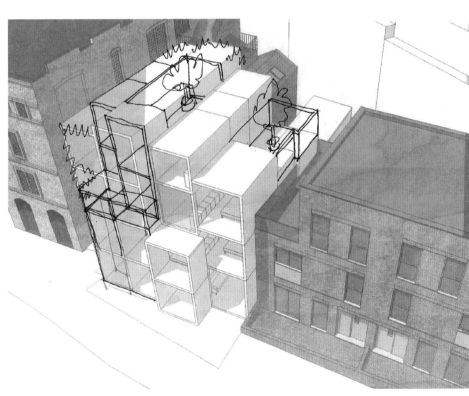

# MVRDV

네덜란드

주요 프로젝트: Museum of Rock [pp.216-219]
Wai Yip Hong Kong [pp.221-222] • KU.BE [p.223]

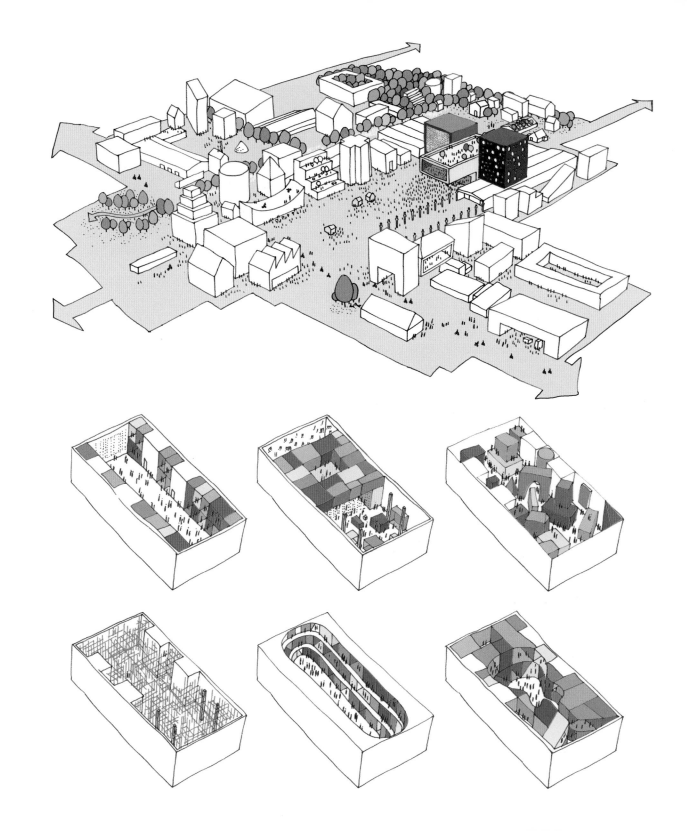

네덜란드 건축사무소 MVRDV는 1993년에 Winy Maas, Jacob van Rijs, Nathalie de Vries가 설립했다. 로테르담과 상하이에 사무소를 둔 이 회사는 건축가, 엔지니어와 고객 간에 아이디어를 전달하는 주요한 방법으로 스케치를 활용한다.

창립자들은 설명한다. "MVRDV에서 스케치는 다양한 수준에서 다양한 용도로 작동한다. '생각하는', '말하는', '해학적인' 또는 '렌더' 스케치, 심지어 '규범적인' 스케치도 있다. 우리는 종종 모형과 도면을 활용해 고객과 아이디어를 나누기 때문에 설계 과정에서 고객이 적극적으로 관여할 수 있다. 미완성이고 아직 개발되지 않은 스케치를 사용하면 설계 회의 중에 더 쌍방향으로 소통하는 환경을 조성하는 데 도움이 된다."

이 3인의 건축가는 도시 경관, 공공 영역, 그리고 건축이 거주자와 사용자의 일상생활에 미치는 영향에 중점을 둔 급진적이고 탐사적인 공간 연구를 추구하는 것이 회사의 목표라고 설명한다. 그들의 디자인은 각각 심층적인 분석 연구로 시작하며, 기존 사고에 도전하는 흥미로운 디자인 솔루션을 모색한다. 이 과정에서 스케치는 처음부터 끝까지 없어서는 안 될 도구이다.

"스케치 덕분에 우리는 프로젝트를 다른 관점에서 볼 수 있었고, 때로는 컴퓨터 내부에 숨겨져 있는 것을 발견했다."라고 그들은 말한다. "스케치는 초기 아이디어에서 최종 결과에 이르기까지 기능적인 면 (아이디어를 보다 효과적으로 생성, 공유, 전달하기) 과 미학적인 스토리텔링 형식을 매개한다. 학문적인 것과는 무관하다."

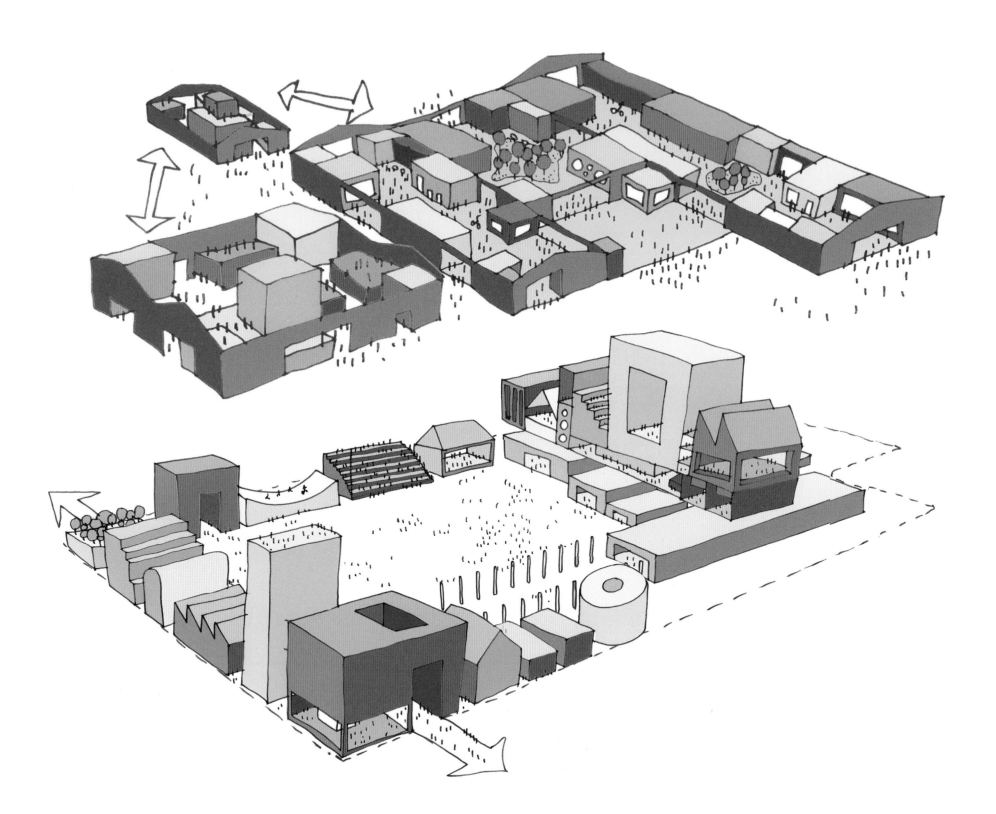

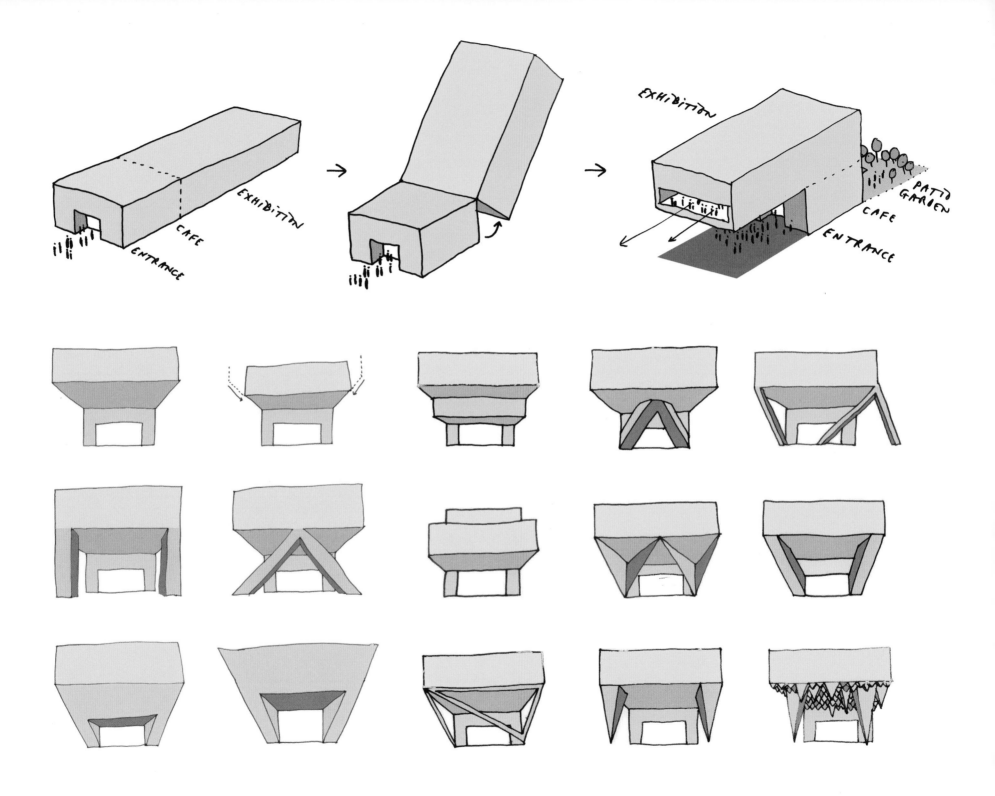

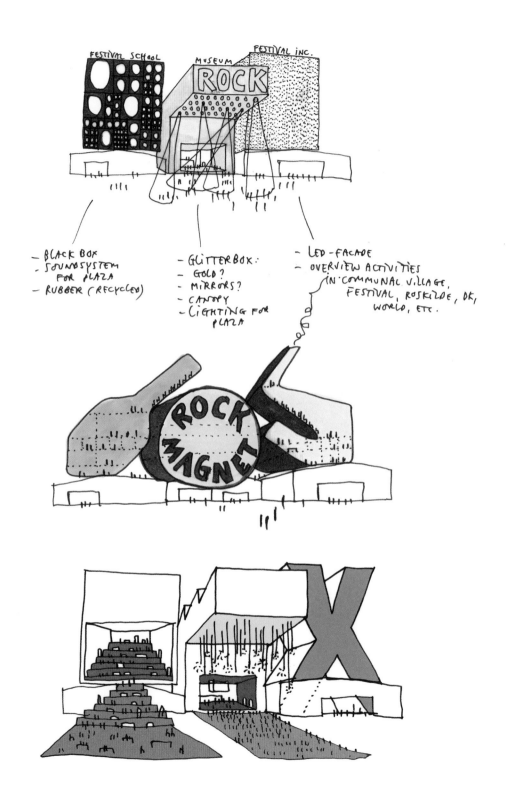

FESTIVAL SCHOOL   MUSEUM   FESTIVAL INC.

ROCK

- BLACK BOX
- SOUNDSYSTEM FOR PLAZA
- RUBBER (RECYCLED)

- GLITTERBOX:
- GOLD?
- MIRRORS?
- CANOPY
- LIGHTING FOR PLAZA

- LED-FACADE
- OVERVIEW ACTIVITIES IN COMMUNAL VILLAGE, FESTIVAL, ROSKILDE, DK, WORLD, ETC.

ROCK MAGNET

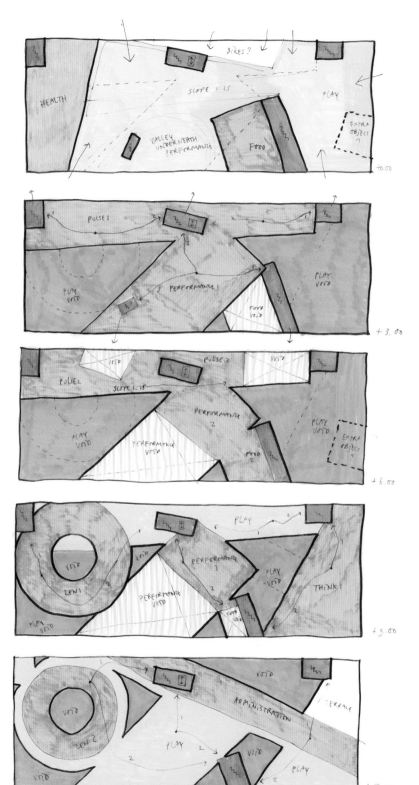

HEALTH    BIKES?    PLAY
SCOPE 1:25
VALLEY UNDERNEATH PERFORMANCE    FOOD    EXTRA OBJECT?
+0.00

PULSE 1    PLAY VOID
PLAY VOID    PERFORMANCE 1    FOOD VOID
+3.00

PULSE 2    VOID    PULSE 2    VOID
SCOPE 1:25    PERFORMANCE 2    PLAY VOID    EXTRA OBJECT?
PLAY VOID    PERFORMANCE VOID    FOOD 2
+6.00

VOID    PLAY    PLAY VOID
ZEN 1    PERFORMANCE 3    PLAY VOID    THINK 1
PLAY VOID    PERFORMANCE VOID    FOOD VOID
+9.00

VOID    VOID    PLAY
ZEN 2    ADMINISTRATION    TERRACE
PLAY    VOID    PLAY
VOID
+12.00

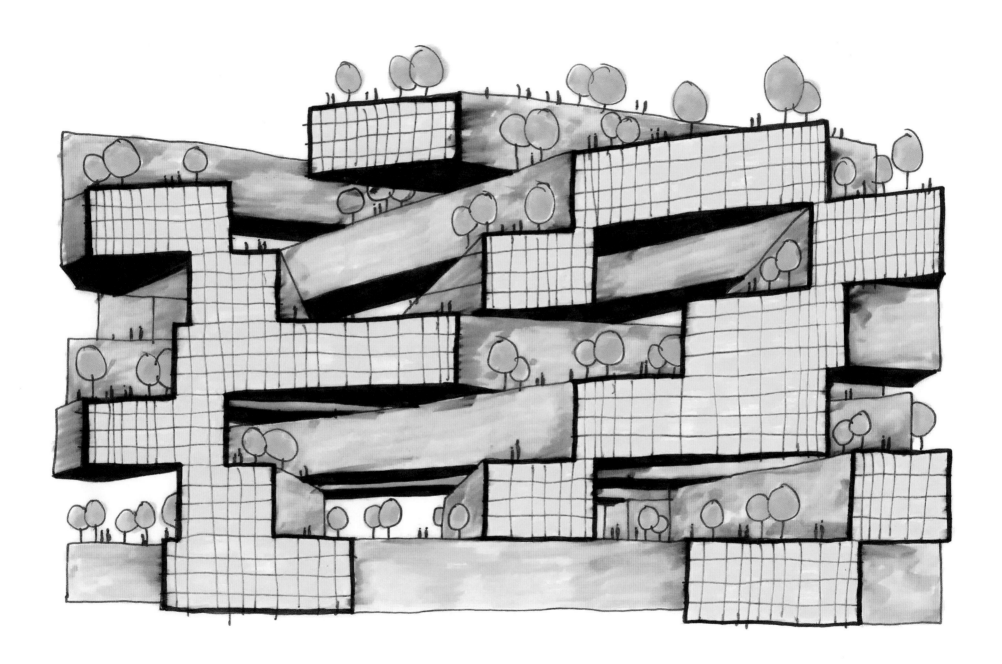

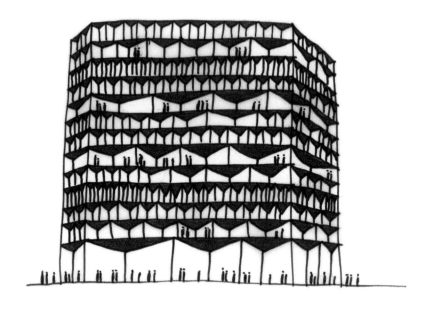

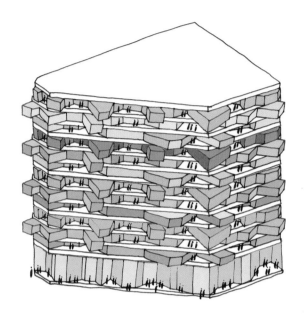

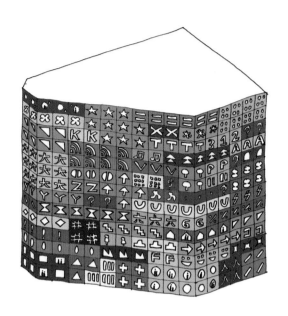

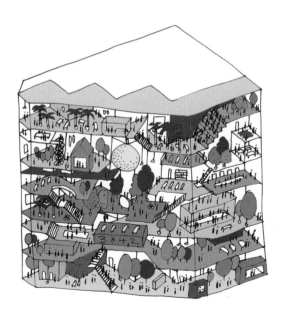

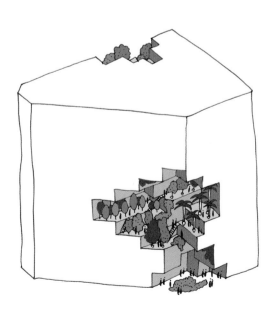

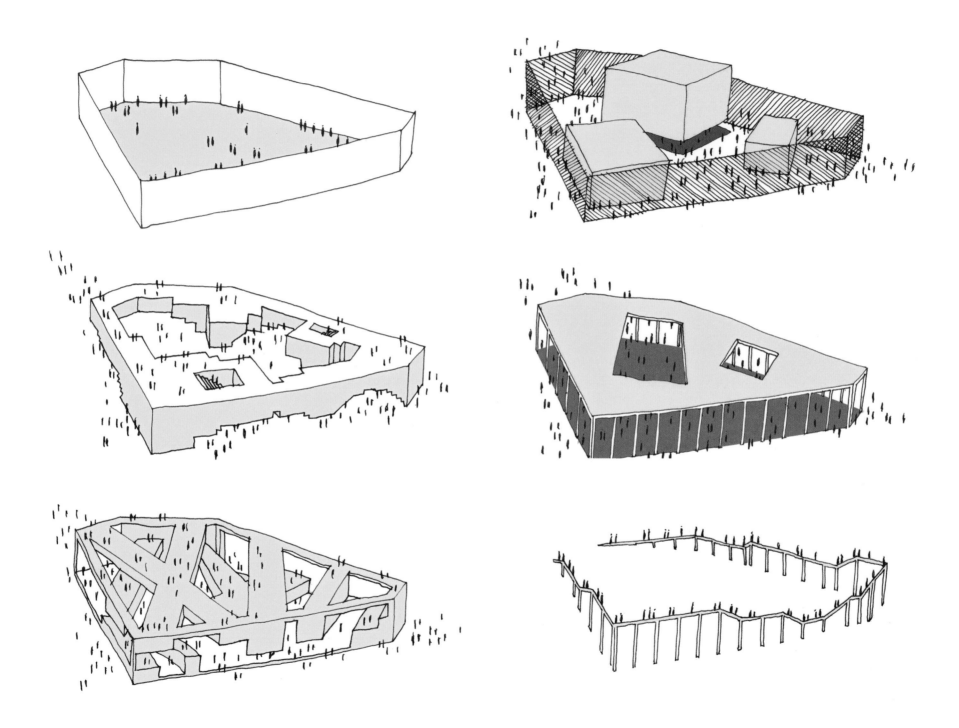

# BRAD NETKIN

## Stamp Architecture • 캐나다

주요 프로젝트: Study for a screen porch [p.224]
Strachan [p.225, 왼쪽과 아래쪽 오른편] • Thorndale [p.225, 위쪽 오른편]

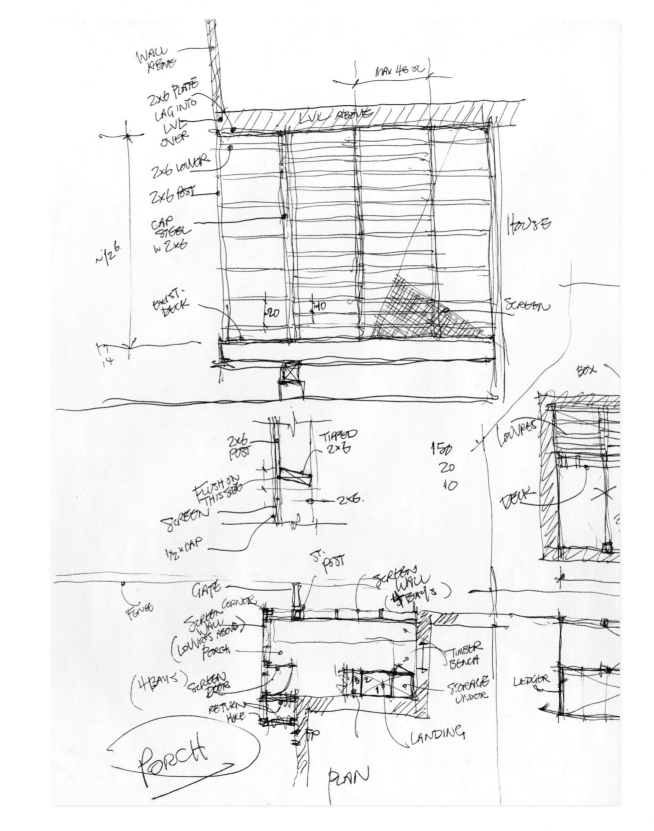

건축사무소 Stamp Architecture의 대표 Brad Netkin은 이렇게 말한다.
"우리에게 스케치는 모든 설계/시공 단계에서 필수적이다. 우리는 그러한 노력
전체를 하나의 능동적 과정으로 보기 때문이다. 드로잉은 아이디어를 전달하기
위한 수단일 뿐, 그 자체가 목적은 아니다. 늘 명확한 순간들은 존재하지만,
디자인은 그냥 일어나지 않는다. 시간의 경과에 따른 작업이 이뤄져야 한다."

Netkin은 1995년에 British Columbia School of Architecture를 졸업하고
25년 이상 건설업계에서 일했다. 그는 이어서 말한다. "프로젝트들은 많은
플레이어가 뛰는 정신없고 복잡한 영역으로, 지속적인 소통과 명확성이
필요하다. 우리는 인부나 고객과 함께 하는 '즉각적인' 스케치를 통해 중요한
계기들을 포착하고 완성 단계에 다다를 때까지 아이디어를 개량할 수 있다.
이것이 전형적인 방식은 아닐 수 있지만, 우리는 이렇게 해야 최종 결과물이
개선된다고 생각한다. 펜은 아이디어를 내는 가장 직접적이고 즉각적이며
융통성 있는 방법이기 때문이다."

"우리는 스케치하지 않은 채 아이디어를 전달하거나 작업을 수행할 수 없을
것이다. 수작업과 디지털 설계를 끊임없이 오가지만, 컴퓨터를 쓰려면 제약이
따른다. 테이블, 의자나 플러그, 입/출력이 필요하기 때문이다. 이것은 여러
단계를 거쳐야 하는 과정이며, CAD 소프트웨어 고유의 딱딱한 느낌과 함께
본질에서 멀어진 느낌을 준다. 또한 작업에 필요한 엄격함과 완성도는
아이디어의 탐구와 해결을 제한할 수 있다."

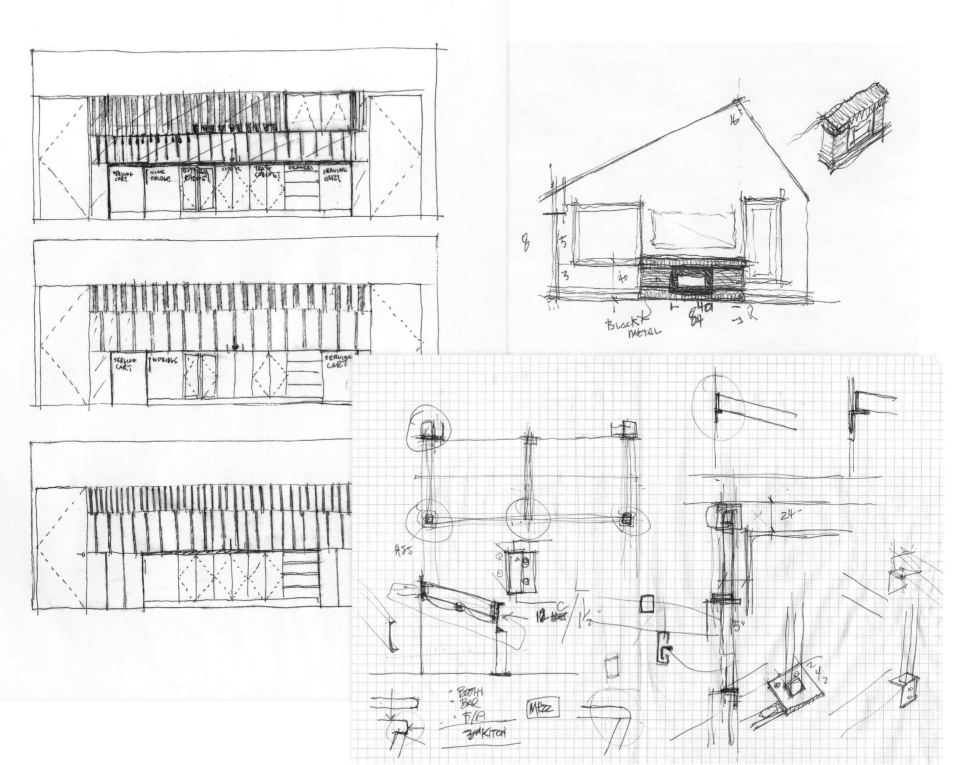

# RICHARD NIGHTINGALE

**Kilburn Nightingale Architects • 영국**

주요 프로젝트: St Paul's Cathedral School [pp.226-229]

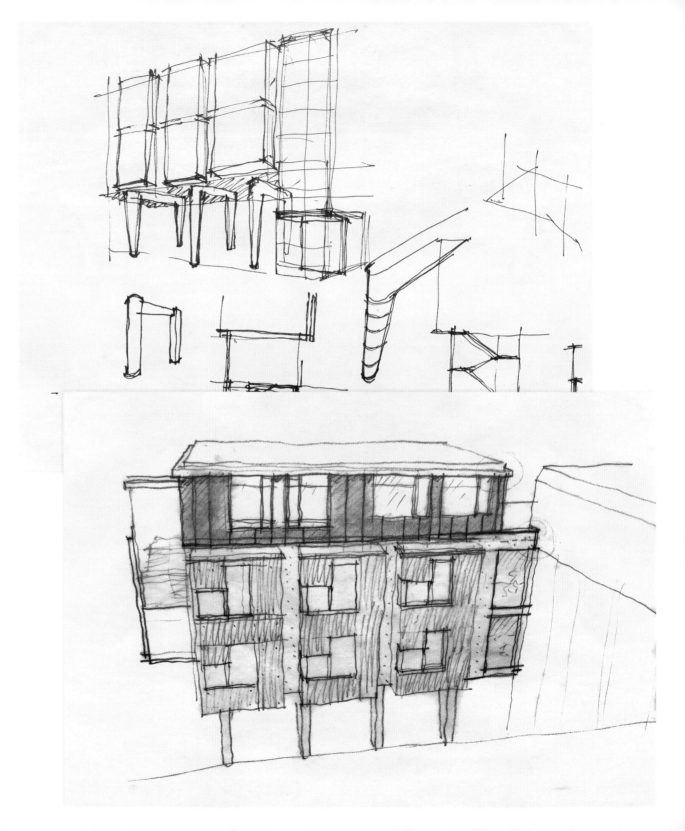

Kilburn Nightingale Architects의 Richard Nightingale은 말한다. "나는 설계 과정 전반에 걸쳐 디지털 드로잉과 핸드 드로잉을 결합한다. 종종 CAD 로 시작하는 게 유용할 때가 있다. 정해진 규모의 제약조건이나 아름다운 드로잉의 기대를 피하면서 일반 원칙, 관계 및 크기를 설정할 수가 있다. 그런 다음 매우 거친 CAD 도면 위에 스케치해 설계를 더 상세히 개발하고, 스케치를 컴퓨터로 스캔해서 색상과 질감, 메모를 추가한다. 최종 도면은 대개 CAD로 작성되지만, 시공 중에 디테일을 설명할 때는 손 스케치를 통해 보완하기도 한다."

Nightingale은 런던에 자리한 건축사무소의 창업 파트너이며, 이 사무소는 카리브해의 주택에서 아르헨티나의 호텔, 잠비아와 파키스탄의 친환경 산장, 우간다에 있는 고등법무관사무소와 예술품 공장 등을 포함한 국제적 포트폴리오를 자랑한다.

"모든 유형의 프로젝트를 유연하게 탐사하는 방식으로 설계안들을 조사하고, 설계 프로세스의 모든 단계에서 효과적으로 아이디어를 전달할 수 있는 것이 중요하다."라고 그는 설명한다. "어떤 수단을 쓰는지는 사실 중요하지 않지만, 스케치는 미완성 상태의 설계안을 설명하는 가장 효율적이고 가장 정확한 방법이다. 실시설계에서도 마찬가지다. 벽돌, 콘크리트, 목재는 밀리미터 단위까지 정밀하지 않으므로 약간의 부정확한 손으로 그린 스케치는 컴퓨터 도면보다 정밀하게 시공 디테일을 묘사할 수 있다."

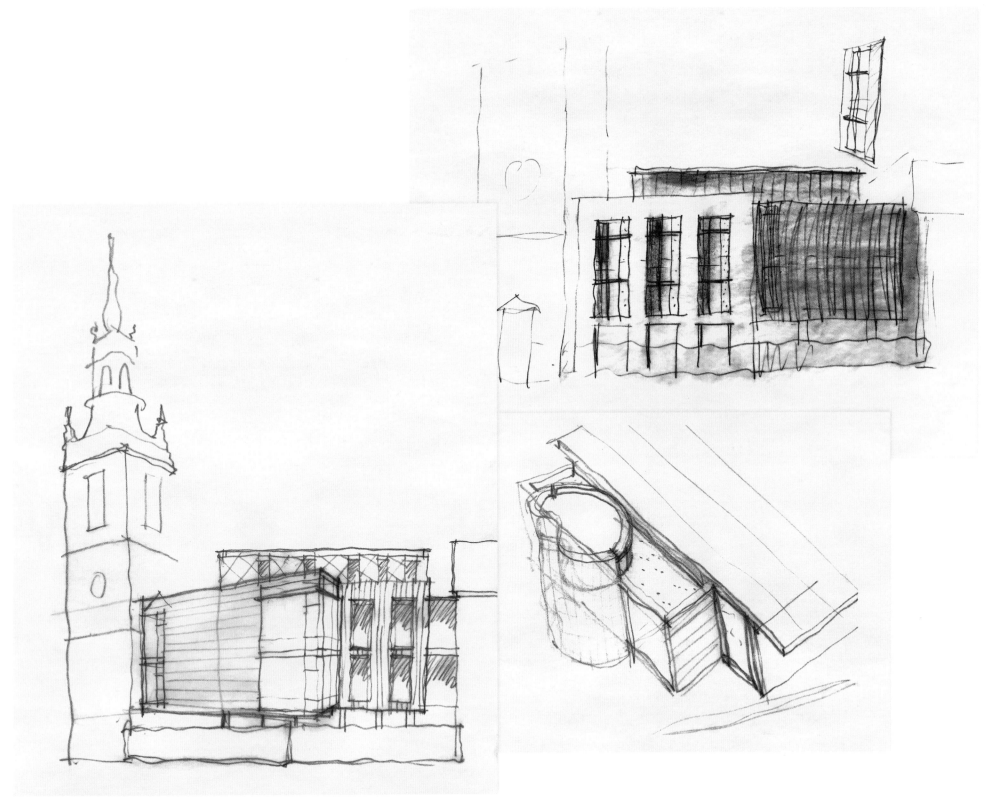

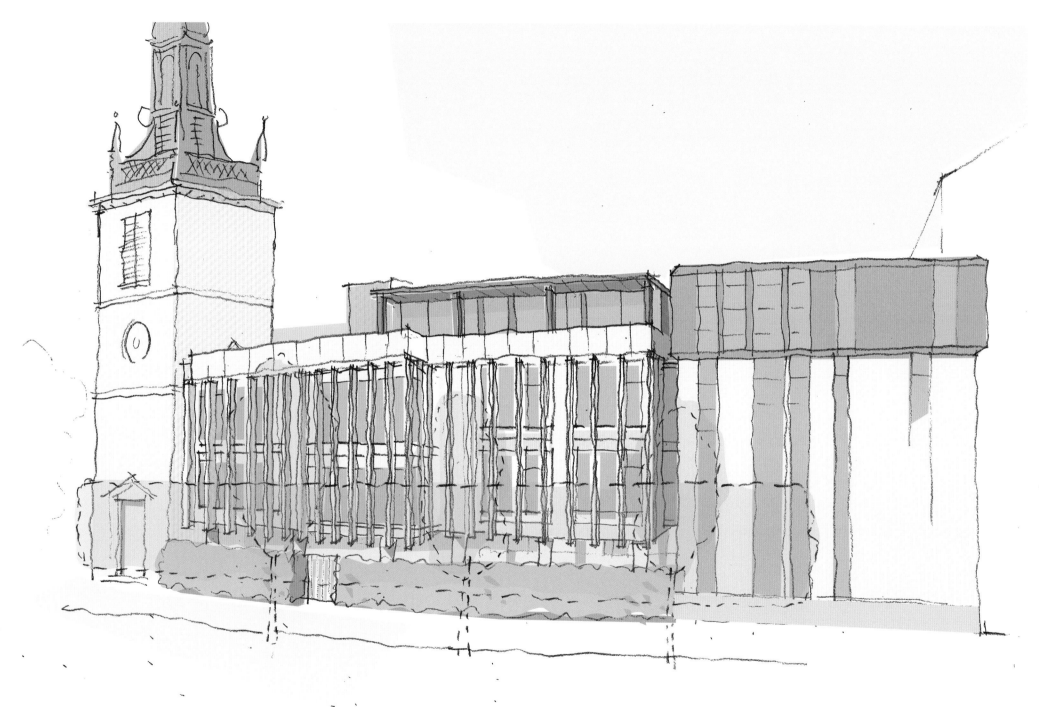

# RICHARD OLCOTT

**Ennead Architects · 미국**

주요 프로젝트: Denning House [p.230, 위쪽]
Stanford Law School [pp.230, 아래쪽; 231]
Bing Concert Hall [p.232]
William J. Clinton Presidential Center [p.233]

뉴욕 회사 Ennead Architects의 디자인 파트너 Richard Olcott은 말한다. "스케치의 실제 즐거움은 디지털 세계에서 모방할 수 없다. 부드러운 연필을 쓰든, 수채물감을 쓰든, 아니면 잉크를 쓰든 간에, 좋은 종이 위에 빈 페이지를 가로질러 움직이는 느낌은 매우 특별하다."

Olcott은 교육, 문화, 시민 건축 디자인 분야의 전문가이다. 그의 건물은 크고 복잡하며, 무수히 많은 디자인과 경제적 제약 속에서 사용자의 비평을 받기도 한다. 그러나 이 모든 비평에도 Olcott은 자기 운명에 만족하는 듯 보인다. "스케치는 그 결과가 어찌 될지 몰라도 무엇이든 시도할 수 있는 자유를 준다." 라고 그는 말한다. "드로잉은 분명한 끝이 없는 흥미롭고 개방적인 과정이다. 하지만 언제 멈추고 다음 스케치로 나아갈지를 아는 것 또한 마찬가지로 중요하다."

이 회사는 디자인을 지속해서 탐구하면서 3D 프린팅과 가상현실, 디지털 렌더링, 축소 모형, 1:1 실물 모형을 비롯한 모든 방식의 디자인 도구를 사용하지만, Olcott은 다른 모든 것이 실패할 때 무엇에 의존해야 할지를 알고 있다.

"가능한 한 적은 수의 선으로 명확하게 스케치하는 법을 아는 것이 아이디어 전달에 중요하다. 특히 건축의 세계에 정통하지 않은 사람들에게 전달할 때 중요하다."라고 그는 말한다. "고객 앞에서 그렇게 하면 바로 요점에 도달할 수밖에 없다. 이 방법은 여전히 아이디어를 형성해 다른 사람들에게 전하는 가장 직접적인 방법이지만, 결코 유일한 방법은 아니다."

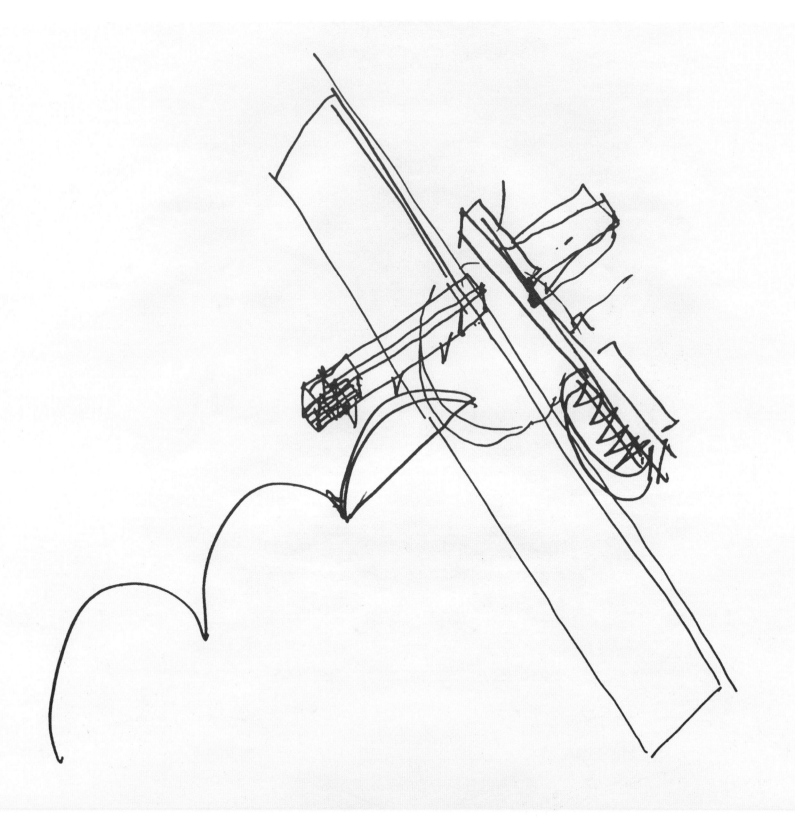

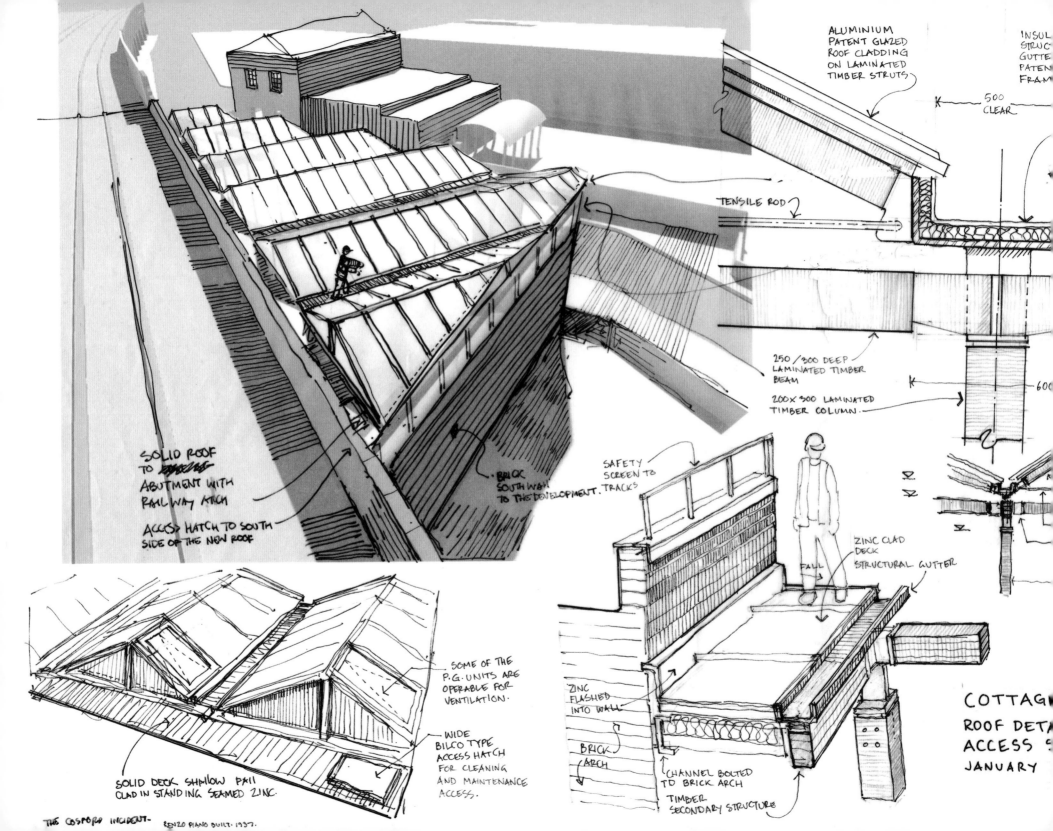

ALUMINIUM
PATENT GLAZED
ROOF CLADDING
ON LAMINATED
TIMBER STRUTS

INSUL
STRUC
GUTTE
PATEN
FRAM

500
CLEAR

TENSILE ROD

250 / 300 DEEP
LAMINATED TIMBER
BEAM

200 x 300 LAMINATED
TIMBER COLUMN.

600

SOLID ROOF
TO ABUTMENT WITH
RAILWAY ARCH

ACCESS HATCH TO SOUTH
SIDE OF THE NEW ROOF

BRICK
SOUTH WALL
TO THE DEVELOPMENT.

SAFETY
SCREEN TO
TRACKS

ZINC CLAD
DECK
STRUCTURAL GUTTER

FALL

SOME OF THE
P.G. UNITS ARE
OPERABLE FOR
VENTILATION.

WIDE
BILCO TYPE
ACCESS HATCH
FOR CLEANING
AND MAINTENANCE
ACCESS.

ZINC
FLASHED
INTO WALL

BRICK
ARCH

CHANNEL BOLTED
TO BRICK ARCH

TIMBER
SECONDARY STRUCTURE

COTTAGI

ROOF DETA

ACCESS

JANUARY

SOLID DECK SHALLOW FALL
CLAD IN STANDING SEAMED ZINC.

THE COSFORD INCIDENT.    RENZO PIANO BUILT. 1937.

PLAN VIEW OF
COLUMN CONNECTOR 1:5

TWO IN NUMBER
SOCKET HEAD
BOLTS 'GALV'D

ALUMINIUM CLAD
DOUBLE GLAZED
WINDOWS

MORTAR BED / PROFILE WITH TANKING /
DPC COVER · SEAL AT FIXINGS TO TOP
OF BRICK / COVER MORTAR: SS·
·EINFORCEMENT FULL WIDTH AND LENGTH

EYMER KENT
GE TILES WEATHERING
TAINLESS STEEL WIRES
IN BE LOOPED IN THE
OLES FOR PEGS

EXISTING 135φ
MM LAMINATED
TIMBER COLUMNS
LAMI SELL·

+ GALVANIZED
PAINTED, MILD STEEL
PFC FORMS A FIRM
BASE TO THE GLAZING
ASSEMBLY. TIED
INTO TIMBER COLUMNS
ON GRID AS PER
ENGINEER'S DETAILS

600

DPC

50

ONSOLIDATED
ILED CANTILEVER
O CORNICE

CONT SS·BRICK MESH
AND DOWELS

ATED
COND'y

TIMBER SLAT DECORATIVE
CLADDING TO CEILINGS
PAINTED OFF-WHITE
'NEW DIANA' CREAM BRICK

UNDERSIDE OF
TILES CLEANED
AND TIDIED TO
FORM WINDOW
REVEALS RE
POINTING WHERE
NECESSARY
275

CROYDON MOSQUE
REVISED PORCH WALL DETAIL 1
1:5 @ A3
CMIC

## BENEDICT O'LOONEY

**Benedict O'Looney Architects • 영국**

주요 프로젝트: Cottage Grove [p.234] • Croydon Mosque [p.235]
Arch of Septimius Severus [p.236] • Chandni Chowk [p.237] • Chester [p.238]
Salisbury [p.239] • Yorkshire [p.240] • Chipping Campden [p.241]

런던의 건축가 Benedict O'Looney는 말한다. "나는 어떤 설계 작업이든 시작하기 전에 그 동네를 인식하기 위해 스케치한다. 그것은 설계 과정의 재미있는 부분이며, 주변 건물과 대지의 건축적 맥락에 익숙해지는 비결이다."

O'Looney는 다른 동료와 마찬가지로 자기 스튜디오가 컴퓨터를 폭넓게 사용하는 것을 시인하며, 컴퓨터가 작업을 더 쉽고 생산적으로 할 수 있게 해준다고 말한다. 하지만 그는 핸드 드로잉이 제공하는 아이디어의 자유롭고 방해받지 않는 흐름에 컴퓨터가 '기묘하게 저항'한다고 생각한다.

그는 "나는 디테일 작업을 할 때 정말 그렇게 느낀다."라며 설명한다. "예를 들어 1:5나 1:1에 가까운 축척으로 그릴 때는 자기가 그리고 있는 것과 특별히 연결되어있다는 느낌을 받는다. 나는 색연필이나 수채물감으로 디테일 작업하는 것을 좋아하기 때문에 다양한 재료들이 생생하게 드러나 거의 '느껴지는' 수준에 이른다. 벽돌공이나 목수가 영어를 능숙하게 말하거나 읽을 수 없을 때, 접합구조에 대한 작은 3D 연구와 손으로 색칠한 디테일은 완성된 결과물이 어떻게 보일지를 성공적으로 보여줄 수 있다."

O'Looney는 어디서나 스케치하지만, 그중에서도 식탁에서 스케치하기를 제일 좋아한다. "그것은 힐스에서 가져온 넓고 매우 부드러운 나무 테이블"이라고 그는 말한다. "이 테이블을 고를 때 최우선적인 기준은 드로잉을 할 때 적합한가였다. 하지만 내가 너무도 즐기는 도시경관 드로잉은 대개 현장에서 바로 그린다. 잉글랜드 남부의 대서양 기후에서 추위에 떨지 않고 드로잉을 하려면 반드시 옷을 겹겹이 입고 울 베레모를 써야 한다!"

LIGHTNING FAST JETS OF SPIT!
...BER 27 2001 · JAMA
...D MOTOR PARTS BAZAAR.
...HE STRANGE TOUNGE-LIKE
...TION STRONGLY LINKING THE
...CTURE OF THE RED FORT
...GATE WITH THE SOUTH GATE

**JAMA MASJID**
...BER 20th 2001 · THICK THICK
...ENDS UPON OLD DELHI AT 7:00
...ILITY REDUCED TO 25/30 METRES
...OUR · THICK FOG · AND THE
...PLOWS ON · HORNS AND THROTTLES
...AWAY · THE GAURI SHANKAR MANDIR
...ED AWAY · DUNDRA CHORA · FOG
...FOG · SHIVALA · A SCORE OF COOKS
...WALAHS ARE BUSY AROUND LAJPAT
...GET AROUND SUPPERTIME · MOST
...'TOP THE RAT HILL · HOT FRIED
...PEARS TO BE BEING COOKED FOR
...SY HERE TOO ~ WHO ARE QUEUEING
...SOME TASTY NAAN TREATS WHAT
...RE SCENE · HERE FOOD HYGIENE
...BREAD, NAN-WALLA ON RAT
...PES HIS HAND ON GROUND
...CALLY YIPES · RICKSHAW
WALLAS

DIAMETER MACHA : MOSQUITOE · JA
GORI SANKAR MANDIR · TWOA-TCHO
BOLI · BABA · DESPITE THE UNREL
THIS ENVIRONMENT · EVERYONE LI
IN HARMONY · TCHOW-TCHOWS · MAC
MONKEYS · HINDUS · MOSLEMS · ALL SL
ATOP ONE ANOTHER · EASY-LIKE
ALAM! DECEMBER 23RD AGE INDIA
PLAYING ON PARADE ROAD · SERIOUSLY A
SINGER · SOME SORT OF INDIAN ACCORD
LOCKS TOGETHER AS THE MUSICIANS PL
MELODIES · THE TUNES WORK AROUND
THE COMPLEX RHYTHMIC UNDER WEAVE
THREAD OF SUNG MELODIC LINE ·
A NUMBER OF DISTINCT SECTION

THE TUNES, OR COMPOSING FOR THIS MUSI
ABSORB WESTERN FLAVOURS · MELODIC LINE
CHAMELEON LIKE FORMAT FOR SANG
LUCKNOW-U/P AGNI HOTEL BROTHERS

LAJPAT RAI

EXPERT
NAN BREAD
GUY WITH
ROLLER

ROLLS AND
SHAPES BREAD-LETS

...CLING OF BOWLS OF HALF-FINISHD
...INTO THE BIG POT SEEMS A
...RYING HERE · I THINK I WILL
...A CUP OF CHAI · THE COOKER
...D ABOVE MAYBE A COMMUNAL
...RIOUS FOLK GATHER AROUND
...INDIA RADIO NEWS AT 9:00 PM
...OUDS GATHER BETWEEN PAK
...SIA · SHELLING CONTINUES AT
...ED BORDER AREAS · WASHINGTON
...R RAPPROACHMENT · RUMSFELD IS
...AKBAR

COOK
MEISTER
WITH
STICKS

KNEADING AND
SHAPING
DAL GUY

OVEN
...OVEN UNDER THE TREE IN THE
...TES · I HAVE BEEN SITTING HERE
...S OF 500 CHAPATIS HAVE BEEN
...IN BOTH THESE COOKING SCENES
...N OF LABOUR IS KEY FOR MASS
...TION · SMELLS GREAT · AND I AM
...NED BY YUMMY CUPS OF TEA TO
...T DAL HOTEL TO MY RIGHT
...ORTS OF THINGS HANGING
...THE BIG TREE AT THIS PLEIN-AIR
...N PRESUMABLY TO KEEP THEM
...E GROUND - THE RAT'S DOMAIN

...Y'S THICK FOG 'THUNDI' HAS
...ED PLANES AT DELHI AIRPORT
...JY GUSTS AT 11:00 PM FRIDAY
...DAL HOTEL IS STILL GOING STRONG
...JY IS A TEAM OF FOUR · DAL HOTEL
...AM OF SEVEN · FOUR OF WHOM ARE
...ED ABOVE · GAURI SHANKAR
...IR WAS SERIOUSLY WEIRD
...OFF I CLIMBED THE MARBLE STEPS
...GOO FIRST FLOOR AND CONFRONTD
...HE ENTRANCE TO A CAR PARK

GILES GILBERT SCOTT. "THE FINAL FLOWERING
GOTHIC REVIVAL AS A VITAL, CREATIVE MOVEMEN
AND IS ONE OF THE GREAT BUILDINGS OF THE 20
CONSTRUCTION BEGAN IN 1904 AT THE HEIGHT
CITY'S PROSPERITY AND FINISHED IN 1978 AS
LONG ECONOMIC DECLINE REACHED ITS LOWEST
·BOOK· JOSEPH SHARPLE ·LIVERPOOL
WITH HELP·SIMON BRADLEY. YALE UNIVERSITY
WITH IT FUNDED. ·THE CATHEDRAL
LIVERPOOL LINKS ME IN THE C17 TO BECOME
COUNTRY'S 330 PORT BY 1700 THEN 2ND TO LONDON
EUROPE'S ISURVIVED MY FEW NIGHTS WITH TADDL
ROOM 104. AT THE LIVERPOOL YHA.

THE·ROWS
OUTSIDE

← 2500 SPANS →

OLD
WORK

NEW OAK

460
140
580
2000
ISH
250

INCLINED
TIMBER

DECEMBER 31 2008· SHROPSHIRE UNION
CANAL·BOUND·NORTH

AN UNFORGETTABLE·AFTERNOON·BICYCLE RIDE·NORTH FROM
CHESTER·AND THE MERRY OLD BOOT·QUITING CHESTER·45M
A SHORT WAY·UP THE A540·I JOINED THE ·SHROPSHIRE·
UNION CANAL·INTENSELY QUIET·COLD·AS I CYCLED·NORTH
ALONG THE·WELL METALLED·TWN PATH·THE FIELDS·BUSHES·
TREES SLOWLY·BEAUTIFULLY TURNED WHITE·IN THE GENTLE
SILENT·FREEZING FROST·I MADE NORTH·GOOD TIME·AND
EERILY THE ATMOSPHERE BEGAN TO SPARKLE·WELL THAT RIDE
WAS BEAUTIFUL·DESPITE THE FREEZING WEATHER·THE NEXT
STAGE FROM ELLESMERE HAFEN·EASTHAM+BROMBOROUGH·
TRANMERE·SUPER-PRETTY PORT SUNLIGHT·DARK·NOW REALLY
MAN THOSE VIRGIN PENDOLINO'S HAUL ASS ON THE NEWLY RES'D
ELSEWHERE·SOME FOLK HAVE BROAD ACCENTS HERE IN DEVA
OTHERS·NOT SO·LOTS OF LAUGHING IN THE BOOT INN·
VERY·ANGLO·LOOKING FOLK HERE! WORD'S OVERHEARD! YOU
MANKY BASTARD'S·THIS DRAWING SESSION REMINDS ME HOW
DAMN POTENT THE ISOGRAPH CAN BE·QUITE FAR·BLUE EYED
AROUND THIS JOINT·IS THAT A CHESHIRE THING?·LIKE ALSO THIS
MUSICAL WAY OF TALKING·PINT OF BEST BITTER £1.51
IN THE BOOT· SAMUEL SMITH'S·

WEST COAST MAIN LINE· SEE NOTES

ANGLICAN CATHEDRAL·VESTEY
(331 FT) TALL·UK'S LARGEST
WIDE'T GOTHIC ARCHES
MLEY·ANOTHER PLACE·
·FORMBY·POST PANAMAX
QUARRY SANDSTONE·VERY
TY STONE·SCOTT A CATHOLIC
SO·SCOTT PLUS·OLD BODLY
K IS NO FLUKE·IT IS MANIFESTLY
A MOST GIFTED MAN, OF COURSE

THE BOOT INN·CHESTER·C·1640 ON THE "ROWS"
WOW· ORIGINAL JOINT·FORMER MERCHANT'S HOUSE·FACADE
RESTORED IN THE 19CC·THE ROWS ARE SO DAMN IMPRESSIVE
HAVE FOUND 1 BIKE SHOP·ON THE ROAD TO THE STATION AND THE
MAIN BOOKSHOP·OPPOSITE THE BOOT·WELL THEY DEFINITELY
SPEAK DIFFERENT HERE·BLUE BELLS·DIE ALTE·CHESTER·
DEVA·"ROMAN LEGIONARY FORTRESS·MR·STARKEY·ROMAN
WALLS+ROMAN AMPHITHEATRE·RIVER DEE AND A FINE RAILWAY
JUNCTION·HEY·LOOKOUT FOR THE MIGHTY GAVIN FINNAN·DON'T
GAVIN COME FROM HERE! I REMBER GETTING A GREAT POSTCARD
FROM GAVIN·WITH MUM·OF THE R O W S

POULTRY CROSS. 9th CENT. IN SALISBURY.
HAUNCH OF VENISON. AN OLD ENGLAND CHOP
HOUSE. BISHOP POORE LAID THE FOUNDA-
T'ON STONE FOR THE NEW CATHEDRAL
IN 1220. (ARCHBISHOP STEPHEN
LANGTON CANTERBURY) "BUILDING
CONTINUED AT THE UNCOMMONLY FAST
RATE LEADING OF THE ROOF IN 1266.

THE DESIGNER OF THE CATHEDRAL?
MR. HARVEY PLEADS FOR NICHOLAS OF
ELY. FIRST MASTER MASON. NICHOLAS
OF ELY. POSSIBLY THE DESIGNER WAS
ELIAS DE DEREHAM CANON
SARUM. WHO WAS PRESENT AT RUNNYMEDE
IN EXTREMELY ABLE CHURCHMAN AND
ADMINISTRATOR...ALSO AN ARTIST AND
A MAN CLOSELY CONNECTED WITH ARCHI-
TECTURE. DESIGNED THE SHRINE AT
CANTERBURY FOR YOU KNOW WHO-
FAGEBAT "FACIEBAT" HE WAS RESPON-
SIBLE FOR: NOT 'HE' DESIGNED ELIAS
DE DEREHAM. IN CHARGE OF KINGS WORKS
AT WINCHESTER AND AT CLARENDON
"AN INCOMPARABLE "ARTIFEX" ALSO
RICHARD AND RICHARD OF FARLEIGH
BUILT THE SPIRE. THE CATHEDRAL IS
BUILT OF CHILMARK STONE. IS A
STONE QUARRIED 12 MILES FROM THE
SITE. 449 FT. LONG; 81 FT. TALL. SPIRE
404 FT TALL. (ONLY ULM TALLER 19 C.)
530 FEET TALL. THE PLAN OF THE
SALISBURY CATHEDRAL
IS THE BEAU IDEAL OF THE EARLY
ENGLISH PLAN. ON A VIRGIN SITE THE
DESIGNER COULD DO EXACTLY WHAT
HE THOUGHT BEST. THE OUTCOME DIFFERS
IN EVERY RESPECT FROM THE FRENCH
IDEAL OF CHARTRES, REIMS, AND
AMIENS; AT SALISBURY ALL IS RECT-
ANGULAR. AND PARTS ARE KEPT NEATLY
FROM PARTS. A SCREEN FACADE NOT
ORGANICALLY GROWING OUT OF NAVE
AND AISLES. FINISHES THE BUILDING TO THE
WEST. "MOST UNIFIED IN APPEARANCE
OF ALL ENGLISH CATHEDRAL

SPIRE "FAR TOO HIGH FROM THE
POINT OF VIEW." IT HAPPENS TO BE A WORK
OF A MASON OF THE HIGHEST GENIUS.
WINDOWS ALL LANCETS MOSTLY
IN PAIRS. THE INTERIOR OF SALISBURY
CATHEDRAL IS AS UNIFIED AS IS
THE EXTERIOR (THAT AND WYATTS
TIDYING UP GIVES IT IS PERFECTION.

POULTRY CROSS
C15. CENTURY. WITH TOP PARTS OF 1853.
THE ONE REMAINING OF FOUR MARKET
CROSSES; CHEESE MARKET; WOOL CROSS
BARNEWELL'S CROSS. POULTRY CROSS
"COUNTRY FOLK WOULD SE
SELL THEIR PRODUCE
BENEATH ITS ARCHES, AND
ON OCCASION THERE WOULD
BE OPEN AIR SERMONS. THE
CROSS IS FIRST MENTIONED
IN 1335. OPPOSITE, AND DATING
TO THE SAME PERIOD ARE SEVERAL
HALF TIMBERED BUILDINGS. MIKE'S
SETTLING ACCOUNTS. INCLUDING
THE HAUNCH OF VENISON BUSTLING
WITH PILGRIMS. WHO VISITED ROY IS A
GOOD FRIEND TO WILL GUND F. SALISBURY
ST. OSMUND (CANNONISED 1457) WIDOWS
CHANCELOR OF ENGLAND 1074-1078. BISHOP
OF SALISBURY 1078 TO 1099. THE GUILDHALL WAS
SIR ROBERT TAYLOR. NOTE RUSTICATED
QUOINS; THE COLLEGE OF MATRONS
1682. TO HOUSE 12 CLERGY WIDOWS FOUNDED
BY BISHOP SETH WARD. PECKHAM PLACE ON A
WARTIME DRAMA "STONE" LIME LIGHT. LIME COALS
1879. SWAN LIGHTBULB 20 MINUTES.

STONE
PIERS

1900

4000

TIMBER
ROOF
STRUCTURE

8000

THOMAS ALVA EDISON. AFTER SWAN. ONE
YEAR 825 BULBS FOR D'OYLY CARTE. 1885.
CATHEDRAL ORIGINALLY AT OLD SARUM;
NORMAN CATHEDRAL. SQUABBLES WITH
THE MILITARY LED BISHOP POORE TO DECIDE
TO REBUILD IN THE VALLEY BELOW. PEACE!
THE PRESENT STREET "CHEQUERED
STREET PLAN? REG; ROWLAND, CHRIS
PHIL, NIGEL 1 OF 4 CROSSES. CHERRY.
MIRANDA MARY-ANN BELINDA

UP AND OVER · TRANS PENNINE · 11·1·15
HALIFAX TO ROCHDALE · I LIKED HALIFAX
BARRY AND SON'S HIGH VICTORIAN TOWN HALL
IS ABSOLUTELY FANTASTIC · VIBRANT · FULL OF
CRAZY WACKY HIGH VICTORIAN RENAISSANCE MADNESS
ALL IN SOME WONDERFUL BUFF STONE · CRISP, HIGHLY
DETAILED · THE GREAT LEEMING AND LEEMING WERE
IN EVIDENCE TOO · AS THE CITY'S MIGHTY 'BOROUGH
MARKET' WAS DESIGNED BY THEM TOO · ANOTHER
EXCITING LANDMARK IN HALIFAX IS THE MONUMENTAL
HALIFAX BUILDING SOCIETY HEADQUARTERS
AT THE TOP OF THE TOWN · FROM THE GOLDEN AGE OF
BDP · BUILDING DESIGN PARTNERSHIP · AT ABOUT
ONE I QUIT THE TOWN · HEADING NORTH AND UPHILL
PAST THE CITY PARK · UP AND OVER · THEN A SHARP
DESCENT INTO SOWERBY BRIDGE · THE TALL SCARP
BETWEEN HALIFAX AND SOWERBY BRIDGE IS DOMINAT-
ED BY THIS IMMENSELY TALL FOLLY · WAINHOUSE TOWER
A CHIMNEY · OVERLOOKING CALDERDALE · OVER:

CAN SEE MANY DIRECT LINKS BETWEEN THE ARCHITECT
URE OF THE EARLIER NATURAL HISTORY MUSEUM · THE
RESOLUTION OF CURVED STONE · AND PLANAR ELEMENTS

SUETONIUS · AELECTUS ·
GILLET AND JOHNSTON · LONDINIUM · AUGUSTA ·
WALLS · ABEL · 9 TON BELL · MANCHESTER TOWN HALL
380 ACRES: THE AREA ENCLOSED BY THE OLD CITY
ORIGINALLY BUILT BY THE ROMANS · DO
AD 350° · CITY WALL · LONDON · 3½ MILES LONG ·
LIBRARY · ARCHITECT · CORSON · VERY GOOD ·
BY THE 1950s 400 TRADERS
1893-1904 · NEW HALL · LEEMING AND BAGSHAW + SONS
SPENCERS · AS A PENNY BAZAAR · OF BATLEY ·
1875; 1904; 1981 · FOUNDING LOCATION OF MARKS AND
FINE IRON ARCHITECTURE JOSEPH AND JOHN LEEMING ·
COMPLETELY FILLED WITH ACTIVITY AND ACTION · REALLY
MARKET · A HUGE SERIES OF CITY BLOCKS OF MARKET

WATERHOUSE · A TOTAL MASTER OF
SPACE AND ARCHITECTURE · AND AS
I AM FINDING HERE IN THE TOWN HALL
A GREAT DETAILER · FINE MOSAICS AND TILE
WORK · MANCHESTER · I
·12· TOWN HALL
WATERHOUSE ·
1888 · LCC · MBW COUNTY · TESSELLATED FLOORS ·
WONDERFUL COMBINATION OF CURVES AND
CURVED STONEWORK AND BEAUTIFUL
GLAZED PANELS ·
SUSAN · WAPPING HIGH STREET ·
JANUARY 10TH 2015 · HALIFAX

LEEDS CITY LIBRARY
ALAN BENNETT SPENT LONG HOURS WORKING HERE
I WAS MUCH IMPRESSED WITH SIR GEORGE GILBERT SCOTT
LEEDS GENERAL INFIRMARY · 1869 · PLANNED AROUND
FLORENCE NIGHTINGALE'S PRINCIPALS · FOR SEPARATE
G · LEEDS GENERAL INFIRMARY · WONDERFUL

# ANTHONY ORELOWITZ

**Paragon Group** • 남아프리카공화국

주요 프로젝트: Sanlam Santam [p.242, 위쪽]
140 West Street [p.242, 아래쪽]
Pan African Parliament Building [p.243]

남아프리카공화국 요하네스버그에 본사를 둔 Paragon Group의 창립자 겸 디렉터 Anthony Orelowitz는 말한다. "스케치는 표현의 버팀줄이다. 스케치를 다시 볼 때면, 종종 내 마음속에 그려졌던 장면들이 매우 유동적인 방식으로 종이 위에 옮겨져 있는 것을 알 수 있다. 펜과 종이의 연결은 감각적이고 표현적이며, 반복이 연속적으로 이뤄지면서 디자인을 유동적으로 개발할 수 있게 한다."

"나는 아직 지면상에 스케치하지만, 점점 아이패드를 사용하게 된다. 아이패드 스케치는 압력 제어가 10배 향상되고 도구 세트가 더 포괄적이어서 훨씬 고양된 경험을 할 수 있게 해준다. 또한 많은 프로그램을 다양하게 사용할 수 있으므로 표현 범위를 넓힐 수도 있다."

1997년에 결성된 이 건축사무소는 4명으로 시작하여 현재 80명으로 성장했으며, 남아프리카공화국과 그 너머에서 모든 유형의 프로젝트를 수행한다. "우리는 한 팀으로서 스케치와 컴퓨터 모델링 사이를 계속 오간다."라고 Orelowitz는 말한다. "스케치와 컴퓨터 모델링은 서로의 밑그림이 된다. 우리는 절대 CAD로 설계하지 않는다. 우리의 2D 스케치는 3D 스케치를 주도하는 3D 모델로 이어진다. 이러한 순환적 과정은 설계 프로세스가 완료될 때까지 실행된다. 스케치는 단지 디자인 개발의 초기 단계가 아니라, 디자인 과정의 핵심 부분이다. 나는 스케치하기 전에 그 개념을 상상하지만, 그것은 하나의 출발점일 뿐이다. 스케치의 장점은 매우 신속하게 반복할 수 있고 디자인을 하나의 연속된 과정으로서 유동적으로 진화시킬 수 있다는 점이다."

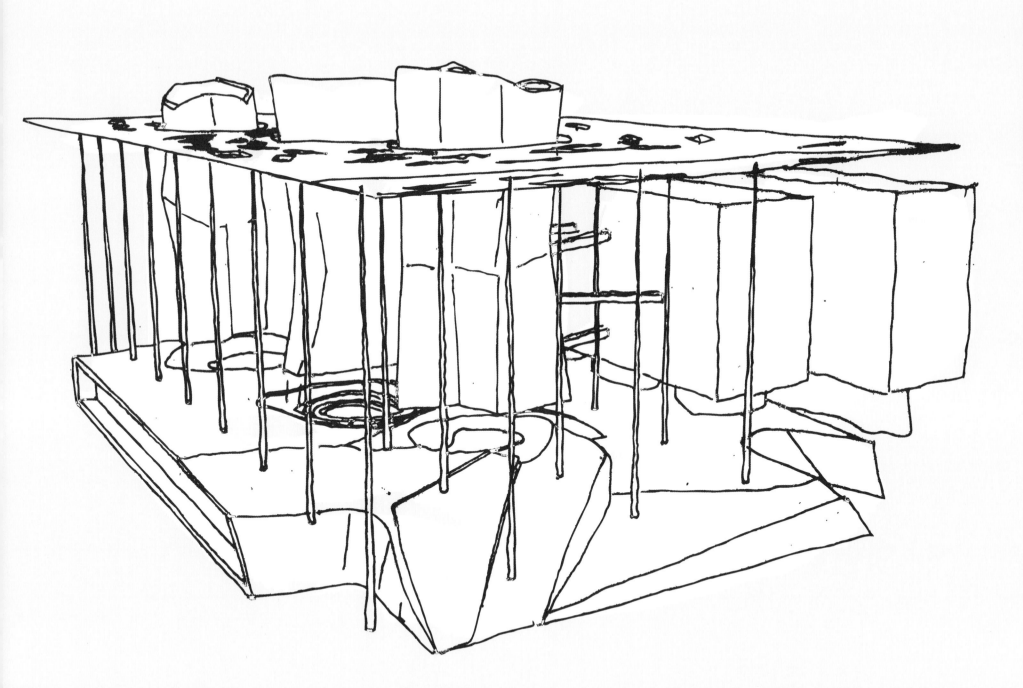

# JOSEPH DI PASQUALE

**JDP Architects • 이탈리아**

주요 프로젝트: Tower concept [pp.244-245]
Unite concept [p.246, 왼쪽] • Guilin Hotel [p.246 위쪽 오른편]
Vegetal skyscrapers [pp.246, 아래쪽 오른편; 247, 아래쪽]
Guangzhou Circle [p.247, 위쪽]

JDP Architects의 Joseph di Pasquale는 말한다. "나는 아직 디지털 세계에 스케치를 바로 그려 넣는 일은 할 수 없다. 내 꿈은 화면에 직접 스케치하면서 3D 소프트웨어와 소통하는 것이다. 나는 물론 수첩도 사용하지만, 디지털 스케치를 선호하는 이유는 스케치를 사후편집할 수 있고, 나의 핸드 스케치 스타일을 디지털 효과와 결합할 수 있기 때문이다."

Di Pasquale는 자신의 스케치 기술을 디지털 영역에서 활용하는, 디지털 방법을 대안보다는 보조수단으로 이해하는 새로운 건축가 세대에 속한다. "스케치는 육체적인 욕구"라고 그는 말한다. "디자인 개발이 점점 디지털화될수록, 더욱 스케치로 아이디어를 시각화할 필요가 있다. 스케치와 축소모형은 전체적인 설계 과정에서 실제 세계와 연결되는 유일한 고리다. 스케치는 떠오르는 문제를 시각화하는 가장 직접적인 방법이며, 문제 해결을 위한 가장 좋은 방법이다."

스케치를 통해 고객과 지속해서 소통하는 건축가가 있는 반면, Pasquale는 하나의 큰 아이디어로 시작해 프로젝트 진행 과정에서 세련되게 다듬는 연구 용도로만 스케치를 활용한다. 그는 "보통 디자인 과정 초기에 전체적인 아이디어를 시각화하기 위해 스케치한다."고 말한다. "나는 가능한 한 상세하게 스케치하려고 노력한다. 완전히 설득력 있는 스케치를 발견했을 때만 디자인 프로세스를 시작할 수 있다. 일반적으로 나의 첫 번째 스케치는 완공 건물의 주요 '사진 촬영 포인트'와 같은 시점을 취한다."

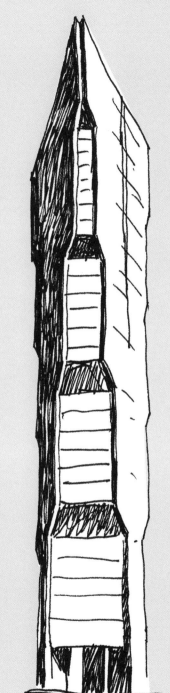

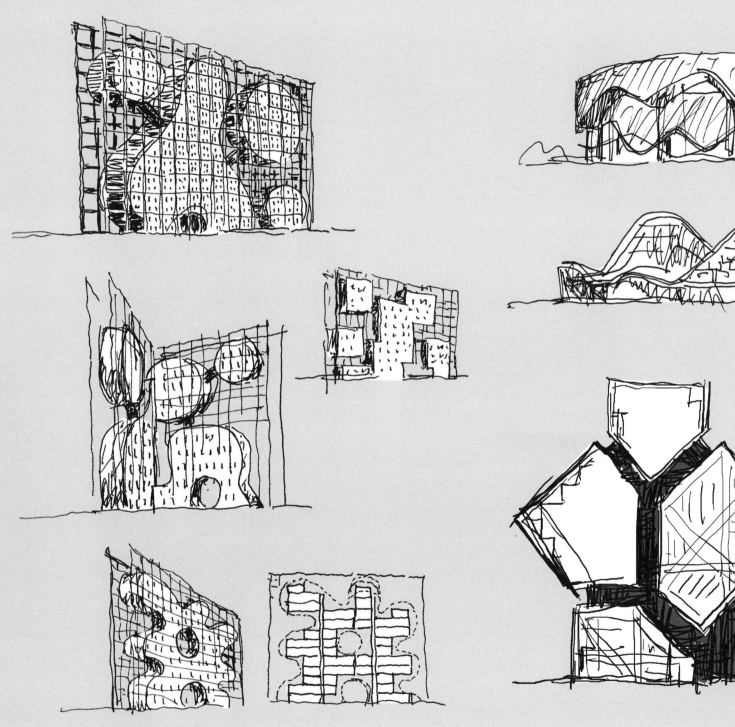
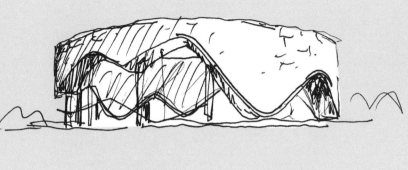
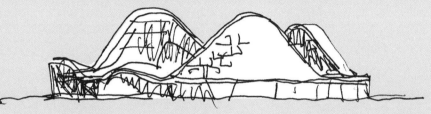

# FELIPE PICH-AGUILERA

**Pich Architects • 스페인**

주요 프로젝트: Salvador de Bahia [p.248, 위쪽]
La Colonic Rosa [p.248, 아래쪽] • Ampuries [p.249]
San Bernabe [p.250] Gardeny [p.251]

"스케치는 모호성을 다룰 수 있게 해준다."라고 Felipe Pich–Aguilera는 말한다. "건축은 직관적인 아이디어로 시작하며, 이런 아이디어는 답변보다 더 많은 질문을 제기한다. 스케치는 내가 정확한 것과 부정확한 것을 동시에 작업하고 있음을 인식하는 유일한 육체적 방법이다. 나는 스케치를 하지 않고 작업할 수 없을 것이다. 왜냐면 건축을 변경하고 개발하는 과정에서 아이디어를 전달하고 설명하는 가장 효과적인 방법이 스케치이기 때문이다."

1986년에 Pich–Aguilera는 Pich–Aguilera Arquitectos의 창립 파트너가 되었다. 그는 현재 Teresa Battle Pages와 함께 이 건축사무소를 이끌고 있다. 2012년에는 4명의 새로운 파트너가 PiBarquitecturaSix라는 분사를 설립했으며, 현재 이 두 단체는 바르셀로나에 본사를 둔 Pich Architects에 소속되어있다.

Pich–Aguilera는 계속 말한다. "드로잉 덕분에 아이디어를 더 쉽게 제시할 수 있고, 고객이나 팀과의 대화도 더 쉽게 할 수 있다." 그는 스케치가 하나의 사고방식이라고, 즉 '머릿속의 아이디어를 바깥으로 꺼내 눈으로 검사한 다음 다시 생각하며 아이디어를 발전시키는' 방식이라고 생각하며, 그것을 하나의 진화 과정으로 이해한다.

"나는 어디서나 스케치한다. 사무실에서, 여행 중에, 술집에서, 호텔 방에서도 말이다."라고 그는 말한다. "스케치할 이유는 늘 있기 마련이다. 어떤 프로젝트의 기술적 디테일을 고민할 때나 긴급히 아이디어를 전달할 때, 또는 어느 도시의 매력적인 분위기에 취해 그 근원을 알고 싶어질 때가 그렇다."

Antonia. Ciudad d Grupo Abril 2010

# PAWEL PODWOJEWSKI
**motiv** • 폴란드

주요 프로젝트: Gdansk [pp.252-255] • Qatar [pp.256-257]
Finferries [pp.258-259] • Dubai Blue [pp.260-261]

폴란드 건축사무소 Motiv의 Pawel Podwojewski는 말한다. "21세기에는 젊은 건축가들이 디지털 도구로 작업하는 법을 매우 빨리 배운다. 안타깝게도 이런 경향은 디자인 과정을 덜 창의적으로 만든다. 디지털 도구는 감성적인 전통적 접근 방식을 대체하기보다 보조하는 역할을 해야 한다."

Podwojewski는 마치 나이 든 거장처럼 말하지만, 젊은 건축가이다. 그는 이렇게 말한다. "교육이 전통적인 기법에 다시 초점을 맞추길 바란다. 드로잉은 종종 우연하게 디자인을 발견하게 하는 행위인데, 이런 우연이 삶을 아름답게 하고, 디자인에 개성을 부여한다."

그단스크에 위치한 그의 건축사무소는 결코 전통적이지 않으며, 건축을 만드는 것만큼이나 그래픽디자인 프로젝트를 수행하는 데도 능숙하다. Podwojewski는 스케치하지 않고 디자인할 수도 있다고 믿지만, 어떤 결과를 얻을지는 확신하지 못한다. "더 어려울 것이고, 여러 면에서 더 실망스러울 것"이라고 그는 설명한다.

그의 디자인 과정은 거의 늘 스케치로 시작한다. "첫 번째 스케치를 통해 분석할 수 있는 몇 가지 방향을 쉽게 찾아 최상의 안을 고를 수가 있다."라고 Podwojewski 는 말한다. 이후 스케치를 스캔해서 크기를 조정하고 AutoCAD와 3ds 맥스로 재작업한 뒤 다시 직접 청사진을 스케치한다.

"전형적이거나 표준적인 솔루션은 따로 스케치가 필요하지 않으므로 그런 것은 디지털 공간에서 바로 해결한다."라고 그는 말한다. "어려운 문제는 지면상에서 해결되는데 때로는 엔지니어와 회의할 때, 때로는 사무실을 오가는 동안 해결된다. 배터리나 많은 공간이 필요한 것이 아니다. 그저 펜과 수첩만 있으면 된다. 그것이 스케치가 아름다운 이유다."

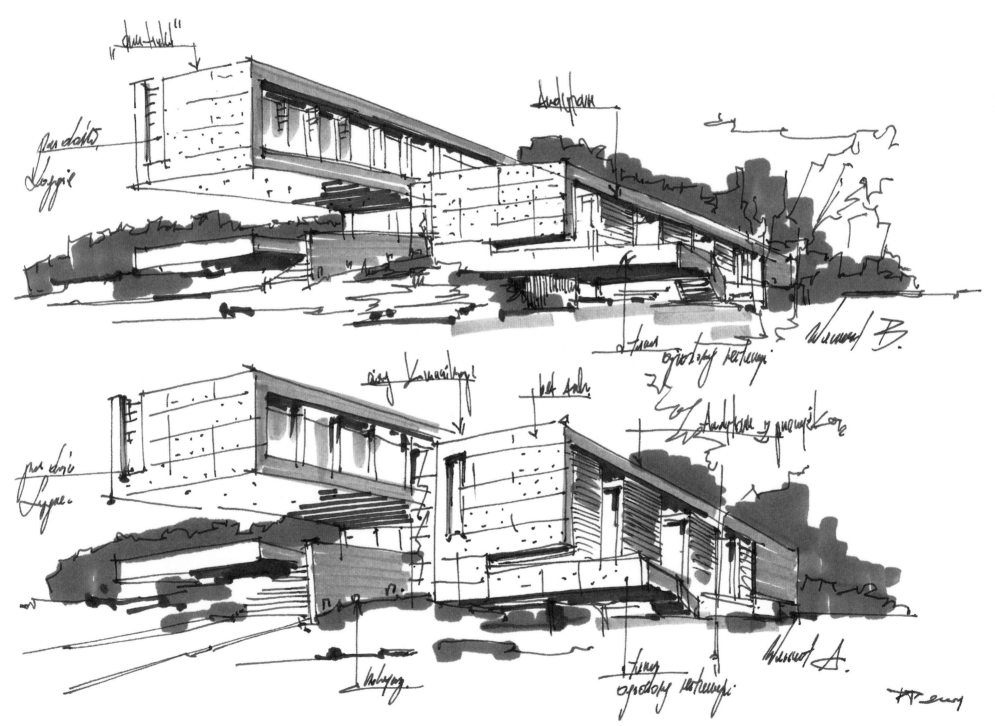

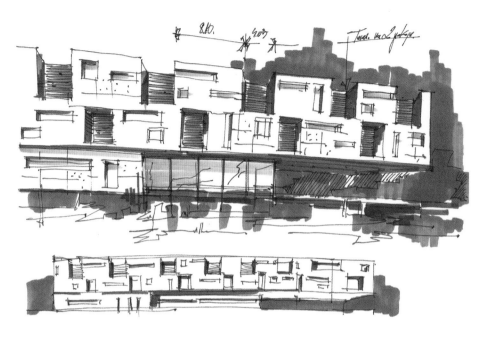

8.10.  4.03  Tekel. van 2 gedeel.

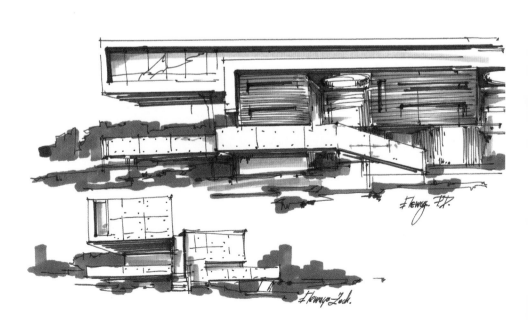

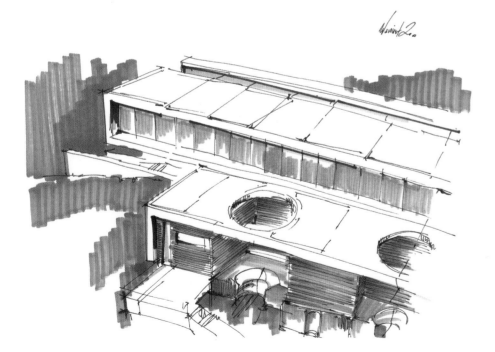

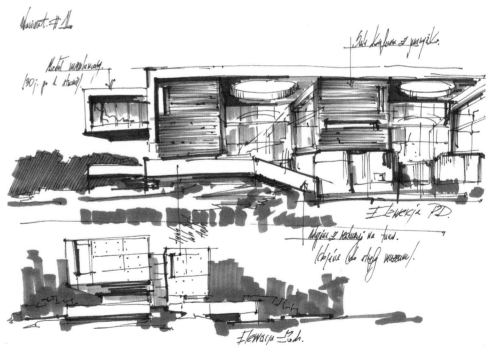

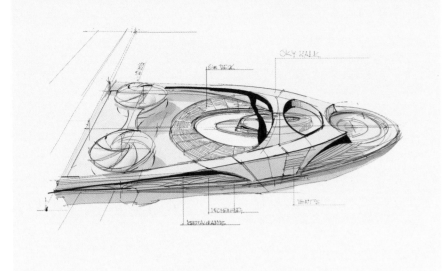

SKY WALK

SUN DECK

VENTS

RESTAURANTS

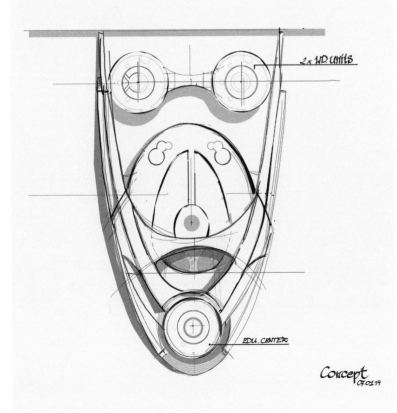

2x HD Units

EDU. CENTER

Concept
07.0114

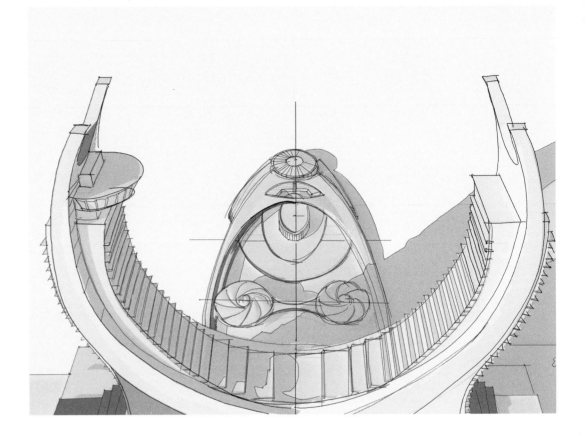

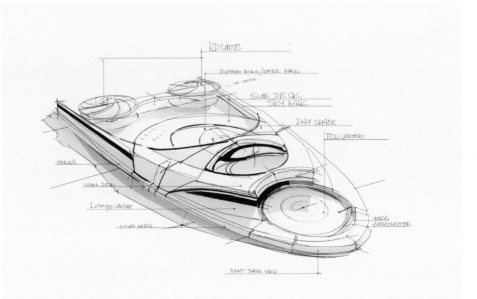

HD UNITS

SWIMMING POOLS/WATER PARK

SUN DECK/
SKY WALK

DAY SHADE

EDU CENTER/

MARINA

UPPER DECK

INNER
AMPHITHEATER

LOUNGE ZONE

NIGHT SHOW VIEW

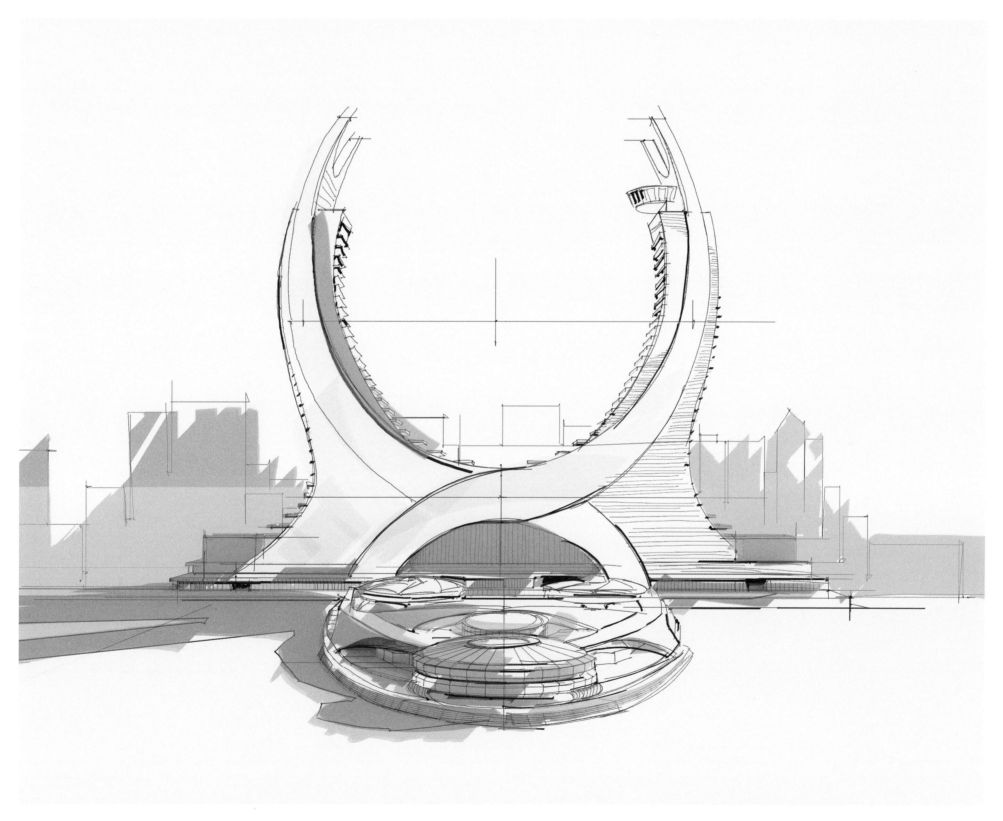

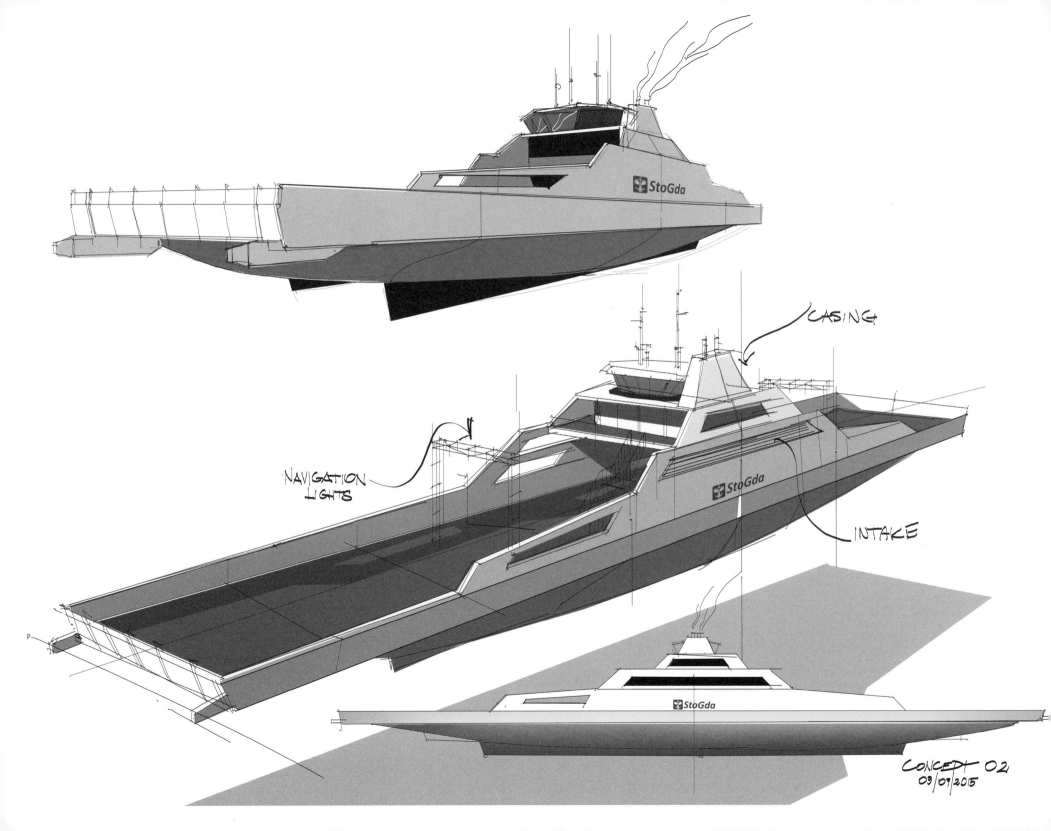

CASING

NAVIGATION
LIGHTS

INTAKE

CONCEPT 02
03/09/2015

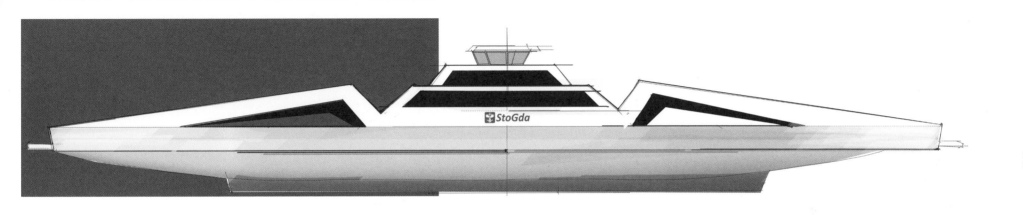

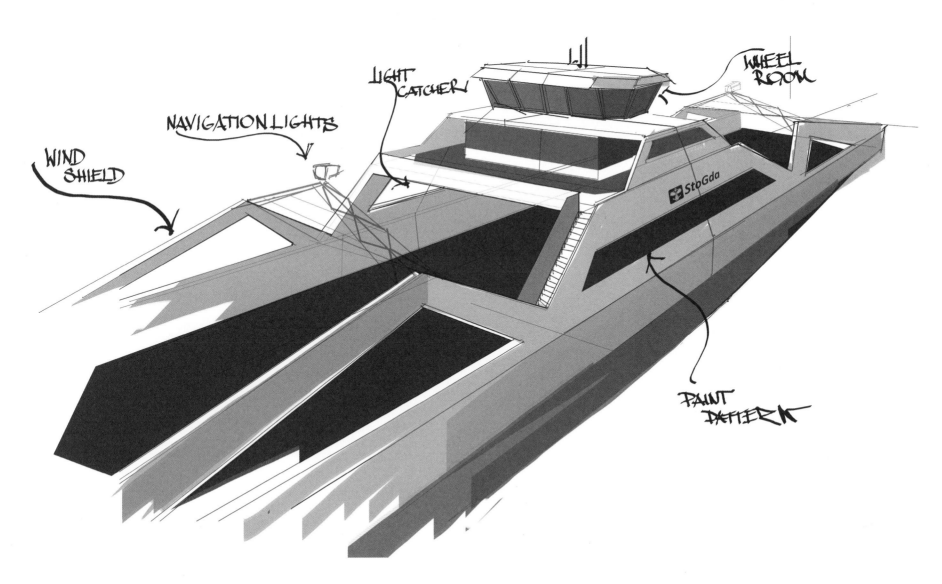

WIND
SHIELD

NAVIGATION LIGHTS

LIGHT
CATCHER

WHEEL
ROOM

StoGda

PAINT
DEFLER K

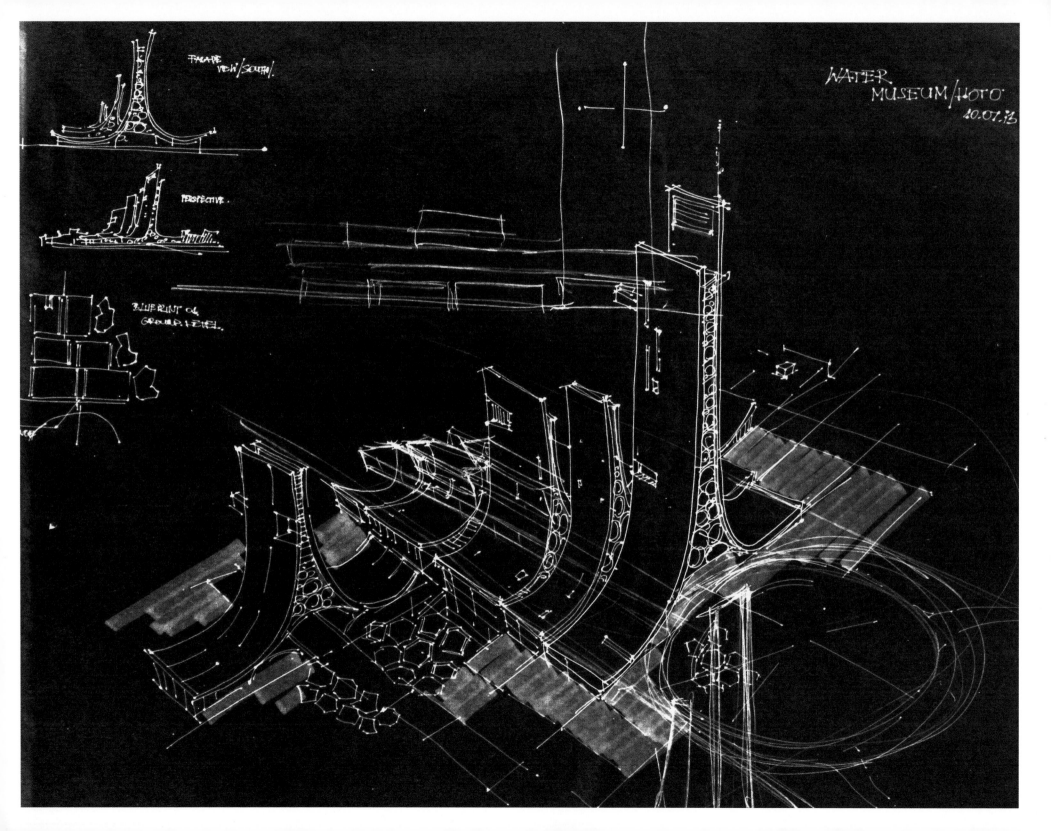

FACADE
VEW/SOUTH/.

PERSPECTIVE.

BLUEPRINT OF
GROUND LEVEL.

WATER.
MUSEUM/HOTO·
20.07.13

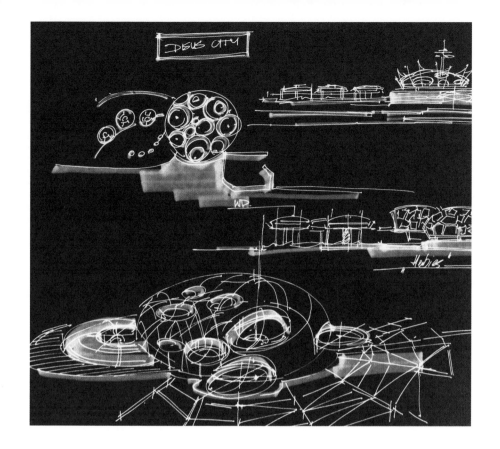

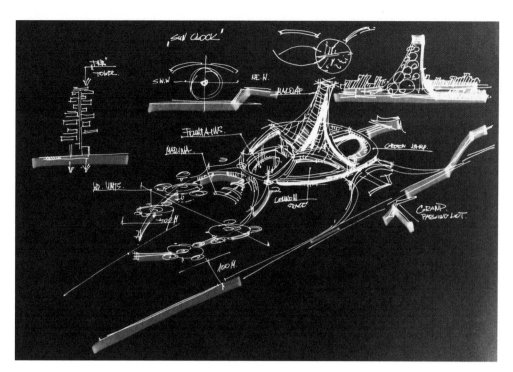

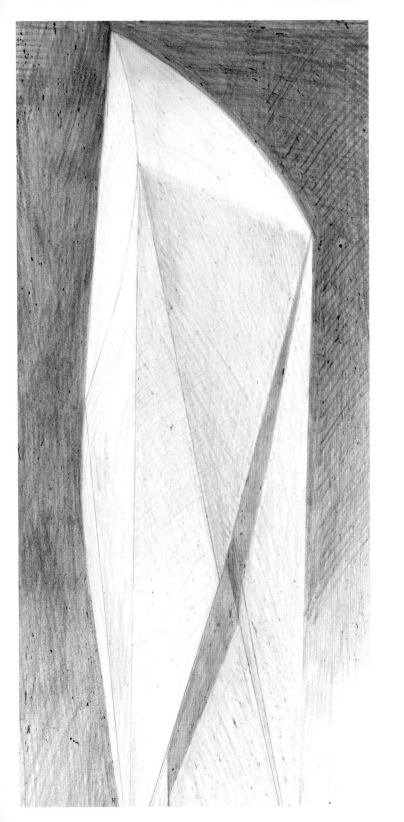

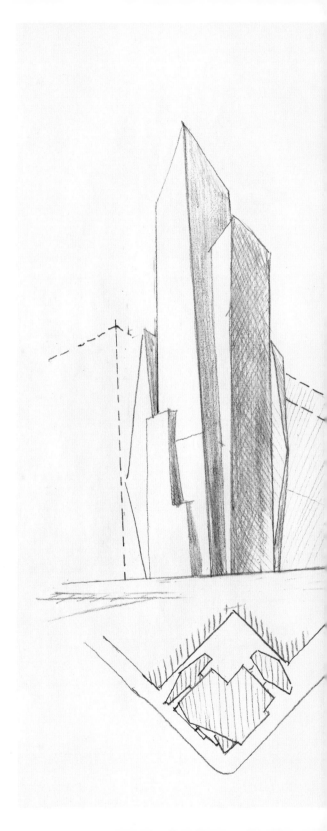

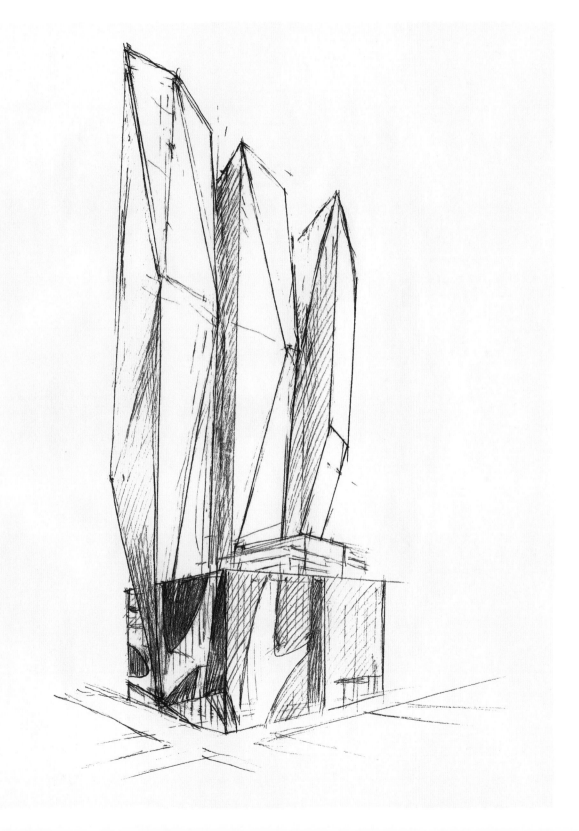

# CHRISTIAN DE PORTZAMPARC

**2Portzamparc** · 프랑스

주요 프로젝트: T1 Tower [p. 262, 왼쪽] · LVMH Tower [p. 262, 오른쪽]
Prism Tower [pp. 262–263] · New York City Opera [p. 263, 오른쪽]
House of Dior Seoul [p. 264, 왼쪽] · Tongzhou [pp. 264–265]
Cidade Das Artes [p. 265, 위쪽 오른편] · Musée Hergé [p. 265, 아래쪽 오른편]

파리의 건축사무소 2Portzamparc의 Christian de Portzamparc는 말한다. "건축과 도시 계획은 공간과 관련이 있다. 공간을 재현하지 않고서는, 상상하고 렌더링하기란 불가능하기 때문에 그림과 드로잉이 필요하다. 3차원을 2차원으로 표현할 수 있게 하는 기법 말이다."

De Portzamparc는 1994년, 50세의 나이에 그 저명한 프리츠커상을 받은 최초의 프랑스 건축가로 유럽에서 가장 유명한 건축가 중 한 명이다. 그는 Commandeur des Arts et des Lettres, Officier de l' Ordre du Merite 그리고 Chevalier de l' Ordre de la Legion d' Honneur를 수훈했으며, 미국 건축가 협회의 명예연구원으로 임명되었다.

"스케치와 조금 더 정교한 도면이 만들어진 후, 치수, 축척, 조명, 색상의 오류를 방지하기 위해 치수 모델링과 물리적 모형을 만든다."라고 그는 말한다. "모형이 스케치 같은 역할을 할 수 있다고 생각한다. 우리는 고객이 이해할 수 있는 디자인을 만들려고 노력한다. 고객한테 첫 번째 스케치를 보여줄 때도 있고, 그럴 필요가 없을 때도 있다.

그는 계속 말한다. "스케치는 마음속에 있는 아이디어를 검증하는 방법이다. 또한 생각이 일어나게 만드는 과정일 수도 있다. 드로잉은 생각을 만들어내면서도, 아이디어의 유효성을 확인할 수 있게 해준다. 아이디어는 '건축 에세이'에서 늘 드로잉과 함께 존재한다."

# SANJAY PURI

**Sanjay Puri Architects • 인도**

주요 프로젝트: The Bridge [p.266, 위쪽] • Destination [p.266, 아래쪽]
Stellar [p.267 위쪽] • The Street [p.267, 아래쪽, 왼쪽]
Hill House [p.267, 아래쪽 오른편]

건축가 Sanjay Puri는 주장한다. "스케치는 설계에서 가장 중요한 도구다. 아이디어를 생성하기 위해 소프트웨어를 사용하는 것은 기계이며, 회화적인 형태로 생각을 확장하는 스케치보다 시간도 더 오래 걸린다." 그는 스케치가 아이디어를 지면상으로 옮기는 가장 유동적인 방식이라고 생각한다. "단 몇 분 만에 하나의 디자인을 시점이 담긴 모든 면으로 스케치하고, 수정하고, 만들어낼 수 있다."

인도에서 가장 성공한 회사 중 하나인 Sanjay Puri Architects를 이끄는 Puri는 직원 72명의 건축사무소를 운영하며, 지금껏 아시아를 비롯해 미국과 유럽의 작업을 해왔다. 이 건축사무소는 World Architecture Festival과 Chicago Athenaeum Museum of Architecture and Design 등이 수여하는 국제적인 상을 100개 넘게 받았다.

"나는 거친 스케치로 시작해서 때로는 그것을 다양한 색으로 덮어씌운다."라고 그는 말한다. "이 아이디어는 최종 디자인 스케치나 일련의 스케치로 변형된다. 그 과정은 매우 빠르게 이뤄진다. 평면도와 단면도를 스케치하고 배치하기 때문에, 최종 도면 세트를 작성할 때의 모든 옵션을 볼 수 있다. 이렇게 하려면 큰 탁자가 제공하는, 넓은 공간이 필요하다(다른 도면을 보려면 기존에 보던 도면을 닫아야만 하는 컴퓨터 화면 작업과 반대로 말이다). 스케치 과정은 더 포괄적이며, 나에겐 가장 빠르고 명확한 디자인 방법이다."

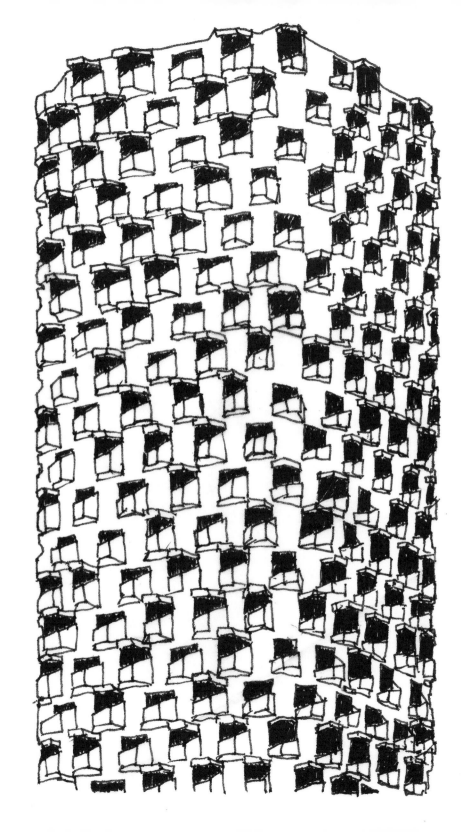

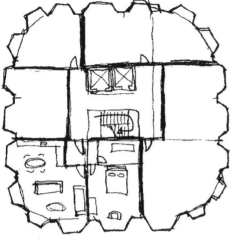

22ND Floor - A5

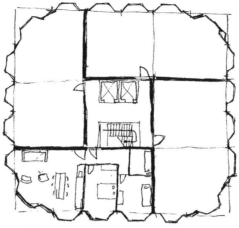

22ND Floor - A3

# MATTHIJS LA ROI
**Matthijs la Roi Architects • 영국**
주요 프로젝트: Conradstraat Tower [pp.268-271]

네덜란드 태생의 영국 건축가 Matthijs la Roi는 말한다. "증강 현실이 발전할수록 아날로그와 디지털의 차이가 불분명해질 것으로 예견된다. VR을 활용해 3D로 그릴 수 있는 소프트웨어 패키지가 이미 있다. 마우스보다 손으로 그리는 드로잉에 가까운 직관적인 프로세스다. 드로잉처럼 머리로 생각하는 만큼 우리의 손이 움직이는 창조적 프로세스를 활용해 디자인 아이디어를 탐구한다면, 아날로그와 디지털의 구분은 덜 중요해진다."

아직 30대인 la Roi는 차세대 건축가들의 선구자이다. 그들에게는 디지털 기술이 수작업 기술만큼이나 전통적이다. 런던에 있는 그의 사무실에서, 그는 전통 건축뿐만 아니라 최신 건축기술과 아이디어가 융합된, 2019년 개관하는 네덜란드의 Hospitality Museum을 건축하여 디자인상을 받기도 했다.

"나는 스케치를 활용해 특수하고 지역적인 디자인 문제에 대한 해법을 찾는다." 라고 그는 말한다. "컴퓨터와 스케치 사이를 오가며 최종 해법에 도달하려면 종종 몇 번을 반복해야 한다. 스케치는 아이디어를 토론하는 데 도움이 되지만, 우리 스튜디오는 시간에 따른 작업의 흐름도 중요하게 생각한다. 우리는 시간 기반의 시뮬레이션과 생성 알고리즘을 사용한다. 드로잉은 하나의 매체로서 주로 디자인의 고정된 상태를 다룬다. 이런 관점에서, 우리의 설계 방법 중 일부는 순수하게 아날로그 방법으로만 대체할 수 없다. 스케치는 주로 직접 대면하는 의사소통 도구로 쓰인다."

# MOSHE SAFDIE

**Safdie Architects • 미국**

주요 프로젝트: National Gallery of Canada [pp.272-275]
Khalsa Heritage Centre [pp.276-277] • Holocaust History Museum [pp.278-279]

보스턴에 위치한 Safdie Architects의 Moshe Safdie는 말한다. "스케치는 설계 개념을 진화시키고, 작업 후반에는 디테일을 개발하며 전반적인 계획의 특정 문제들을 검토하기 위한 기본 도구다. 나에겐 두 가지의 스케치 방식이 있다. 첫 번째는 대형 포맷의 방식인데, 때때로 바탕 그림이나 배치도를 밑에 대고 손으로 문지르기 쉽고 물에도 잘 녹는 목탄과 카보델로 파스텔 연필로 스케치하곤 한다. 목탄은 문질러 지울 수도 있고 부드러워서 아이디어를 발전시키는 데 도움이 된다. 색상은 디자인과 그 구성 안의 요소들을 향상시킨다. 나는 Louis I. Kahn 밑에서 수습생 생활을 하며 이 표현기술을 터득했다.

"두 번째 방법은 펜과 잉크, 스케치북을 사용하는 것이다. 나는 이 모든 것을 늘 소지하고 다닌다. 직장에서도, 비행기에서도, 차 안에서도, 심지어 대기실에서도 스케치에 몰입할 수 있다. 나는 지난 50년간 스케치북으로 작업했다. 늘 서너 개의 프로젝트를 동시에 진행하기 때문에, 나의 스케치북은 여러 단계의 프로젝트 연구를 진행하는 혼합물이다."

건물 단면, 시공 상세, 3D 공간을 계획할 때는 잉크로 그리는 것이 가장 효과적이라고 Safdie는 말한다. "나는 드로잉에 설명을 달고 그것을 사진으로 찍어 보내 추가적인 디지털 작업을 사무실에 맡기는 편이다. 최근의 설계 과정은 나의 핸드 스케치를 사무실에서 만든 3D 컴퓨터 연구와 융합하여 다양한 규모의 모형으로 개발하는 식으로 더 풍부해졌다. 이제는 이러한 삼각화(스케치-3D 컴퓨터-모형)가 없는 설계 과정을 생각할 수 없다. 나는 아이디어를 통해 사고하고자 스케치에 의존하며, 그 스케치를 실체적인 기하학으로 발전시키고자 3D 연구에 의존한다. 또한 우리가 하는 일의 공간적 함의를 이해하고자 모형에 의존한다."

calm down space
get scale right.
con be smaller!?

glass roof

Jerusalem from the magazine f air raid

get calmer!

Sermon space in...

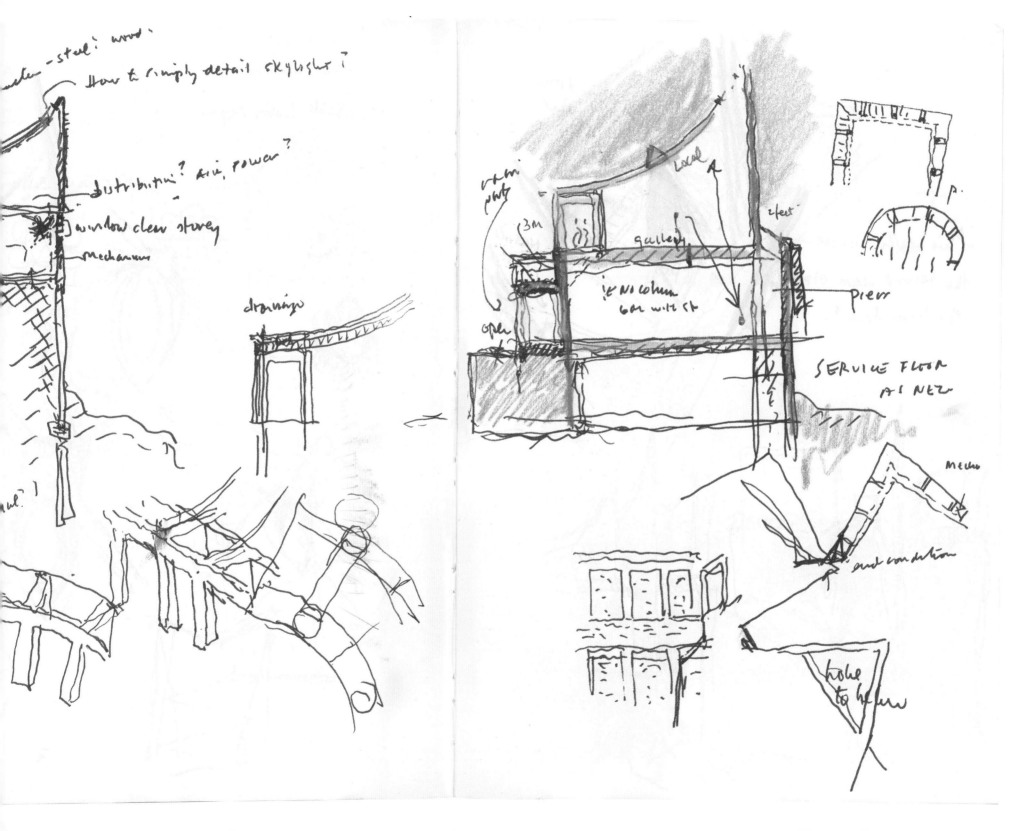

yad v

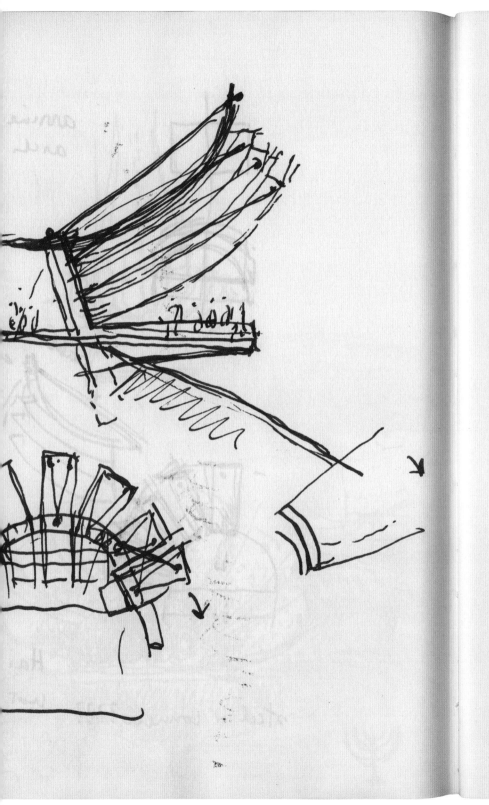

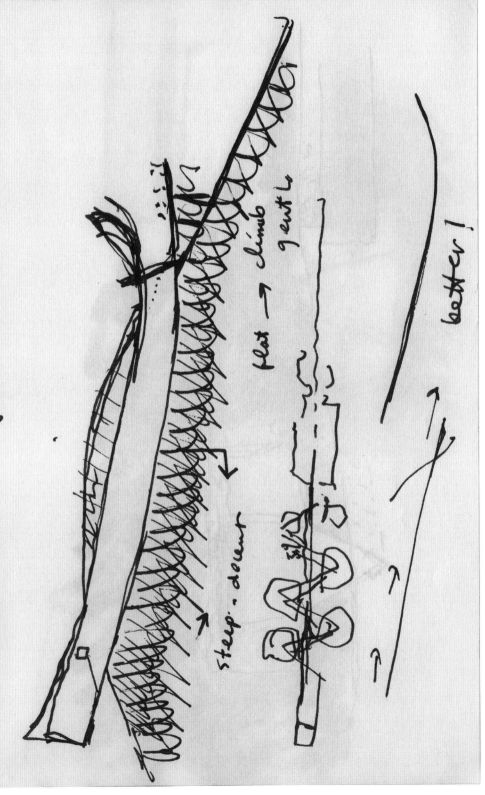

Somerville Oct'08. Post Jossy thoughts Yad Vashem

steep - descent

flat → climb gentle

better!

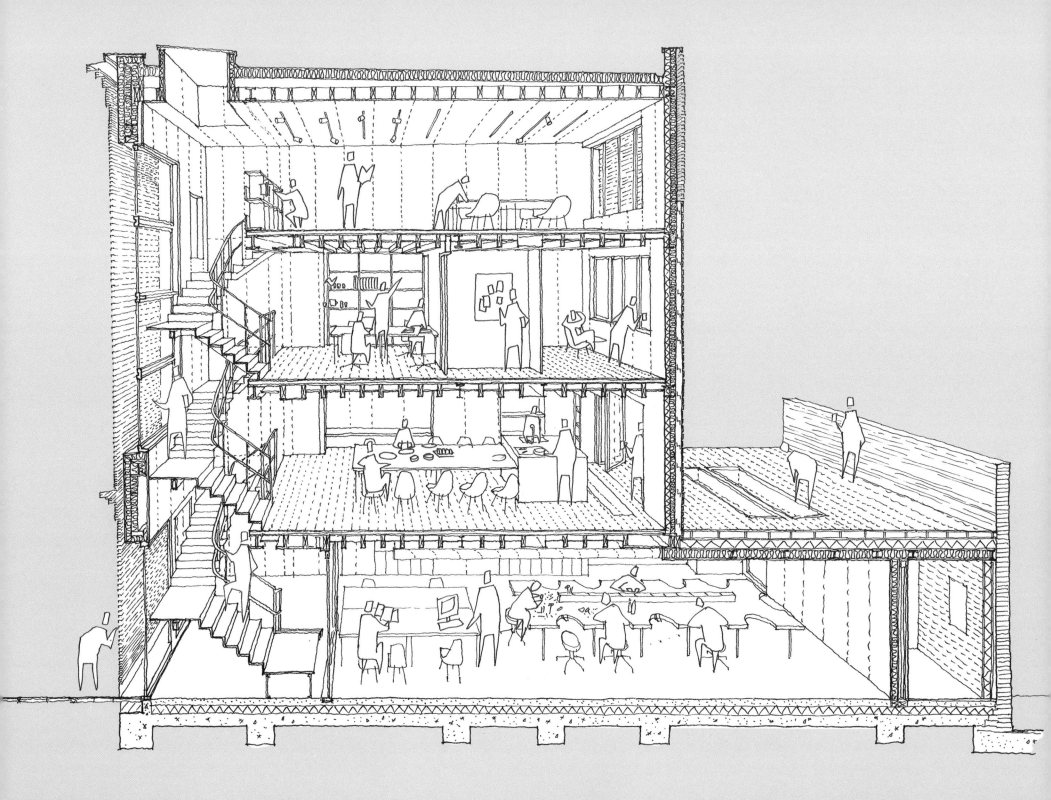

# DEBORAH SAUNT
**DSDHA · 영국**

주요 프로젝트: Caxton Walk [p.282]
Cambridge Circus [pp.282-283]

DSDHA의 공동창립자인 Deborah Saunt는 이렇게 설명한다. "스케치에는 시간이 걸린다. 이 공간에서는 생각이 발전하고 성숙해질 수 있다. 스케치하는 시간은 무언의 역사, 영향, 그리고 희망을 겹쳐서 하나의 주장으로 융합할 수 있게 한다. 게다가 즉각적으로 그리는 스케치는 프로젝트가 내재한 에너지를 방출하게 한다. 우리는 스케치를 지면상으로 한정하기보다 아이디어를 개발하는 도구로 활용하기 때문에, 종종 사진과 CG 이미지 등을 스케치하곤 한다."

Saunt는 David Hills와 함께 런던에 건축사무소를 설립했고, 지난 10년간 Royal Institute of British Architects에서 주는 상을 17번 받았으며 Mies van der Rohe 상에 두 번 후보로 올랐다. 이 스튜디오는 교육에 깊이 관여하고 있으며, Saunt는 여러 대학에서 강의하고 있다.

"스케치는 아이디어를 변경이 가능한 상태로 제시하여 사무실, 고객, 대중, 이해당사자와 함께 토론할 때 아이디어를 열어놓을 수 있게 해준다."라고 그녀는 말한다. "스케치는 그들이 최종 디자인에 기여하고 각자가 하고 싶은 말을 할 수 있게 해준다. 우리는 설계과정의 주요한 결정들을 확정 짓기보다 오랫동안 고민하는 편이기 때문에, 설계 과정에서 가능한 한 많은 모형과 스케치를 활용한다. 우리의 고객은 만남이나 교류의 방법으로써 스케치의 열린 특징을 즐기며 참여할 수 있다."

Saunt는 이렇게 결론짓는다. "때로는 프로젝트가 완공되어 사용자가 입주한 상태에서 프로젝트가 무엇을 드러내는지 알기 위해 스케치를 다시 그린다. 최초 스케치와 완공된 결과 사이의 대화는 신비한 것이다. 이는 여러 사람이 협업하여 디자인하는 건축의 성격을 보여준다. 그 노래를 이끄는 것은 설계자이지만, 그 소리는 존재 자체에 개성이 있다."

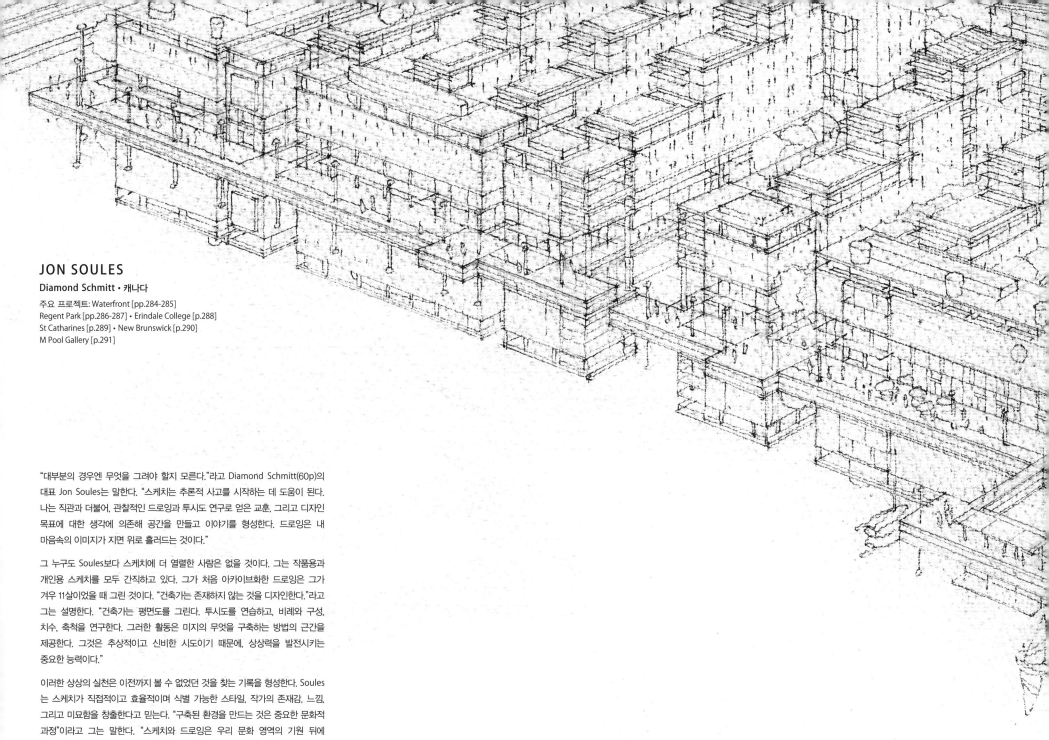

# JON SOULES

**Diamond Schmitt · 캐나다**

주요 프로젝트: Waterfront [pp.284-285]
Regent Park [pp.286-287] · Erindale College [p.288]
St Catharines [p.289] · New Brunswick [p.290]
M Pool Gallery [p.291]

"대부분의 경우엔 무엇을 그려야 할지 모른다."라고 Diamond Schmitt(60p)의
대표 Jon Soules는 말한다. "스케치는 추론적 사고를 시작하는 데 도움이 된다.
나는 직관과 더불어, 관찰적인 드로잉과 투시도 연구로 얻은 교훈, 그리고 디자인
목표에 대한 생각에 의존해 공간을 만들고 이야기를 형성한다. 드로잉은 내
마음속의 이미지가 지면 위로 흘러드는 것이다."

그 누구도 Soules보다 스케치에 더 열렬한 사람은 없을 것이다. 그는 작품용과
개인용 스케치를 모두 간직하고 있다. 그가 처음 아카이브화한 드로잉은 그가
겨우 11살이었을 때 그린 것이다. "건축가는 존재하지 않는 것을 디자인한다."라고
그는 설명한다. "건축가는 평면도를 그린다. 투시도를 연습하고, 비례와 구성,
치수, 축척을 연구한다. 그러한 활동은 미지의 무엇을 구축하는 방법의 근간을
제공한다. 그것은 추상적이고 신비한 시도이기 때문에, 상상력을 발전시키는
중요한 능력이다."

이러한 상상의 실천은 이전까지 볼 수 없었던 것을 찾는 기록을 형성한다. Soules
는 스케치가 직접적이고 효율적이며 식별 가능한 스타일, 작가의 존재감, 느낌,
그리고 미묘함을 창출한다고 믿는다. "구축된 환경을 만드는 것은 중요한 문화적
과정"이라고 그는 말한다. "스케치와 드로잉은 우리 문화 영역의 기원 뒤에
숨겨진 아이디어를 표현한다. 평범한 디자인은 관객을 냉담하게 만들지만, 훌륭한
디자인은 새로운 장소 만들기에 대한 설렘을 만들어내고 궁극적으로 목표를
달성할 때 자부심을 불러일으킬 수 있다."

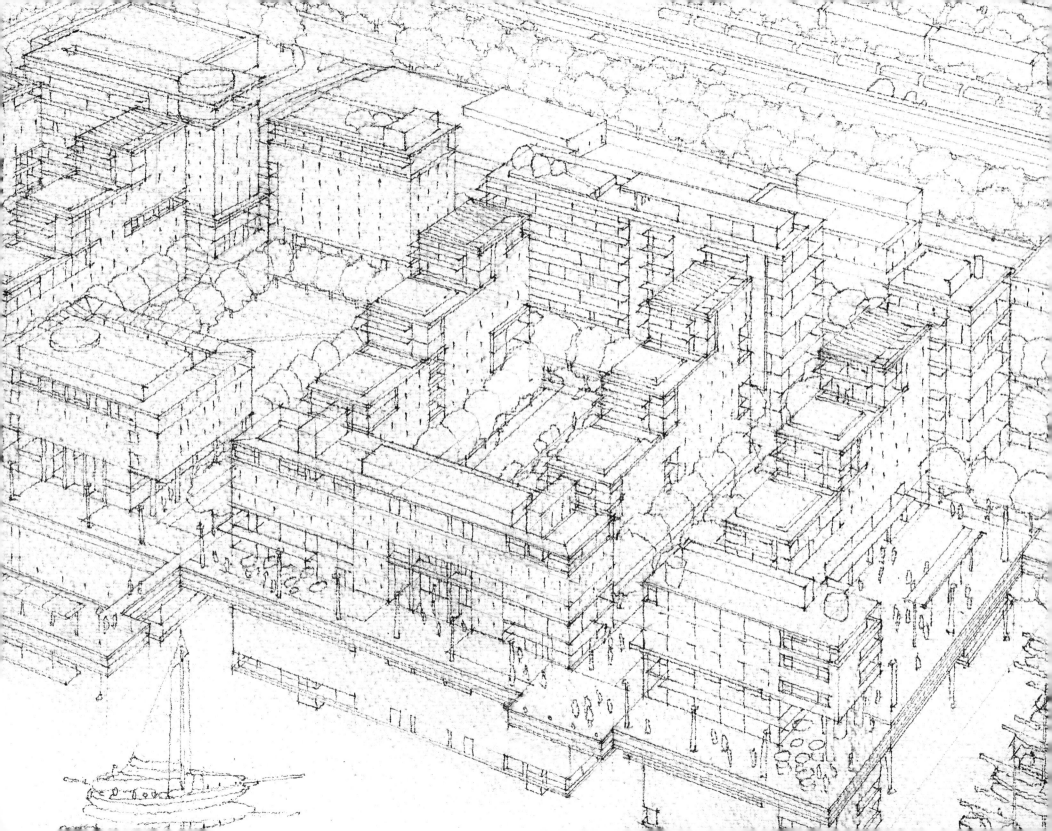

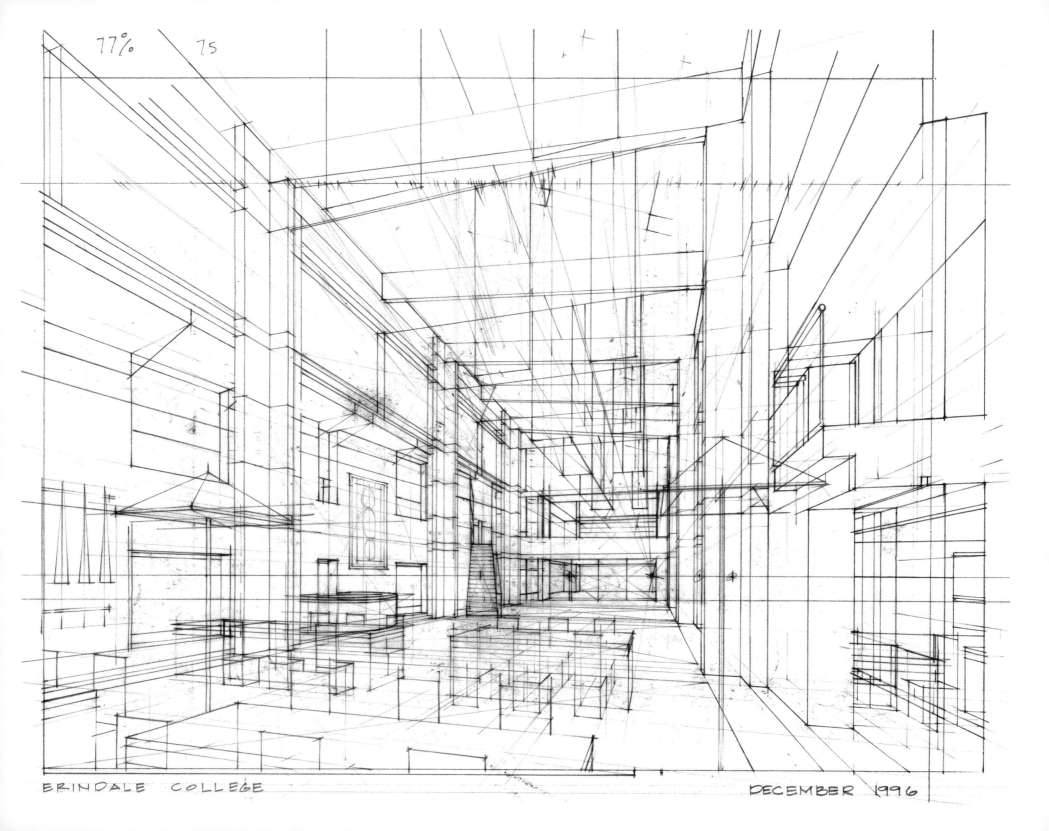

ERINDALE COLLEGE

DECEMBER 1996

# KENTARO TAKEGUCHI
# & ASAKO YAMAMOTO

**Alphaville Architects · 일본**

주요 프로젝트 : Catholic Suzuka Church [pp.292-293]
Dig in the Sky [pp.294-295] · House Folded [p.296, 왼쪽과 위쪽 오른편]
House Twisted [p.296, 아래쪽 오른편] · Koyasan Guest House [p.297]
Skyhole [pp.298-299]

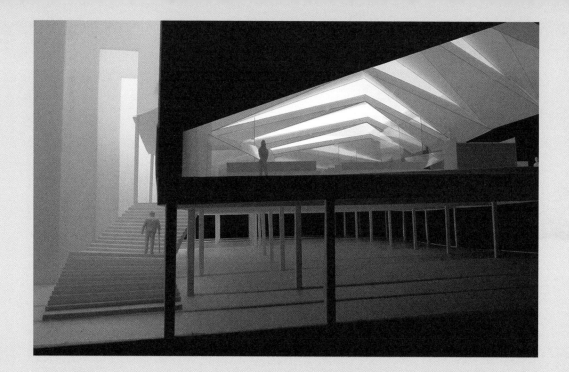

Catholic Suzuka Church

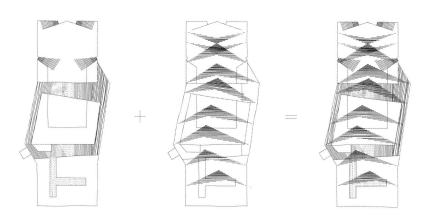

Alphaville Architects의 창립 파트너 Kentaro Takeguchi와 Asako Yamamoto
는 말한다. "고객 앞에서 드로잉하는 것이 우리의 생각을 그들에게 전달하는
가장 빠르고 쉬운 방법이라고 생각한다. 우리는 기본 CAD 도면 위에 바로
드로잉하면서 디지털 개념을 개발하고 표현한다. 아날로그와 디지털 드로잉
사이에는 큰 차이가 없다고 생각한다. 차이가 있다면 아마도 해상도 차이일 텐데,
기술이 발전할수록 미래에는 그런 차이도 사라질 것이다."

이 두 명의 건축가는 1994년에 교토대학을 졸업한 후, Kentaro는 런던 건축협회
건축학교에서, Asako는 파리 국립건축학교에서 공부하면서 동시에 디자이너로서
다작을 해왔다. 그들은 1998년에 회사를 설립한 후 개인 주택부터 교회에
이르기까지 흥미롭고 도전적인 수많은 건물을 짓기 시작했다.

"스케치는 건축을 연구하는 심오한 방법이다."라고 그들은 말한다. "스케치는
건축물을 설계한 과거 건축가들의 마음과 직접적으로 연결해주는, 건축가에
관해서도 연구할 수 있는 방법이기 때문이다. 스케치는 디자인을 고민하는
수단이자, 아이디어를 구체화해 또 다른 사람에게 표현하는 가장 중요한
수단이다. 스케치 없이 디자인할 수 있지만, 그러면 시간이 오래 걸릴 것이고
다양한 스케일을 다루기 어려울 것이다. 우리는 명확하고 구체적인 스케치로
가장 정확하게 주제에 대응할 수 있다."

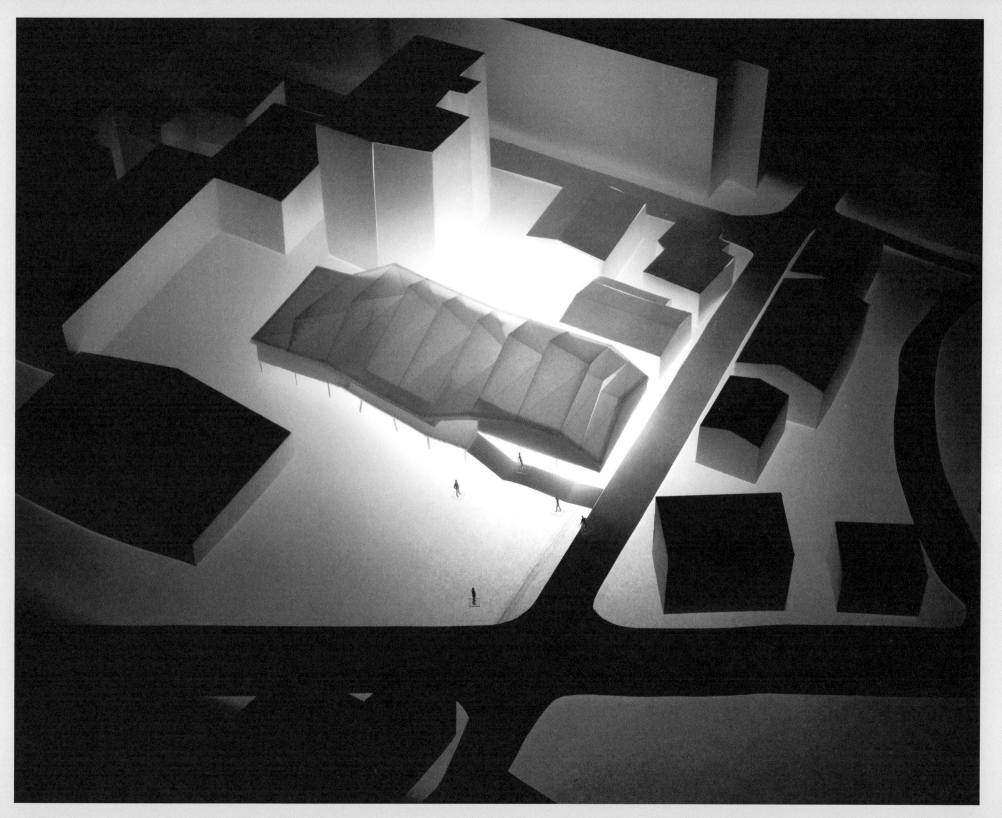

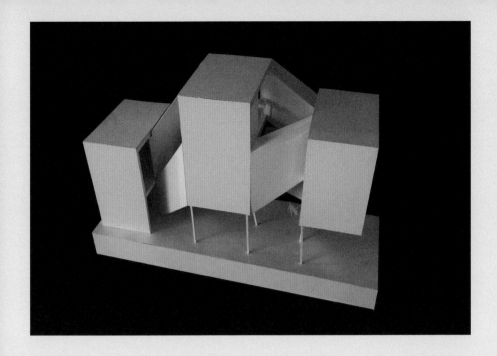

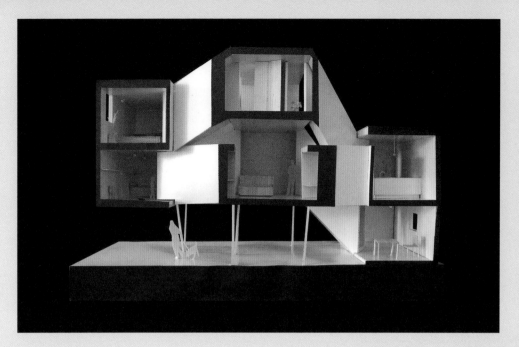

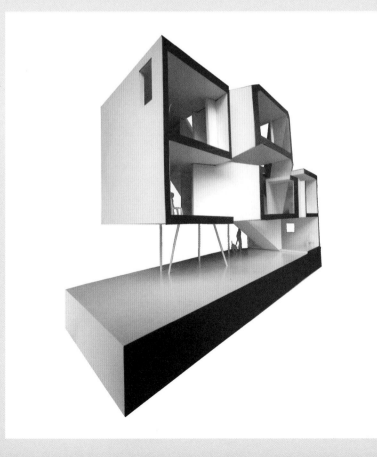

Dig In the Sky

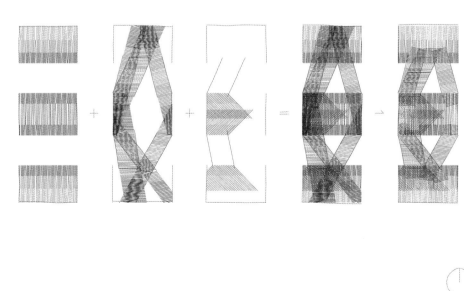

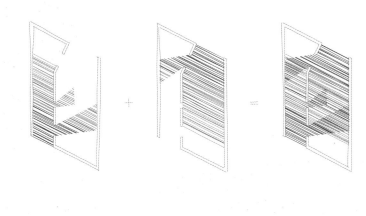

House Folded

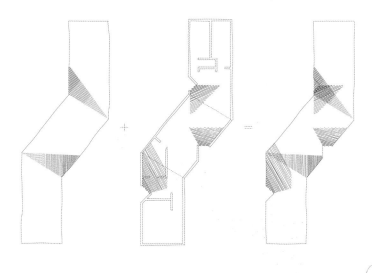

House Twisted

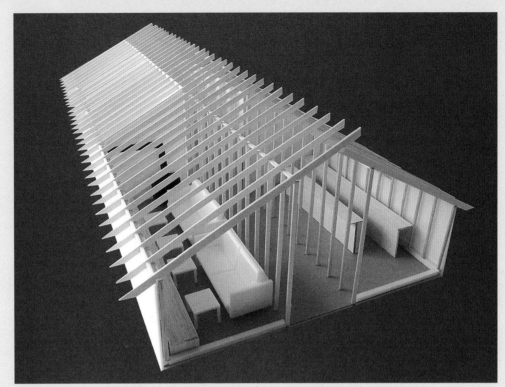

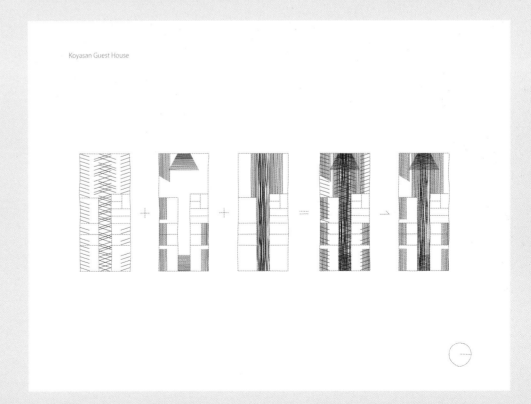

Koyasan Guest House

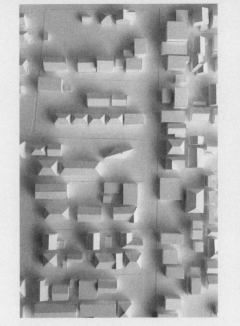

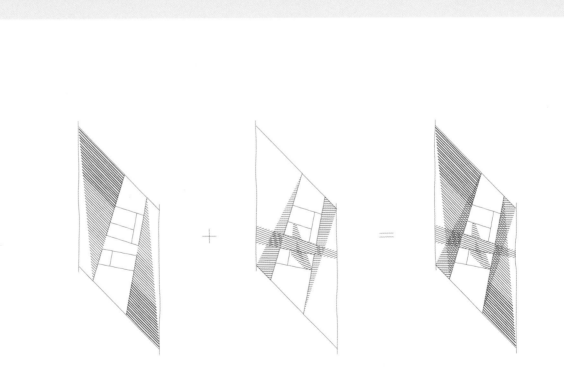

# ANDERS TYRRESTRUP

**AART Architects · 덴마크**

주요 프로젝트: Viking Age Museum [pp.300-305]

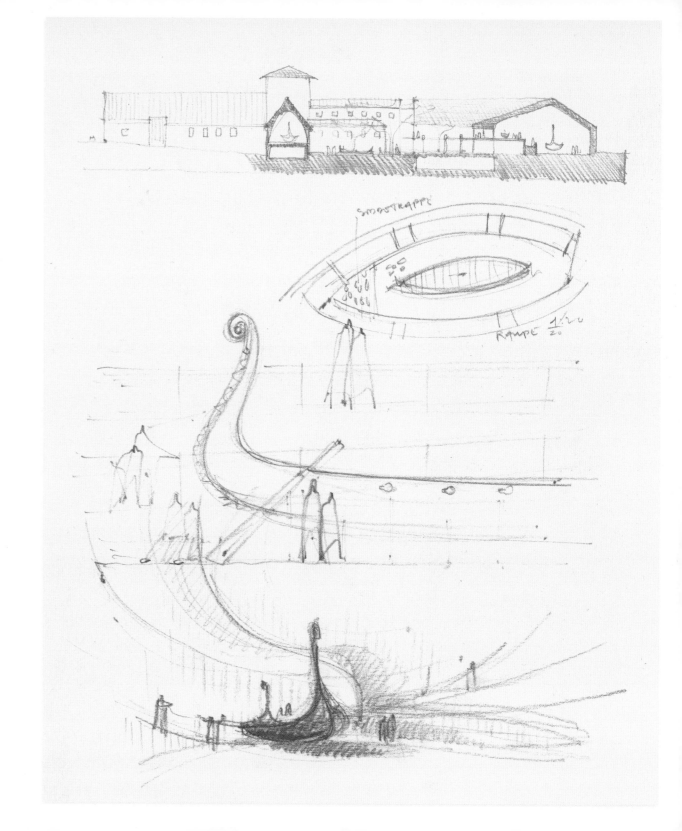

AART Architects의 Anders Tyrrestrup은 말한다. "오늘날의 디지털 시대에 스케치는 뭔가 해방적인 성격을 갖는다. 스케치는 아날로그적이고 개념적인 작업 방식으로 아이디어를 내고, 개별적으로나 팀 작업으로나 그것을 자유롭게 탐구할 수 있게 한다. 스케치는 본래 육체적인 것이어서 자연스러운 직관과 호기심뿐만 아니라 자발적인 심사숙고의 기회도 허용한다."

Tyrrestrup은 코펜하겐의 오르후스와 오슬로에 소재한 AART의 창립 파트너로서, 지속가능한 솔루션을 위한 세계 최대의 플랫폼 Sustainia의 영향력 있는 파트너. "스케치에는 사람들을 하나로 모으고 잠재적인 아이디어를 전달할 수 있는 힘이 있다."라고 그는 말한다. "현장에서 그리는 아이디어 드로잉은 고객이 디자인 과정과 더 친밀하게 만든다. 스케치하지 않고 설계하는 것을 상상하기란 매우 어렵다. 사실 나는 내 손에 펜이 없으면 프로젝트를 이해시키기가 어렵다고 느끼는 강박증이 생겼다!"

그는 이렇게 결론짓는다. "스케치는 다층적인 프로세스다. 그것은 결론을 형상화 하는 것이 아니라, 건축가와 그 팀원들이 하나의 개념을 계속 숙고하고 그 가능성을 탐구하며 그것을 실현하기 위한 완벽한 환경을 만들어내는 창조적인 여정을 밟게 해준다. 스케치는 개념에 대한 최초의 숙고부터 최종 디테일 작업까지 이어지는 반복적인 과정이다."

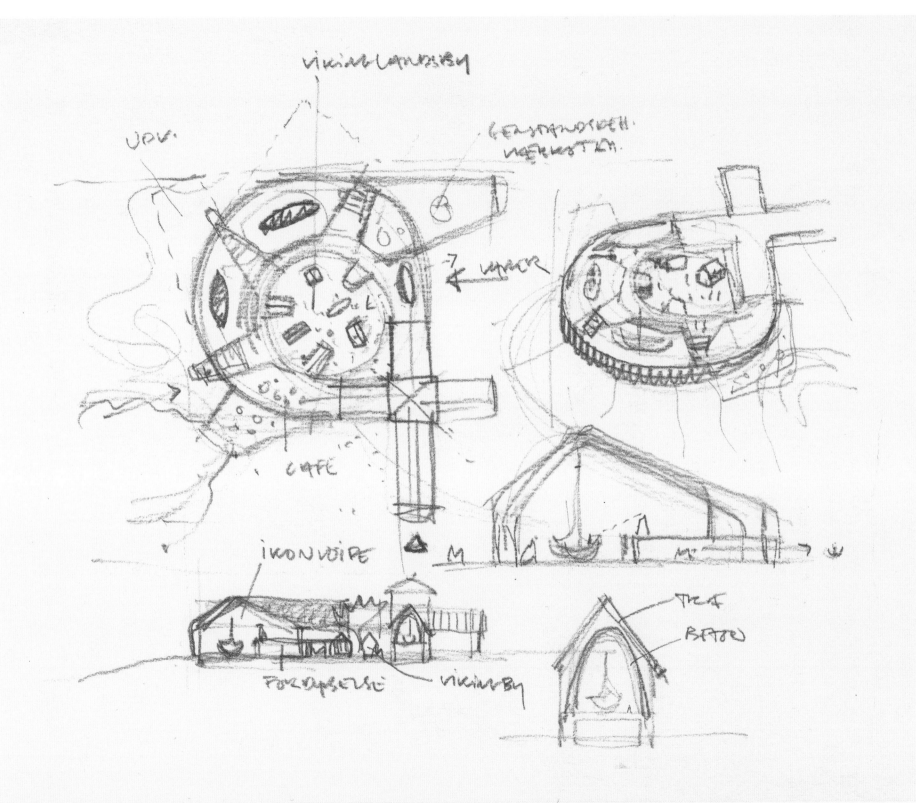

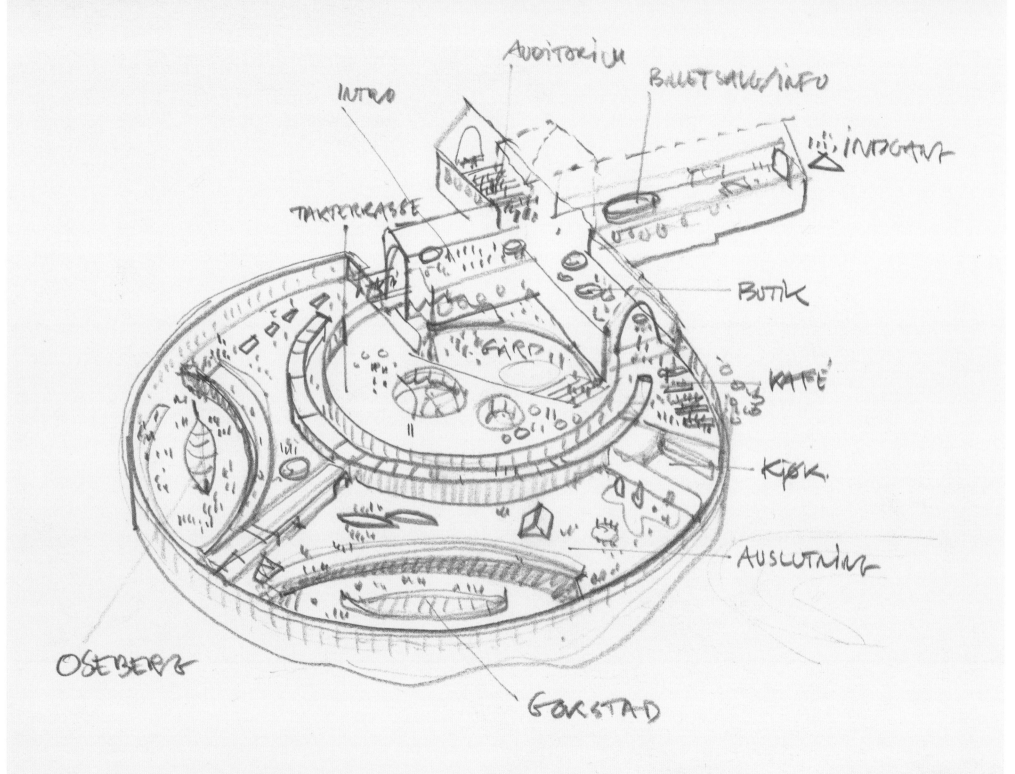

AUDITORIUM

INTRO

BILLETSALG/INFO

INDGANG

TAKTERRASSE

BUTIK

GÅRD

KAFÉ

KJØK.

AVSLUTNING

OSEBERG

GOKSTAD

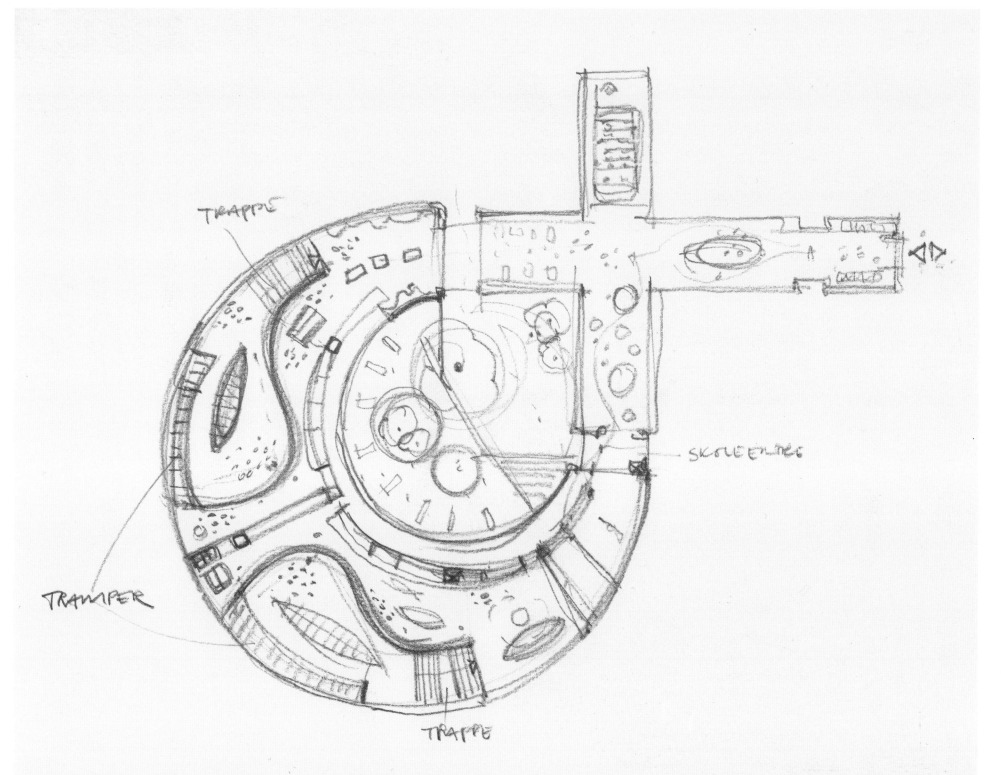

TRAPPE

TRAMPER

SKOLE ENTRE

TRAPPE

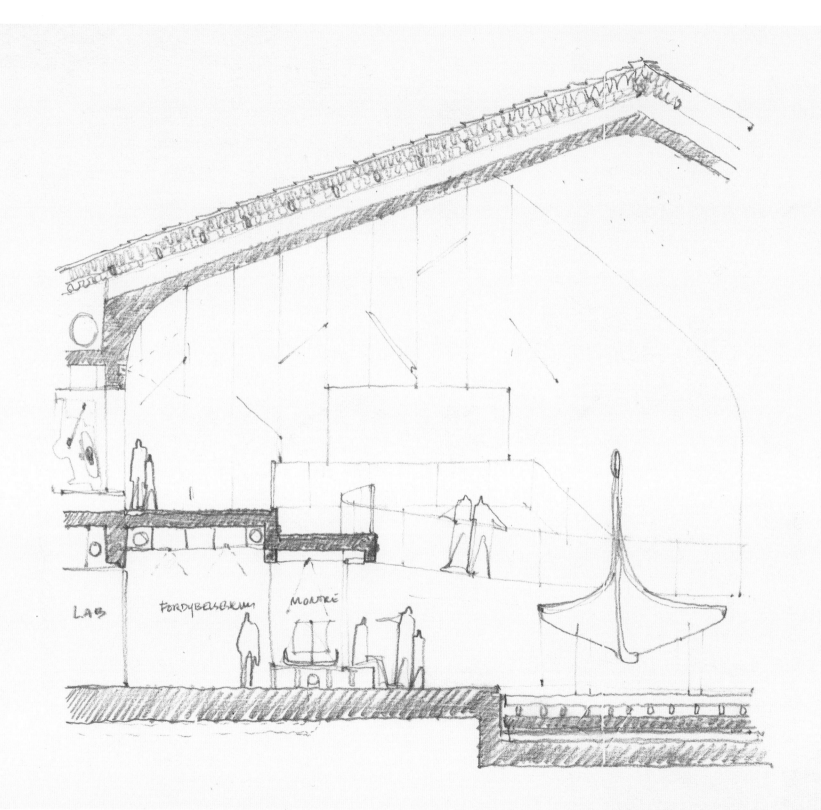

LAB   FORDYBELSERUM   MONTRE

# NIJS DE VRIES

네덜란드

주요 프로젝트: Hotel Salvation [pp.306-311]

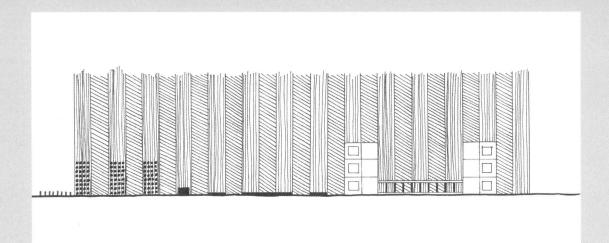

"보통 스케치용 롤지에 그림을 그린다."라고 네덜란드 건축가 Nijs de Vries 는 말한다. "이런 스케치는 설계 과정 전반을 관통하는 하나의 시퀀스로 볼 수 있으며, 그 과정을 구조화하는 데 도움이 된다. 뭔가에 꽂히거나 그것을 숙고할 필요가 있을 때마다 드로잉을 다시 보면서 그 과정을 복기한다. 빠른 스케치는 아이디어를 시각화하고 개념을 명확히 하는 설명적인 매체로 기능한다."

2017년 Eindhoven University of Technology를 졸업하며 건축, 건설 및 도시계획 석사학위를 취득한 De Vries는 "사람들에게 공간의 존재 이유에 대한 궁금증을 일으키고, 그들이 기대하지 않은 감정을 느끼게 만드는 공간을 만드는 것"이 목표라고 말한다.

Hotel Salvation 프로젝트에 대해 그는 이렇게 말한다. "3D 모델의 도움을 받아 선 드로잉으로 변환하기 전에, 개념과 과정을 합리화하는 데 도움이 될 스케치를 많이 그려서, 그것이 최종 디지털 콜라주를 위한 밑그림 역할을 하게 했다. 각각의 이미지마다 특정한 분위기를 만들려고 노력했기 때문에, 포토샵으로 합칠 때 내 머릿속의 느낌을 묘사하게 될 질감들을 아주 많이 활용했다."

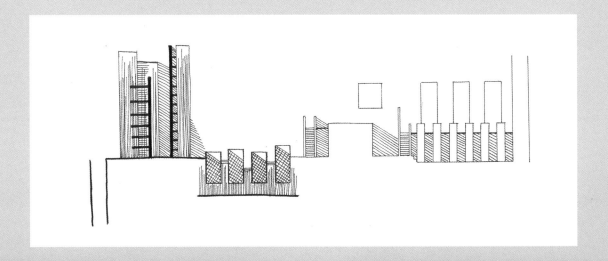

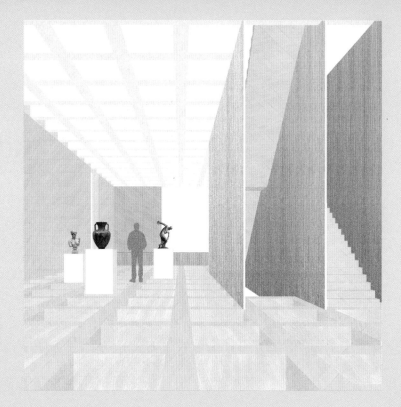

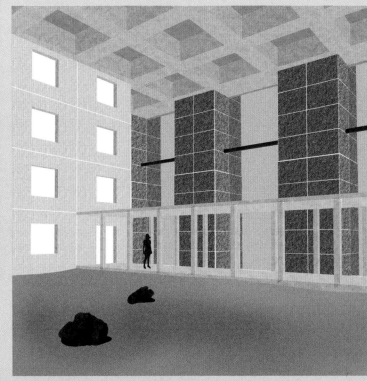
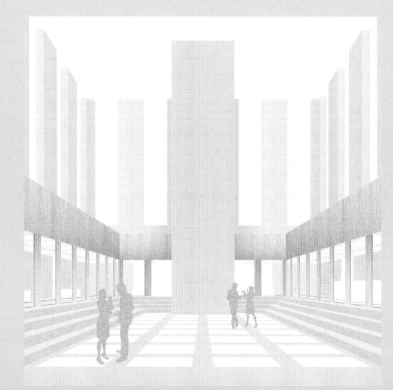

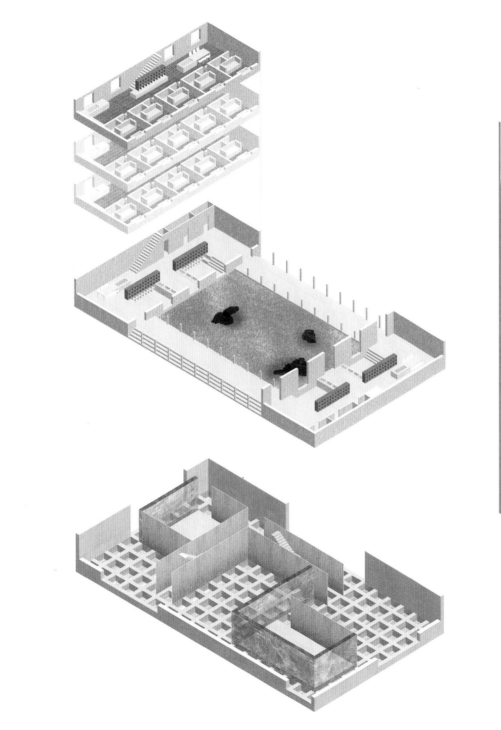

# KRISTEN WHITTLE

**Bates Smart · 호주**

주요 프로젝트: Australian Embassy [pp.312-313]
Royal Children's Hospital [pp.314-315]

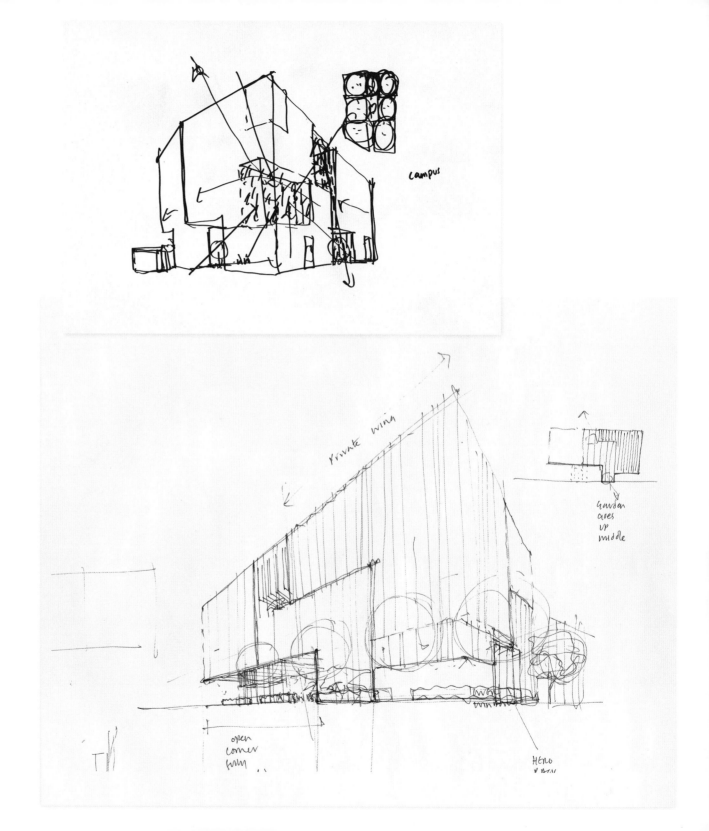

호주 건축사무소 Bates Smart의 디렉터 Kristen Whittle은 말한다. "내가 볼 때 컴퓨터는 프로젝트의 전체적인 본질을 구현하지 못한다. 컴퓨터는 기하학적 형상을 도면화하거나 빛을 포착할 수 있지만, 생각과 개념, 물성을 단번에 즉각적으로 요약하지는 못한다."

Whittle은 21세기에도 스케치가 매우 중요하며, 스케치의 기본 가치는 실무자가 건축과 인간적인 관계를 유지할 수 있게 해주는 방식에 있다고 믿는다. "손으로 스케치한 디자인은 건물에 인본주의 정서가 구현되어 있음을 의미한다."라고 그는 말한다. "나는 사람들이 건축에서 그것을 찾고 있다고 생각한다. 스케치는 생각하기다. 스케치를 많이 할수록 더 많은 감정과 생각을 표현할 수 있다. 내 경우에는 드로잉을 통해 아이디어가 발현되는 것을 느낄 수 있다."

그는 스케치가 "프로젝트에 참여하고 그것을 개발하는 '가장 빠르고, 깊게 몰입할 수 있는 방식'이며 아이디어를 분류하는 데도 가장 빠르고 역량 있는 도구라고 믿는다. 스케치를 매우 복잡하고 미묘하며 본질적으로 정서적인 도구라 보기도 한다. "사람들이 스케치를 보기 좋아하는 이유는 스케치에서 많은 것을 얻어내기 때문이며, 이는 보는 사람마다 매우 다양하게 해석될 수 있기 때문이다."

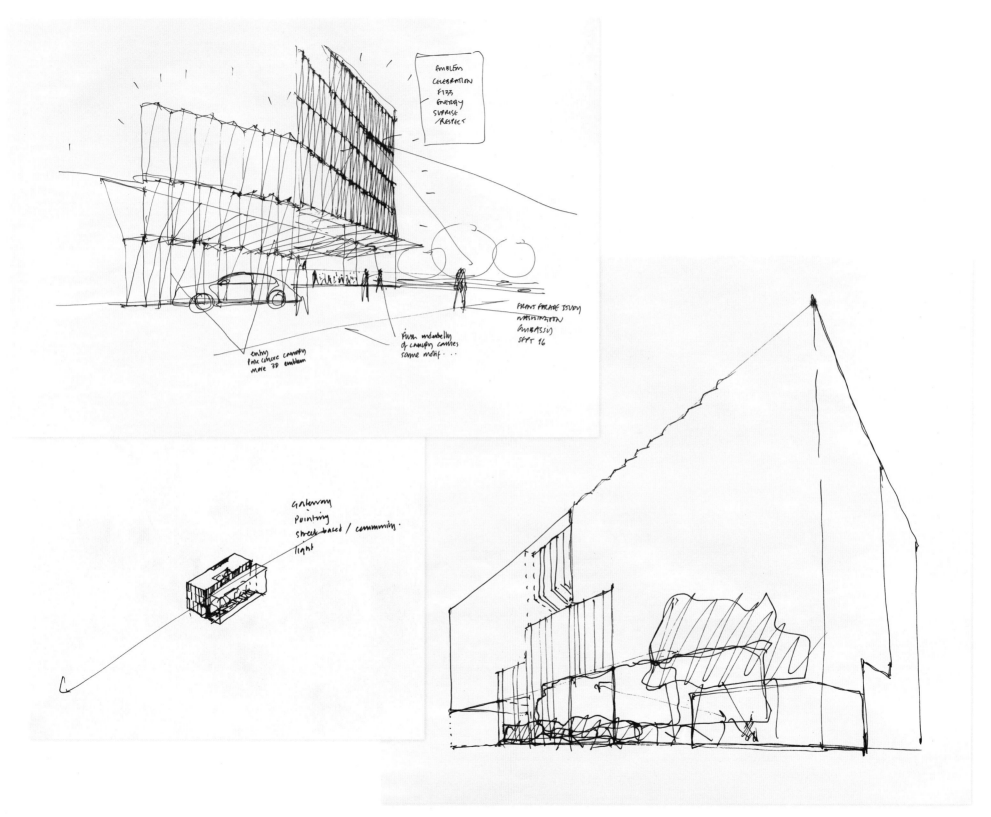

EMBLEM
CELEBRATION
F133
ENERGY
SURPRISE
RESPECT

entry
Pilke concrete canopy
more 3D emblem

flush underbelly
of canopy carries
same motif . . .

FRONT FACADE STUDY
WASHINGTON
EMBASSY
SEPT 16

Gateway
Pointing
street based / community.
light

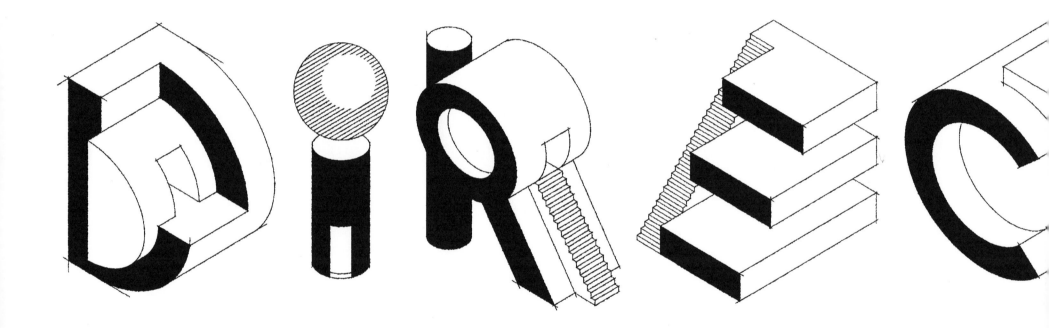

Adam Brady [038]
Lett Architects
피터버러, 캐나다
lett.ca

Jacob Brillhart [040]
Brillhart Architecture
마이애미, 미국
brillhartarchitecture.com

Will Burges [042]
31/44 Architects
런던, 영국
3144architects.com

Duggan Morris Architects [72]
런던, 영국
dugganmorrisarchitects.com

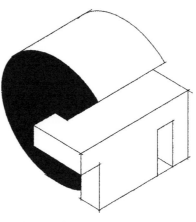

Benjamin Garcia Saxe [110]
Studio Saxe
새너제이, 코스타리카
studiosaxe.com

Sasha Gebler [112]
Gebler Tooth Architects
런던, 영국
geblertooth.co.uk

Carlos Gómez [120]
InN Arquitectura
길라로사, 스페인
gogoarq.com

Meg Graham [126]
Superkül
토론토, 캐나다
superkul.ca

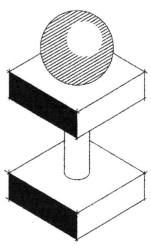

Jun Igarashi [142]
Jun Igarashi Architects
삿포로, 일본
jun-igarashi.com

Anderson Inge [146]
Cambridge Architectural Research
케임브리지, 영국
carltd.com

Ben Adams [018]
Ben Adams Architects
런던, 영국
benadamsarchitects.co.uk

Manuel Aires Mateus [024]
Aires Mateus e Associados
리스본, 포르투갈
airesmateus.com

Wiel Arets [026]
Wiel Arets Architects
암스테르담, 네덜란드
wielaretsarchitects.com

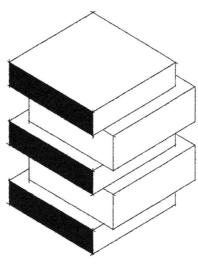

Alberto Campo Baeza [050]
Studio Alberto Campo Baeza
마드리드, 스페인
campobaeza.com

Jo Coenen [056]
헤이그, 네덜란드
jocoenen.com

Piet Hein Eek & Iggie Dekkers [080]
Eek en Dekkers
에인트호번, 네덜란드
pietheineek.nl

Cecil Balmond [028]
Balmond Studio
런던, 영국
balmondstudio.com

Ben van Berkel [032]
UNStudio
암스테르담, 네덜란드
unstudio.com

Peter Berton [036]
+VG Architects
토론토, 캐나다
ventingroup.com

Jack Diamond [060]
Diamond Schmitt
토론토, 캐나다
dsai.ca

Heather Dubbeldam [066]
Dubbeldam Architecture & Design
토론토, 캐나다
dubbeldam.ca

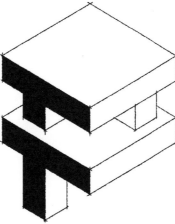

Ricardo Flores & Eva Prats [090]
Flores & Prats Arquitectes
바르셀로나, 스페인
floresprats.com

Albert France-Lanord [098]
AF-LA
스톡홀름, 스웨덴
af-la.com

Massimiliano Fuksas [102]
Studio Fuksas
로마, 이탈리아
fuksas.it

Harquitectes [128]
사바델, 스페인
harquitectes.com

Carl-Viggo Hølmebakk [134]
호르텐, 노르웨이
holmebakk.no

Johanna Hurme, Sasa Radulovic
& Ken Borton [138]
5468796 Architecture
위니펙, 캐나다
5468796.ca

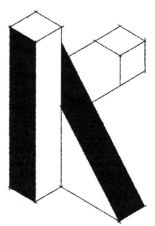

Les Klein & Caroline Robbie
Quadrangle [150]
토론토, 캐나다
quadrangle.ca

James von Klemperer [154]
Kohn Pedersen Fox
뉴욕, 미국
kpf.com

Bruce Kuwabara [156]
KPMB Architects
토론토, 캐나다
kpmb.com

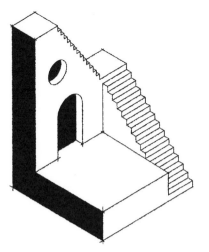

Christopher Lee [158]
**Serie Architects**
런던, 영국
serie.co.uk

Uffe Leth [166]
**Leth & Gori**
코펜하겐, 덴마크
lethgori.dk

Levitt Bernstein [170]
런던, 영국
levittbernstein.co.uk

Daniel Libeskind [176]
**Studio Libeskind**
뉴욕, 미국
libeskind.com

Stephanie Macdonald
& Tom Emerson [184]
**6a architects**
런던, 영국
6a.co.uk

Brian MacKay-Lyons [188]
**MacKay-Lyons Sweetapple Architects**
핼리팩스, 캐나다
mlsarchitects.ca

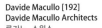

Davide Macullo [192]
**Davide Macullo Architects**
루가노, 스위스
macullo.com

Massimo Mariani [200]
**Massimo Mariani**
**Architecture & Design**
런던, 영국
massimomariani.co.uk

Tara McLaughlin [204]
**+VG Architects**
오타와, 캐나다
ventingroup.com

Rob Miners [206]
**Studio MMA**
몬트리올, 캐나다
studiomma.ca

Peter Morris [212]
**Peter Morris Architects**
런던, 영국
petermorrisarchitects.com

MVRDV [216]
로테르담, 네덜란드
mvrdv.nl

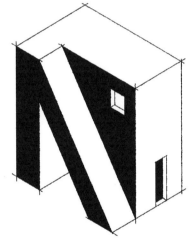

Brad Netkin [224]
**Stamp Architecture**
토론토, 캐나다
stamparchitecture.net

Richard Nightingale [226]
**Kilburn Nightingale Architects**
런던, 영국
kilburnnightingale.com

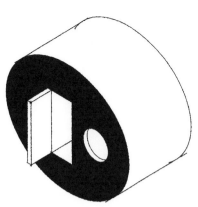

Richard Olcott [230]
**Ennead Architects**
뉴욕, 미국
ennead.com

Benedict O'Looney [234]
**Benedict O'Looney Architects**
런던, 영국
benedictolooney.co.uk

Anthony Orelowitz [242]
**Paragon Group**
요하네스버그, 남아프리카공화국
paragon.co.za

Joseph di Pasquale [244]
**JDP Architects**
밀라노, 이탈리아
amprogetti.it

Felipe Pich-Aguilera [248]
**Pich Architects**
바르셀로나, 스페인
picharchitects.com

Pawel Podwojewski [252]
**Motiv**
그단스크, 폴란드
motiv-studio.com

Christian de Portzamparc [262]
**2Portzamparc**
파리, 프랑스
christiandeportzamparc.com

Sanjay Puri [266]
**Sanjay Puri Architects**
뭄바이, 인도
sanjaypuriarchitects.com

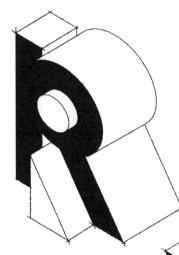

Matthijs la Roi [268]
**Matthijs la Roi Architects**
런던, 영국
matthijslaroi.nl

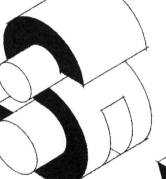

Moshe Safdie [272]
**Safdie Architects**
보스톤, 미국
safdiearchitects.com

Deborah Saunt [280]
**DSDHA**
런던, 영국
dsdha.co.uk

Jon Soules [284]
**Diamond Schmitt**
토론토, 캐나다
dsai.ca

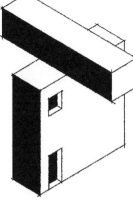

Kentaro Takeguchi
& Asako Yamamoto [292]
**Alphaville Architects**
교토, 일본
a-ville.net

Anders Tyrrestrup [300]
**AART Architects**
오르후스, 덴마크
aart.dk

Nijs de Vries [306]
에인트호번, 네덜란드
nijsdevries.com

Kristen Whittle [312]
**Bates Smart**
멜버른, 호주
batessmart.com

Making Marks, New Architects' Sketchbooks

First published by Thames & Hudson Ltd, London

ⓒ 2019 Thames & Hudson Ltd, London

Text ⓒ 2019 Will Jones

Korean edition ⓒ 2020 YoungJin.com Inc

This edition is published by arrangement with Thames & Hudson Ltd, through KidsMind Agency,

Korea.

1판 1쇄 2019년 1월 15일

ISBN 978-89-314-6152-7

발행인 김길수

발행처 (주)영진닷컴

주소 서울시 금천구 가산디지털2로 123 월드메르디앙벤처센터 2차 1016호 (우)08505

등록 2007. 4. 27. 제16-4189호

STAFF

**저자** WILL JONES | **역자** 박정연 | **책임** 김태경 | **기획 및 진행** 차바울 | **편집** 고은애
**영업** 박준용, 임용수 | **마케팅** 이승희, 김근주, 조민영, 김예진, 이은정